결혼과 가정

성 경 원

교육과학사

머리말

우리는 태어나면서부터 가족의 한 사람으로 살아간다. 부모를 선택할 수 없이 태어났어도 자라면서 여러 가지 경험을 하게 되고 또한 자신이 선택해야 할 일들이 많은데 그 중에서 사랑이나 결혼 등 아주 중요한 일에 직면하게 된다. 자신의 삶을 적극적으로 만들어가자면 꼭 알아두어야 할 것들이 너무도 많다.

이 책의 내용은 결혼과 가정에 관련된 보다 중요한 선택들을 시작으로 가족, 사랑, 성, 성역할, 이성교제와 배우자선택, 결혼, 임신과 출산, 부부관계, 부모-자녀관계, 다양한 가족, 이혼과 재혼, 가족의 문제 등 성공적인 가정생활을 위한 전략으로 구성되어 있다.

이 책의 내용 배치는 인간관계의 발달에 있어서 시간의 흐름을 쫓아 혼전단계의 중요한 주제로부터 시작하여 이성교제와 배우자선택, 결혼, 부부관계의 적응과 갈등, 부모되기 등의 순서를 따라 쓰여졌다. 그리고 요즘의 다양한 가족의 출현과 이혼과 재혼에 대해 언급하였고 가족생활에서 나타나는 가족문제에 대해 다루었다.

오늘날과 같이 급변하는 사회에서 결혼과 가족의 의미는 더욱 중요해지고 있다. 사람들이 사회로부터 점점 고립됨에 따라 가족은 하나의 피난처이자 정서적 만족의 원천이다. 따라서 이 책은 대학교재뿐만 아니라 일반인들의 교양도서로도 활용될 수 있으리라 사료된다. 앞으로 부족한 점을 계속 보완하고 자료를 제공하여 건강한 가정생활을 영위할 수 있도록 하고자 한다.

많은 학생들의 열의와 기대에 부응하고 젊은이들의 건전한 이성교제와 결혼관 확립과 건강한 가정생활을 해나가는 데 도움이 되기를 간절히 바란다.

이 책의 집필에 관심을 가지고 지켜봐 준 남편에게 고마움을 전하며, 이 책이 나오기까지 많은 협조와 인내심을 아끼지 않으신 정경식 부장님과 편집부 여러분께 깊은 감사를 드린다.

2009년
대치동 연구실에서
저자 성경원.

차 례

제8장 부부관계 / 213

제9장 부모-자녀 관계 / 261

제10장 다양한 가족 287

제11장 이혼과 재혼 / 313

제1장 | 가족에 대한 이해

우리는 가족에서 태어나 그 안에서 성장하며 새로운 가족을 형성하고 죽음으로써 가족을 떠난다. 가족은 가장 친밀한 환경으로, 우리가 가장 가깝게 지내는 곳이며, 가족관계는 장기간 지속되는 역사성을 가진다. 이 장에서는 가족을 이해하기 위한 기초로서 가족의 정의, 한국가족의 변화 및 정보사회의 가족생활에 대한 전망을 다루고자 한다.

1. 가족의 정의

가족의 정의는 시대와 문화에 따라 달라지므로 가족을 정의하기란 매우 어려운 일이다. 가족의 사전적 정의를 보면, 가족은 부부, 부모, 형제 등 혈연에 의해 맺어지며, 생활을 함께 하는 공동체 또는 그 성원이다. 우리나라 민법 친족편 779조에서 가족의 정의를 보면 호주의 배우자, 혈족과 그 배우자, 기타 본 법에 의하여 그 가(家)에 입적한 자는 가족이 된다고 하였다. 이 정의에 의하면 부부와 자녀 이외에 다세대로 구성된 가족원도 가족의 범위에 포함된다. 또한 가족이란 부부와 그들의 자녀로 구성되는 기본적인 사회 집단으로서 이익관계를 떠난 애정적인 혈연 집단이며, 같은 장소에서 기거하고 취사하는 동거 동재 집단이고, 그 가족만의 고유한 가풍을 갖는 문화 집단이며, 가족생활을 통하여 인간의 기본적 인성이 형성되므로 인간 발달의 근원적 집단이라고 정의하기도 한다(유영주, 1990).

가족의 정의에는 공동의 주거(부부는 함께 산다), 경제적 협력(부부는 그들의 재산과 가사를 공유한다), 성적인 재생산(부부는 자녀를 낳거나 입양한다)에 의해 특징지어지는 사회집단임이 내포된다. 이러한 정의가 모든 가족에게 해당되는 것은 아니다. 어떤 맞벌이 부부는 따로 살고, 어떤 부부는 그들의 재산을 각자 관리하며, 어떤 부부에게는 자녀가 없다. 사실, 가족의 모든 정의가 자녀나 배우자의 존재를 요구하는 것은 아니다. 어떤 정의든 간에 오늘날 매우 다양한 형태로 공존하고 있는 가족의 다양성을 모두 설명하지는 못하고 있다.

2. 가족의 특징

가족이란 적어도 두 사람 이상이 모여서 생활하는 사회 집단으로 다른 사회 집단과는 구별되는 몇 가지 특징을 갖는다.

1) 가족은 1차적 집단이다.

개인은 여러 집단에 속해있다. 자기가 속해있는 모든 집단이 자기에게 똑같은 중요성을 지니는 것은 아니다. 미국의 사회학자 쿨리(Cooley, 1909)는 사람간의 상호작용 방식에 따라 집단을 일차적 집단(primary group)과 이차적 집단(secondary group)으로 구분하고 감정적인 유대가 깊은 사람들의 연합, 즉 가족과 친구와 같은 집단을 1차적 집단이라고 불렀다. 이들 집단은 구성원들 간의 상호작용이 그 어느 집단보다도 빈번하고 긴밀하며 대면적 결합관계(face-to-face association)에 있으며, 우리의식(we-feeling)을 형성하여 집단에 대한 소속감과 일체감을 강하게 나타낸다.

2) 가족은 공동 사회 집단이다.

공동 사회(gemeinschaft)라는 말은 이익사회(gesellschaft)와는 대립되며, 토니스(Tonnis)가 사용한 개념으로 희생사회라고도 불린다. 집단 구성원들은 서로 애정과 상호 이해로 결합되어 외부의 간섭이나 장애에도 분열되지 않는 강력한 결합관계를 지닌다. 공동 사회는 가족과 국가와 민족을 예로 들 수 있으며, 이익 사회의 예로는 정당, 사회, 조합 등을 들 수 있다.

3) 가족은 폐쇄적 집단이다.

폐쇄적 집단(closed group)이란 집단 구성원이 되기 위한 자격의 획득이나 포기가 용이하지 않는 집단을 뜻한다. 가족은 혼인이나 출산에 의하여 형성된 관계이며 어떤 가정에 태어난 것은 자기 스스로의 의지나 선택과는 상관없이 법률적이고 자연적이며 운명적으로 결정지어진 결과이다. 이에 비해 개방적 집단(open group)이란 집단 구성원이 되는 것이 자유롭고, 개인의 의사에 따라 집단 성원의 자격을 획득하거나 포기할 수 있다.

4) 가족은 형식적 집단이다.

형식적 집단(formal group)이란 객관적 조직과 특정한 관습적 절차 체계를 지니며, 이것에 의해 구성원의 행동이 통제되는 집단을 뜻한다. 가족은 결혼식과 혼인신고라는 사회적 · 법적 절차에 의해 부부관계가 성립하므로 형식적이고 제도적인 집단이다. 또한 집단 내에서 개인의 특성과는 관계없이 어떤 지위에 있느냐에 따라서 의무와 권리를 부여받게 되고 기대에 대한 역할을 수행해야 되는 당위성을 갖게 된다.

5) 가족은 혈연 집단이다.

가족은 부부라는 두 비혈연적인 존재가 성관계와 출산을 통해서 혈연 집단을 형성하는 특성을 갖고 있다. 부부관계가 소멸되어도 부모와 자식 간의 혈연관계는 본질적으로 영구히 존재하게 된다. 가족은 공동의 공간에서 경제적·정서적 공동생활을 영위할 뿐만 아니라 구성원들의 유전적 형질을 생산하며 부부라는 개체와 유사한 형질을 지닌 존재를 재생산해 종족을 보존시키는 역할을 한다. 가족 외에는 혈연을 기반으로 하는 집단은 없다.

6) 가족은 매우 이질적인 성원들로 이루어진 집단이다.

가족은 동질성이 높고 유대가 강하다고 말하지만 객관적으로 볼 때 남자와 여자, 성인과 아동 및 노인, 성장 배경이 같은 사람과 다른 사람 등 차이가 있다. 예를 들면, TV 채널 선택, 자동차 선택 등 크고 작은 결정을 할 일이 많고 그 어느 집단보다도 결정 과정이 복잡하다.

이상의 여러 가지 점에서 가족은 다른 사회 집단과는 구별되며 개인과 사회의 양면성을 함께 지니고 있는 독특한 집단이다.

3. 가족의 형태

인간 사회에는 자연적·문화적 환경의 차이에 따라 여러 형태의 가족이 존재하며 환경의 변화로 인해 가족의 구조적 특성이나 기능도 변화되었다. 가족 형태의 구분도 학자에 따라 견해 차이가 많다. 가족 형태를 살펴보면 다음과 같다.

1) 출생가족(family of origin)

출생가족은 자기가 태어난 가족이며, 그 초점이 부모자식관계나 형제자매관계와 같은 혈연관계에 있다. 이것은 자기 자신과 부모, 형제자매를 나타낸다.

2) 생식가족(family of procreation)

생식가족이란 자기가 결혼함으로써 부부가 되고 자녀를 낳아 기르며 생활하게 되는 가족을 말한다. 우리들 중 90% 이상이 결혼하여 자신의 생식가족을 만든다. 대부분의 사람들은 시간을 거치면서 출생가족으로부터 생식가족으로 옮아간다. 한 가족의 자녀 수는 부모의 선택에 따라서 무자녀에서 다수 자녀의 경우까지 다양하다.

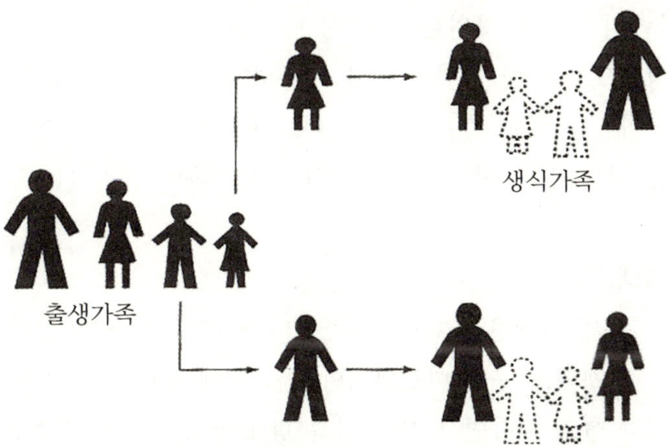

[그림 1-1] 출생가족으로부터 생식가족으로의 이동

3) 핵가족

핵가족(nuclear family)은 부부와 그들의 미혼자녀로 구성되어 있으며 현대 가족의 가장 일반적인 형태이다. 핵가족은 부모와 자녀의 2세대로 한정되며 부부가족(conjugal family)이라고도 한다. 자신이 출생가족으로부터 생식가족으로 옮아가는 동안 자신은 2개의 핵가족 안에 있는 것이 된다.

4) 확대가족(extended family)

확대가족은 기본적인 핵가족에 조부모와 사촌 등이 포함되는 가족이다. 즉 핵가족이 종적·횡적으로 확산되어 형성되는 것으로서 자녀가 결혼 후에도 부모와 동거하는 가족 형태를 말한다. 여기에는 자녀 중 특정한 사람이 혼인 후에도 그 배우자나 자식과 함께 부모와 동거하는 직계가족(stem family)과 2인 이상의 자식이 혼인 후에도 부모와 동거하는 복합가족(joint family)이 있다.

5) 수정핵가족

핵가족의 단점을 보완한 가족 형태라 볼 수 있으며, 다세대 주택과 같이 외형상으로는 한 울타리 안에 거주하지만 실제로는 안채, 바깥채, 혹은 위·아래층 혹은 같은 집에 살아도 한 끼는 다같이, 아침 식사는 제각기 등 어느 정도 서로간에 사생활을 유지하며 동거하는 방식이다.

6) 수정확대가족

확대가족의 단점을 보완한 가족 형태라 볼 수 있으며, 부모-자녀가족이 각기 별개의 가구를 마련하지만, 근거리에 살며 실제로는 한 집과 같이 왕래와 협조를 하면서 사는 가족 형태이다. 이것은 절충적인 방법으로서 사생활을 방해하지 않고 자녀가 큰 부담을 느끼지 않으면서 친밀한 관계를 유지하는 것이다.

4. 가족의 기능의 변화

가족은 개인과 사회의 중간에 위치한 체계이기 때문에 가족기능은 사회 지향적 측면과 개인 지향적 측면을 모두 가지고 있다. 사회의 발전양상은 가족의 기능 수행과 밀접한 관계를 맺으며, 개인의 발전, 욕구 충족 및 자아정체감 형성에 미치는 가족기능의 의미는 상당히 중요하다(김승권 외, 2000).

가족기능은 일반적으로 경제적 기능, 성 및 재생산 기능, 자녀양육 및 사회화 기능, 정서적 안정 및 유대 기능, 휴식 및 여가 기능, 그리고 사회보장 기능 등 여섯 가지로 구분된다. 그러나 산업화 이후 한국가족 기능 중에는 강화된 것도 있고 약화된 것도 있는데, 이러한 변화에는 가족가치관의 변화가 반영되어 있다.

〈표 1-1〉 가족기능의 변화

가족기능	기능의 변화
경제적 기능	생산기능 약화, 소비기능 강화
성 및 재생산 기능	본능 충족과 결혼만족도 요인으로서의 성기능 강화 출산통제 기능 약화
자녀양육 및 사회화 기능	자녀양육 기능 약화 / 국가와 공유 사회화 기능 약화
정서적 안정 및 유대 기능	정서적 안정 및 유대기능 강조, 실제 기능 약화
휴식 및 여가 기능	휴식 및 여가 기능 강조, 실제 기능 약화
사회보장 기능	사회보장 기능 왜곡-핵가족 책임론 / 국가와 공유

1) 경제적 기능

가족의 경제적 기능은 산업화로 인해 가정과 일터가 공간적으로 분리됨에 따라 생산기능은 약화되고 소비기능은 강화되었다. 가족의 소비기능이 강화되었다는 것은 가장이나 가족구성원의 직업 및 수입정도에 따라 가족이 누릴 수 있는 생활기회나 생활양식이 결정됨을 의미하며, 나아가 이러한 소비생활수준이 가족생활 만족도에 직접적인 영향을 미치게 되었음을 의미한다(함인희, 2001). 생산직과 사무직의 증가는 가정과 일터의 분리를 촉진시켜 주요 가족구성원이 가정 밖에서 보내는 시간을 증가시킴으로써 가족의 유대감을 약화시키는 하나의 요인이 되었다.

2) 성 및 재생산 기능

의학기술의 발달로 인한 임신과 출산의 자유, 다양한 피임법의 개발 및 보급으로 인한 성생활의 자유, 향락산업 및 성과 관련된 각종 서비스 산업의 발달 등은 가족의 성적기능을 약화시켰으며 성에 대한 규범 및 가치관의 변화를 가져왔다(함인희, 2001). 특히 결혼에 대한 가치관 변화는 초혼연령의 상승, 독신자 및 미혼율의 증가를 왔으며, 기혼여성의 출산율저하로 가족의 재생산 기능 역시 급격히 약화되고 있다.

3) 자녀양육 및 사회화 기능

산업화와 함께 사회가 다원화, 이질화, 전문화되고 여성들의 사회진출과 함께 자녀양육 및 사회화 기능은 부모에게서 학교, 어린이집, 유치원, 학원 등 전문기관으로 많이 이전되었다.

그리고 핵가족화 현상은 가족 내에서 부모와 자녀간의 의사소통 및 유대가 약화되면서 세대 간 갈등과 세대 차이로 자녀의 사회화 기능이 약화되었다. 그리고 자녀양육방식에 대한 지혜가 부모세대로부터 자녀세대로 전수되는 기회를 차단하며, 부모세대의 도움을 받을 수 있는 확대가족에서도 양육방법을 둘러싸고 세대 간의 갈등을 보이는데, 젊은 세대가 자녀를 양육할 때 부모세대의 지혜와 경륜에 의존하기보다는 과학적이고 전문적인 지식을 더욱 신뢰하기 때문이다.

4) 정서적 안정 및 유대기능

현대인은 사회경제적 활동시간 및 직장생활과 학교생활에서 받는 스트레스가 증가함에 따라 긴장과 갈등을 완화시켜주는 공간으로서 가족이 더욱 중시되고 있다.

최근 가족의 정서적 기능에 대한 중요성이 커짐에 따라 가족관계에서도 부부관계의 중요성이 증가하고 있으며, 특히 젊은 세대로 갈수록 부모자녀관계보다 부부관계가 중요하다고 생각하는 비율이 늘고 있다. 부부중심

가족은 가족구성원의 생활태도를 개성화시켜 부부간 갈등을 야기 시킬 가능성을 높이는 한편 배우자 선택 및 결혼을 개인화시켜 가족의 성립조건을 불안정하게 하는 등 가족 내·외적으로 가족기능의 약화를 가져오기 쉽다. 가족의 정서적 기능의 중요성에도 불구하고 실제로 한국가족의 기능은 계속 약화되고 있기 때문에 부부관계를 향상시킬 수 있는 대책이 요구된다.

5) 휴식 및 여가 기능

휴식 및 여가 기능은 에너지를 재충전할 수 있을 뿐만 아니라 오늘날과 같이 자아가 확대되고 삶의 의미를 중시하게 된 사회에서는 일 자체만큼이나 중요한 기능으로 부각되고 있다. 가족구성원 간 생활의 개인화 및 이질화, 그리고 사회경제적 활동시간의 증가로 인한 가족공유시간의 감소 등이 가족구성원 간의 대화부족과 그로 인한 가족문제를 사회문제로 만들고 있어 오늘날 이 기능은 더욱 중요해지고 있다.

그러나 오늘날 휴식 및 여가 기능은 대부분 창조적인 활동보다는 상품소비 방식으로 이루어지고 있어 계층 간의 불평등 문제가 나타나고 있으므로, 소박하고 내실 있는 가족놀이문화가 절실히 요청되고 있다. 무엇보다도 우리나라 가족의 정서적 기능 약화와 가족 갈등증가에 대한 가족 내 해결책은 가족의 휴식 및 여가기능 강화에 있으므로 이에 대한 방안 마련이 중요하다.

6) 사회보장 기능

지금까지 우리나라 가족은 노인과 환자들을 보살피는 사회보장 기능을 수행해 왔으나 기혼여성의 취업증가로 인해 사회보장 기능을 담당할 인적 자원을 보유하지 못해 가족의 사회보장 기능은 위기를 맞고 있다. 더욱이 가족의 노후부양 및 노후의존도가 약화된 시점에서 현실적으로 사회복지제도가 미비한 우리나라는 개별가족에게 경제적 부담은 물론 심리적 부담까지 안겨주고 있다.

고령화와 함께 증가하고 있는 노인부양은 개별 가족단위에서 모두

해결할 수 없으므로 노인부양 문제에 대한 국가적·사회적 책임이 강조되는 추세이다.

가족의 기능은 시간적 조건, 지역과 문화배경에 따라 다르게 나타날 뿐만 아니라 개인차와 생활환경에 따라 달라진다. 문화와 사회구조가 단순하고 일터와 가정이 분리되지 않은 농경사회에서는 사람들의 요구와 필요성이 단순하고 소박하여 가족은 모든 욕망을 충족시킬 수 있는 유일한 집단이었으나 산업화와 정보화에 따라 가족의 기능이 변화하기 시작하였다.

산업사회의 가족은 전통사회에서 가졌던 많은 기능이 사회화되어 이전보다 줄어든 기능을 수행하지만 현대사회에 이르러 본질적인 애정의 기능과 안식처로서의 기능이 더욱 강조되고 있다. 특히 정보사회에서 컴퓨터를 통한 의사소통으로 대면적 인간관계가 제한될 경우 가족은 정서적 유대감, 가족으로서의 정체감, 애정·지지 받는 느낌 등의 정서적 욕구를 충족시키는 역할과 기능이 더욱 강화되리라 예상된다.

우리보다 먼저 산업화와 정보화가 이루어진 미국은 제도적 가족(institutional family)에서 심리적 가족(psychological family)으로, 현재에는 다원적 가족(puralistic family)으로 가족형태와 기능이 변화해 가고 있다(Doherty, 1997).

제도적 가족이란 가족의 안정성이나 영속성, 문화의 계승에 가치를 두며, 가족원에게 부과되는 특정한 의무역할이 전통적 규범과 관습에 의해 결정되는 가족을 의미한다. 따라서 제도적 가족에서는 가족의 다양한 기능이 가족단위로 수행된다.

반면 심리적 가족은 가족원 개개인의 행복을 우선하고 평등과 애정을 바탕으로 한 친밀한 상호관계를 강조한다. 따라서 제도적 가족에서 가족의 안정성에 기여하던 관습이나 지역사회 압력 등 외부적 요인은 약화되고, 가족의 영속성은 부부 상호간의 애정이나 동료감에 의해 영향을 받는다. 이런 점에서 심리적 가족은 시작부터 자체적으로 파괴의 씨앗을 가지고 있었다고 볼 수 있다. 즉 남성과 여성 둘 다를 위한 개인적 행복의 가치를 가족안정성 가치와 결부시키는 심각한 모순을 가지고 있는 것이다. 결혼에 대한 높은 기대는 이혼이 사회적 오명이 아니라는 생각을 가지게 하였고, 이혼율이 급증하면서 요람에서 무덤까지 양쪽 부모가 있는 핵가족 형태에 대한 문화적 이미지는 깨어졌다.

다원적 가족은 어떤 가족구성이 좋은 가족인지에 대한 이상을 제시하지 않고, 심리적 가족이 강조하는 개인적 행복과 함께 융통성을 중시하고 있다.

한편 서구에서 2~3세기 동안 이루어진 사회변동을 짧은 기간 동안에 압축적으로 경험해 온 우리나라는 여전히 가족주의 가치가 가족관계에 상당한 영향을 주고 있다. 한국사회에서 가족은 생계유지의 보루인 동시에 가족유지 자체가 절대적 가치를 지녀왔다. 가족은 비정한 사회의 안식처가 되어 집안이 잘되는 것과 사회에서 가족구성원이 성공하는 것이 동일시되고 있으며, 자녀교육을 통해 신분상승하려는 경향이 있다. 따라서 우리나라 사람들은 가족중심적인 삶을 영위하면서 다양하고 때로는 모순적인 가족가치관들을 소화시키면서 새로운 사회변화에 대응해 나갈 것이 예상된다.

5. 가족생활주기

1) 가족생활주기의 개념

가족생활주기(family life cycle)란 사람이 가족생활에서 경험하는 미혼·결혼·출산·육아·노후의 각 단계에 걸친 시간적 연속을 말한다. 가족은 남녀의 결혼으로 형성되고 자녀 출산으로 발전·확대되었다가 자녀의 결혼·분가로 축소되면서 가족을 형성했던 부부사망으로 소멸한다.

따라서 가족 생활주기의 각 단계에 따른 특성과 문제점을 파악함으로써 가족생활에 대한 장기적인 계획을 수립할 수 있으며, 한 가족이 가족생활주기의 어느 단계에 있는가를 알면, 그 가족의 부부관계·부모자녀관계·소득수준·문제점 등에 대한 예측이 가능하다.

2) 가족생활주기의 단계

영국의 라운트리(Rowntree, 1906)가 개인의 발달처럼 가족에도 주기가 있다는 사실을 주장한 이후, 가족생활주기의 단계를 구분하는 다양한 관점이 나타났다. 소로킨(Sorokin), 짐머만(Zimmerman), 갤핀(Galpin, 1931)이 가족생활주기라는 개념을 정식 제안한 이후 여러 학자들이 각기 가족생활주기의 단계를 제시하였다. 그 중 몇 가지를 살펴보면 다음과 같다(이정우 외, 2003).

(1) 2단계 분류

① 확대기 : 부부의 결혼부터 자녀가 성장하는 시기

② 축소기 : 자녀들이 성장하여 가족을 떠나 독립하거나 자신의 가족을 갖게 되는 시기부터 부모 세대 중 하나 또는 양쪽이 사망하여 가족이 축소되는 시기

이 분류는 가장 간단한 분류이며 너무 광범위한 것이 단점이다.

(2) 소로킨(Sorokin, 1931)의 분류

가족원들의 구성과 가족 크기의 변화에 따라 4단계로 분류하였다.

① 자립적인 경제생활을 시작한 신혼부부 단계

② 하나 또는 그 이상의 자녀를 낳아 기르는 단계

③ 1~2명의 자녀가 자립하여 부모를 떠나는 단계

④ 노인부부만 살아가는 단계

(3) 비젤로(Bigelow, 1936)의 분류

가족의 수입·지출의 재정적인 유형의 변화와 자녀의 교육상의 위치를 기준으로 7단계로 분류

① 가족형성기(establishment)

② 자녀출산 및 미취학 아동기(child bearing and preschool period)

③ 초등교육기(elementary school period)

④ 중·고등교육기(high school period)

⑤ 대학교육기(college period)

⑥ 회복기(period of recovery)

⑦ 은퇴기(period of retirement)

(4) 두볼(Duvall, 1957)의 분류

첫째 자녀 출생에서 독립까지의 연령과 학교 교육상의 위치에 따라 8단계로 분류

① 신혼부부 가족(부부확립기, 무자녀)

② 자녀 출산 및 영아기 가족(첫 아이 출산~30개월)

③ 유아기 가족(첫 아이 2.5세~6세)

④ 아동기 가족(첫 아이 6세~13세)

⑤ 청년기 가족(첫 아이 13세~20세)

⑥ 독립기 가족(첫 아이가 독립할 때부터 막내자녀 독립까지)

⑦ 중년기 가족(부부만 남는 가족~은퇴기)

⑧ 노년기 가족(은퇴 후~사망)

(5) 우리나라의 가족생활주기(유영주, 1984)

우리나라 도시 가족의 생활 실태를 근거로 하여 가족생활주기모형을 다음과 같이 여섯 단계로 설정하였다.

① 형성기 : 결혼으로부터 첫 자녀 출산 전까지 약 1년간

② 자녀출산 및 양육기 : 첫 자녀 출산으로부터 자녀가 초등학교에 입학할 때까지

③ 자녀 교육기 : 첫 자녀의 초등학교·중학교·고등학교 교육기

④ 자녀 성년기 : 첫 자녀가 대학에 다니거나 취업 · 군복무 중이며, 가사를 협조하는 시기

⑤ 자녀 결혼기 : 첫 자녀의 결혼으로부터 막내 자녀 결혼까지

⑥ 노년기 : 막내 자녀 결혼으로부터 배우자가 사망하고 본인이 사망할 때까지

3) 가족주기에 따른 발달과업

원만한 가정생활을 유지하기 위해서 각 가정은 가족의 신체적 부양, 자원의 분배, 가사노동의 분담, 자녀의 출산 및 양육 등 기본적으로 성취해야 하는 과업이 있다. 이러한 과업이 가족주기에 따라서 단계적으로 획득되어야만 개인과 가족은 만족감을 느끼고 살아갈 수 있다. 발달과업이란 인간이 성장하면서 발달해 나가는 각 단계에서 획득해야 할 행동형태로써, 이를 획득하면 그 시기에 잘 적응할 수 있고 그렇지 못하면 적응이 잘 안 되며 다음 시기의 행동발달에까지도 지장을 가져오게 된다. 특히 발달과업은 그것을 성취해야 하는 결정적인 시기가 있으므로, 가족은 각 단계에 따른 발달과업을 신중하게 달성해야 할 것이다.

Carter와 McGoldrick(1980)의 가족주기에 따른 발달과업을 살펴보면 다음과 같다. 그런데 오늘날 많은 가족들은 이혼이나 재혼 또는 사별 등으로 이러한 발달단계를 그대로 따라 가는 경우가 줄어들고 다른 인생주기를 경험하게 돼 다른 발달과업이 요구된다.

〈표 1-2〉 가족주기 및 발달과업

가족주기 단계	전환의 정서적 과정 : 주요원리	발달을 위해 필요한 가족지위의 이차적 변화
1. 결혼 전기	자신에 대한 정서적 · 재정적 책임을 수용	• 원가족의 관계로부터 분화 • 친밀한 이성관계의 발달 • 일과 재정적 독립 측면에서 자신을 확립

가족주기 단계	전환의 정서적 과정 : 주요원리	발달을 위해 필요한 가족지위의 이차적 변화
2. 신혼기 가족	새로운 체계에 대한 수립	• 부부체계의 형성 • 배우자가 포함되도록 확대가족, 친구와의 관계 재정비
3. 아동기자녀 가족	새로운 가족성원을 수용	• 부부체계에 자녀를 위한 공간 만들기 • 자녀양육, 재정, 가사 일에 공동참여 • 부모, 조부모 역할이 포함되도록 확대가족과의 관계 재정비
4. 청소년기자녀 가족	자녀의 독립과 조부모의 허약함을 고려하며 가족경계의 융통성을 증가	• 청소년 자녀가 가족체계에서 출입이 자유롭도록 부모-자녀관계를 변화 • 중년기 부부의 결혼 및 진로문제에 재초점 • 노인세대를 돌보기 위한 준비시작
5. 독립기자녀 가족	가족성원의 증감을 수용	• 부부체계를 2인군 관계로 재조정 • 성장한 자녀와 부모와의 관계를 성인 대 성인의 관계로 발전 • 사돈과 며느리, 사위, 손자녀가 포함되도록 관계 재정비 • 부모 또는 조부모의 무능력과 죽음에 대처
6. 노년기 가족	역할변화를 수용	• 신체적 쇠퇴에 직면하면서 자신과 부부의 기능과 관심사를 유지 • 다음 세대가 중추적 역할을 하도록 지원 • 연장자가 할 수 있는 일을 대신하지 않으면서 자신의 지혜와 경험이 활용될 수 있는 여지를 마련 • 배우자, 형제, 친구의 죽음에 대처하면서 자신의 죽음을 대비하며 삶을 되돌아보고 통합

Carter, E. A & McGoldrick, M. (Eds.)(1980) The Family Life Cycle : A Framework for Family Therapy.

4) 가족생활주기의 시대적 변화와 전망

가족생활주기는 시대의 흐름에 따라 변화한다. 최근에는 초혼연령이 높아졌지만 출산율이 낮아지고 단산연령이 낮아져서 자녀의 독립이 빨라지고 있으며 평균 수명이 증가하고 있다. 따라서 가족생활주기에서 부부만이 남게 되는 시기부터 은퇴 후 부부 모두 사망하기 전까지의 기간이 이전보다 길어지고 있다.

이러한 변화 양상을 자세히 보면 다음과 같다.

① 결혼으로부터 막내 자녀 출생까지의 기간은 출산율 저하로 예전보다 매우 단축되고 있다.

② 막내 자녀 출생 이후 첫 자녀의 결혼이 시작될 때까지의 자녀 양육 및 교육기에 해당되는 시기는 장기화 현상을 보인다. 이것은 자녀출산기가 단축됨에 따라 상대적으로 양육기가 길어지고 자녀의 결혼 연령이 과거에 비해 늦어지기 때문이다.

③ 첫 자녀 결혼부터 막내 자녀 결혼까지의 기간은 자녀수의 감소로 인하여 단축되고 있다.

④ 막내 자녀 결혼 이후 부부가 함께 보내는 기간이 길어지고 있으며, 남편 사망 이후 부인이 혼자 남는 기간은 약 8년 정도이다.

이러한 점을 종합해 볼 때, 우리의 가족은 지난 반세기 동안 가족생활의 주된 역할이 자녀의 출산이나 양육 중심에서 자녀의 교육과 부부 중심으로 바뀌었다고 볼 수 있다(공세권 외, 1993). 그러므로 전통적 직계 가족이 부부중심의 핵가족으로 변모하면서, 모든 자녀를 출가시킨 후 부부만의 중·노년기를 어떻게 보내느냐 하는 문제와 배우자의 사망 후 혼자서의 삶을 어떻게 영위해 나가느냐 하는 문제가 가족생활주기의 변화와 관련된 중요한 관심사가 되었다.

〈연구문제〉

1. 핵가족과 확대가족의 장단점은 무엇일까?
2. 가족의 기능 중 가장 중요한 것은 무엇일까?

제2장 | 사랑과 친밀감

사랑은 오늘날 젊은이들이 결혼을 결심하게 되는 주요 동기이다. 오늘날의 결혼은 우애적 결혼의 형태로서, 과거 전통사회에서의 제도적 결혼의 형태와 비교될 수 있다. 제도적 결혼에서 결혼의 동기는 남녀 간의 사랑이나 친밀감 같은 정서적 욕구였다기보다 가족이라는 사회적 제도의 유지와 존속이었고, 살면서 사랑이나 친밀감이 생기게 되었다.

사랑을 정의하고 사랑에 관해 설명하기란 무척 어렵다. 그러나 대다수의 사람들이 사랑 때문에 결혼한다. 사실 이성간의 사랑은 인간이 경험할 수 있는 가장 가치 있고 충족감을 주는 감정이며 동시에 사람의 잠재력을 발휘하게 하는 강력한 감정이다(Satir, 1988). 이와 같이 사랑은 인간의 삶에서 너무도 중요한 부분이다.

1. 사랑의 이론

사랑이란 무엇인가? 어떻게 사랑을 정의할 것인가? 사람들이 경험하는 사랑에는 어떠한 종류와 색깔이 있는가? 인류 역사 이래 사랑을 정의하려는 노력이 시인, 철학자, 성인 등 많은 사람들에 의해 이루어져 왔다. 고대 그리스인들은 사랑을 세 가지 유형으로 분류하였다. 육체적 사랑을 나타내는 에로스(Eros), 정신적·이타적 사랑을 나타내는 아가

페(Agape), 그리고 형제적 사랑이나 우정을 말하는 필로스(Philos)로 구분하였다.

사회심리학자인 에릭 프롬은 그의 명저 '사랑의 기술(1976)'에서 사랑은 보살핌(caring), 책임(responsibility), 존중(respect), 지식(knowledge)이라는 네 가지 기본 요소를 내포한다고 하였다. 첫째, 사랑에 보살핌이 포함되어 있다는 것은 사랑하는 자의 생명과 성장에 대한 적극적인 관심을 의미하는 것으로, 어린 자녀에 대한 모성애에서 가장 명백하게 드러난다. 둘째, 책임은 다른 인간존재의 요구에 대한 반응으로서 '책임진다'는 것은 전적으로 자발적으로 응답할 수 있고 응답할 준비가 갖추어져 있다는 의미이다. 셋째, 존중은 사랑하는 이를 있는 그대로 바라보고 그의 독특한 개성을 아는 능력이다. 또한 존중은 다른 사람이 그 나름대로 성장하고 발달하기를 바라는 관심으로, 사랑하는 이를 착취하지 않는다는 의미를 내포하고 있다. 넷째, 어떤 사람을 존중하려면 그를 잘 알지 않고서는 불가능하다. 즉 상대방에 대한 지식이 없는 보살핌과 책임은 맹목일 것이다. 지식은 나 자신에 대한 관심을 초월해서 다른 사람을 그의 입장에서 객관적으로 볼 수 있는 능력이지, 그 사람에 대해 가지고 있는 환상이나 불합리한 이미지를 의미하지 않는다. 에릭 프롬(Erich Fromm, 1956)은 사랑의 요소가 상호 의존하며 성숙한 인간에게서만 찾아볼 수 있는 일련의 태도라고 하였다.

에릭 프롬이 말한 사랑의 요소는 다른 많은 학자나 성인들에 의해서도 강조되었다. 현시대 최고의 영향력 있는 인물 중에 하나인 달라이 라마(2000)도 "광적인 사랑에 의해서 결혼과 임신이 이루어지는 것은 아니다. 결혼과 임신은 서로를 잘 아는 데서 비롯된다. 상대방의 외양뿐 아니라 마음가짐을 제대로 안다면 상호 신뢰감과 존경심을 키울 수 있다. 결혼은 그런 토대 위에서만 가능해진다. 여기에는 책임감이 따른다. 아기는 그런 상황에서 가져야 한다고 하였다. 여기서도 상대방에 대한 지식, 신뢰, 존경, 책임이 사랑과 결혼의 필수요건으로 강조되고 있음을 볼 수 있다.

1) 사랑의 삼각 이론

사랑의 삼각 이론에 따르면 사랑은 친밀감, 열정, 결심/헌신이라는 세 가지 구성요소로 설명할 수 있다(Sternberg, 1993). 사랑의 첫 번째 요소인 친밀감(intimacy)은 사랑하는 이와의 관계가 가깝고, 따뜻하게 연결되어 있다는 느낌이다. 이는 사랑의 정서적 요소이다. 사랑하는 이와 친밀하다는 것을 어떻게 알 수 있는가? 친밀감을 나타내는 특징을 보면 ① 사랑하는 이가 더 행복하도록 열망하고 ② 사랑하는 이와 더불어 행복을 경험하고자 하며 ③ 사랑하는 이를 높이 존중하고 ④ 필요할 때 사랑하는 이에게 기댈 수 있으며 ⑤ 서로 이해하고 ⑥ 자신은 물론 자신의 소유물을 상대방과 나눌 수 있고 ⑦ 정서적으로 서로를 지원하며 ⑧ 마음을 여는 의사소통을 주고받으며 ⑨ 사랑하는 이 때문에 자신의 삶이 더 높이 평가된다는 느낌이 친밀감을 파악할 수 있는 지표들이다.

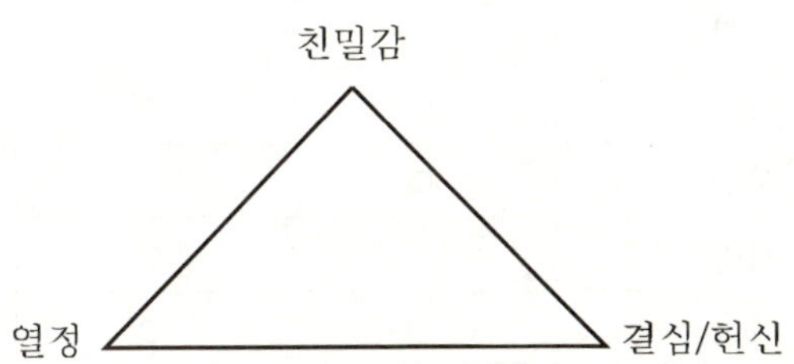

[그림 2-1] 사랑의 삼각 이론 : 세 요소

사랑의 두 번째 요소인 열정(passion)은 사랑하는 관계에서 낭만이나 성행위 같은 것들로 이끌어주는 강한 신체적 매력이나 욕구이다. 사랑하는 사람과 결합하기 위해서는 생리적 차원에서의 욕구나 흥분의 정도가 높아야 한다. 따라서 이 요소를 사랑의 동기적(motivational)요소라고 한다. 많은 경우 이와 같은 성적 욕구가 열정의 주요 부분을 차지하지만 자존감, 타인과의 친화, 타인에 대한 지배나 복종 같은 욕구들이 열정을 일으키기도 한다.

사랑의 세 번째 요소는 결심(decision)/헌신(commitment)이다. 어떤 사람을 사랑하기로 하는 결심은 사랑의 단기적인 요소인 반면, 그 사랑을 오랫동안 지속시키겠다고 약속하는 헌신은 장기적인 요소이다. 헌신은 관계의 초기부터 빠르게 발달하지만 시간이 지날수록 그 비중이 더 커진다. 자녀에 대한 부모의 사랑이나 오랜 기간 동안에 걸친 부부간의 사랑도 헌신에 해당된다. 그러므로 사랑의 이 요소를 인지적 요소라고 한다.

〈표 2-1〉 사랑의 삼각 이론에 의한 유형

사랑의 종류	친밀감	열정	결심 / 헌신
사랑이 아님			
좋아함	○		
도취성 사랑		○	
공허한 사랑			○
낭만적 사랑	○	○	
우애적 사랑	○		○
얼빠진 사랑		○	○
완전한 사랑	○	○	○

사랑의 3요소인 친밀감, 열정, 결심/헌신이 어떻게 조합되느냐에 따라 여덟 가지 사랑의 유형이 나타나는데, 이를 보다 구체적으로 살펴보면 우선 이 세 요소가 모두 결핍된 관계는 사랑도 우정도 아닌 단지 피상적이며 단편적인 관계이다. 둘째로 열정과 결심/헌신 요소가 결여된 채 친밀감 요소만 있는 경우를 '좋아함'이라고 하며, 진정한 친구들과의 관계에서 경험하는 것 같은 감정들로 강한 열정이나 장기적인 헌신 없이도 상대에 대한 친밀감이나 따뜻함 같은 것을 느낄 수 있는 관계이다. 셋째로 친밀감과 결심/헌신의 요소가 결여되고 열정 요소만 있

는 경우를 도취성 사랑이라고 한다. 이 사랑은 '첫눈에 반한 사랑' 또는 상대를 있는 그대로가 아니라 이상화시켜서 보는 망상으로 치우치는 사랑이기 때문이기 문제가 될 수 있다. 넷째, 친밀감이나 열정이 전혀 없이 상대를 사랑하겠다는 결심/헌신만 있는 유형을 공허한 사랑이라고 한다. 중매결혼을 할 경우 상대방에 대한 매력이나 친밀감을 없지만 서로간에 헌신하겠다는 결심으로 관계를 시작하는 경우가 전형적으로 공허한 사랑의 유형이다. 다섯째, 친밀감과 열정의 요소가 결합되어 있고 헌신의 요소가 없는 유형을 낭만적 사랑이라고 한다. 육체적 매력이나 그 밖의 매력이 첨가되어 서로에게 육체적·감정적으로 밀착되어 있으나, 그 관계의 지속성에대해서는 가능하지 않다고 생각하는 유형이다. 여섯째, 친밀감과 헌신의 요소만 결합되어 있고 열정의 요소가 없는 사랑의 유형은 우애적 사랑이다. 대부분의 낭만적 사랑은 차츰 열정이 없어지기 시작하나 친밀감은 남아 있고 장기적이고 깊은 애정으로 대체되는 우애적 사랑으로 변하면서 남게 된다. 일곱째, 열정과 결심/헌신의 요소가 결합되면 얼빠진 사랑의 유형이 생기며, 여기에는 친밀감 요소가 결합되어 있다. 즉 남녀가 어느 날 만나 곧 서로 약혼하고 또 곧 결혼하는 경우, 상대에 대한 친밀감을 가질 겨를도 없이 열정에 근거하여 결혼이 이루어지는 유형을 말한다. 마지막으로 친밀감과 열정과 헌신의 요소가 모두 존재할 때 성숙한 사랑 혹은 완전한 사랑이라고 하며 사랑의 삼각형은 균형을 이룬 정삼각형이 된다. 낭만적 관계에 있는 사람들이 도달하려고 노력하는 종류의 사랑이 바로 성숙한 사랑이며, 성숙한 사랑은 도달하기도 어렵지만 그것을 지키기는 더욱 어렵다.

〈box 2-1〉 사랑의 삼각형 척도

아래 각 문항의 00은 자기가 사랑하는 사람의 이름이다. 그 사람을 생각하며 각 문항을 읽고 자신의 경우와 일치하는 정도를 아래의 척도 1~9 중 알맞은 번호에 ✓표 하시오

1	2	3	4	5	6	7	8	9
전혀그렇지않다		대체로그렇지않다		보통그렇다		대체로그렇다		전적으로그렇다

1	나는 00의 행복을 적극적으로 지지한다.	1 2 3 4 5 6 7 8 9
2	나는 00와 다정한 관계를 맺고 있다.	1 2 3 4 5 6 7 8 9
3	00가 필요할 때 00에게 기댈 수 있다.	1 2 3 4 5 6 7 8 9
4	00는 내가 필요할 때 나한테 기댈 수 있다.	1 2 3 4 5 6 7 8 9
5	나 자신과 내가 소유한 것들을 00와 기꺼이 나누고자 한다.	1 2 3 4 5 6 7 8 9
6	나는 00에게서 정서적으로 많은 지지를 받고 있다.	1 2 3 4 5 6 7 8 9
7	나는 00를 정서적으로 많이 지지하고 있다.	1 2 3 4 5 6 7 8 9
8	나는 00와 의사소통이 서로 잘 된다.	1 2 3 4 5 6 7 8 9
9	나의 삶에서 00를 매우 소중하게 생각한다.	1 2 3 4 5 6 7 8 9
10	나는 00를 친밀하게 느낀다.	1 2 3 4 5 6 7 8 9
11	나는 00와의 관계를 편안하게 느낀다.	1 2 3 4 5 6 7 8 9
12	나는 00를 진실로 이해한다고 느낀다.	1 2 3 4 5 6 7 8 9
13	나는 00가 나를 진실로 이해한다고 느낀다.	1 2 3 4 5 6 7 8 9
14	나는 00를 정말로 믿을 수 있다고 느낀다.	1 2 3 4 5 6 7 8 9
15	나 자신의 극히 사적인 부분까지도 00에게 털어놓는다.	1 2 3 4 5 6 7 8 9
16	나는 00를 보기만 해도 흥분이 된다.	1 2 3 4 5 6 7 8 9
17	나는 하루에도 몇 번씩 00를 생각하고 있는 나 자신을 발견하곤 한다.	1 2 3 4 5 6 7 8 9
18	나와 00, 우리 둘의 관계는 매우 낭만적이다.	1 2 3 4 5 6 7 8 9
19	나는 00이 나에게 매우 매력적인 사람이라고 생각한다.	1 2 3 4 5 6 7 8 9
20	나는 00를 나의 이상형으로 생각한다.	1 2 3 4 5 6 7 8 9
21	세상에서 00처럼 나를 행복하게 만드는 사람은 아마 없을 것이다.	1 2 3 4 5 6 7 8 9
22	나는 다른 어떤 사람보다도 00와 함께 있고 싶다.	1 2 3 4 5 6 7 8 9

23	00와의 관계보다 더 중요한 것은 이 세상에 없다.	1 2 3 4 5 6 7 8 9
24	나는 00와 신체적으로 접촉하는 것을 특히 좋아한다.	1 2 3 4 5 6 7 8 9
25	00와의 관계에는 뭔가 '마법에 걸린 듯한'점이 있다.	1 2 3 4 5 6 7 8 9
26	나는 00에게 흠뻑 빠져있다.	1 2 3 4 5 6 7 8 9
27	00없는 인생을 나는 상상할 수 없다.	1 2 3 4 5 6 7 8 9
28	나는 00와 열렬한 관계에 있다.	1 2 3 4 5 6 7 8 9
29	낭만적인 영화와 책을 보면 00를 생각하게 된다.	1 2 3 4 5 6 7 8 9
30	나는 00에 대한 환상에 사로잡히곤 한다.	1 2 3 4 5 6 7 8 9
31	내가 00에게 마음을 쓰고 있다는 것을 나는 안다.	1 2 3 4 5 6 7 8 9
32	나는 00와의 관계를 지속시키기 위해 최선을 다하고 있다.	1 2 3 4 5 6 7 8 9
33	나는 00와의 사랑을 지키기 위해서 다른 사람이 우리 사이에 끼어들지 않도록 할 것이다.	1 2 3 4 5 6 7 8 9
34	나는 00와 헤어지지 않을 자신이 있다.	1 2 3 4 5 6 7 8 9
35	어떠한 것도 00에 대한 나의 사랑을 막을 수 없다.	1 2 3 4 5 6 7 8 9
36	00에 대한 나의 사랑은 죽을 때까지 변치 않을 것이다.	1 2 3 4 5 6 7 8 9
37	나는 00에 대하여 언제나 강한 책임감을 가질 것이다.	1 2 3 4 5 6 7 8 9
38	00에 대한 나의 사랑은 확고하다고 생각한다.	1 2 3 4 5 6 7 8 9
39	00와 헤어진다는 것은 상상도 할 수 없다.	1 2 3 4 5 6 7 8 9
40	나는 00에 대한 나의 사랑을 확신한다.	1 2 3 4 5 6 7 8 9
41	나는 00와의 관계가 영원할 것이라고 생각한다.	1 2 3 4 5 6 7 8 9
42	00을 사랑하기로 결심한 것은 잘 한 결정이라고 생각한다.	1 2 3 4 5 6 7 8 9
43	나는 00에 대해 책임감을 느낀다.	1 2 3 4 5 6 7 8 9
44	나는 00와의 관계를 계속 유지할 생각이다.	1 2 3 4 5 6 7 8 9
45	설혹 00와 갈등이 생긴다 해도 나는 우리의 관계를 계속 유지할 것이다.	1 2 3 4 5 6 7 8 9

계산방법 : 1-15, 16-30, 31-45번까지의 점수를 각각 합산하여 15로 나눈 평균값 세 개가 자신의 친밀감 점수, 열정점수, 그리고 결심/헌신 점수이다. 이 세 점수를 이용하여 삼각형의 중심이 되는 한 점(0점)을 기준으로 120도 간격으로 세 방향으로 각 요소의 점수만큼 선을 그리고, 세 선분이 끝나는 바깥쪽의 세 점들을 연결하면 자신의 사랑 삼각형이 완성된다. 삼각형의 크기와 모양을 살펴보고 사랑의 삼각이론을 근거로 자신의 사랑은 진단한다.

출처 : Sternberg(1988)

그밖에 실제로 친밀감이 전혀 없는 열정만 있을 수도 있고, 친밀감이 전혀 없는 헌신만 있는 경우도 있을 것이다. 이 8가지 유형은 극단적인 경우를 표현하는 것이지 실제는 보다 더 다양한 유형으로 나타날 수도 있으며 변화될 수도 있다.

사랑의 삼각 이론은 사랑의 강도와 균형이라는 두 요소에 의해 기하학적으로 설명될 수 있다. 사랑의 강도는 한 사람의 상대에 대한 사랑의 크기로 설명될 수 있다. 즉 어떤 사람이 파트너에 대해 느끼는 사랑의 강도가 클수록 파트너를 향한 그 사람의 사랑 삼각형의 면적이 커진다. 한편 사랑의 균형은 삼각형의 모양을 결정한다. 즉 사랑의 3요소가 적절히 균형을 이룬 완전한 사랑은 균형잡힌 정삼각형으로 나타나지만, 어느 한 요소만 중시할 경우에는 불균형적인 삼각형으로 나타날 것이다. 예를 들어, 친밀감의 요소만 발달한 우애적 사랑의 경우 위로 길쭉한 모양의 삼각형이 될 것이고, 열정의 요소만 있는 낭만적 사랑의 경우 왼쪽 하단이 길쭉한 불균형적인 삼각형이 될 것이다.

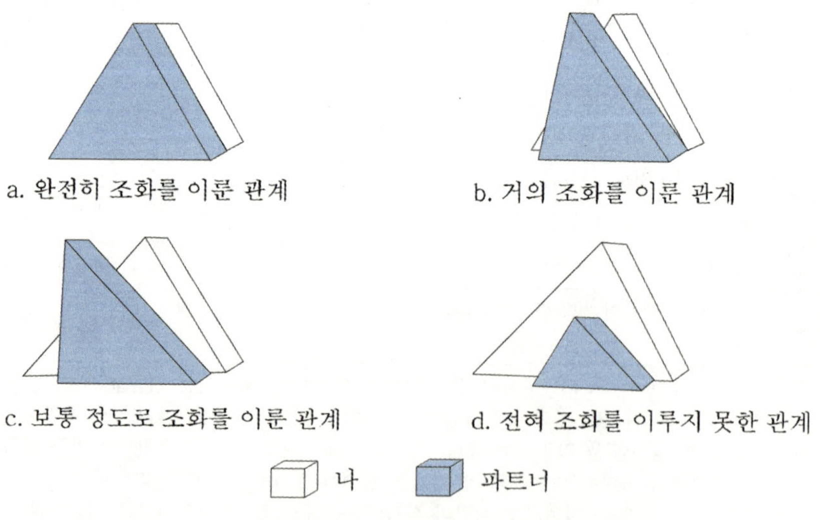

[그림 2-2] 사랑의 삼각 이론에 의한 관계의 유형

출처: Strong & Devault(1994)

사랑의 삼각형은 자기의 사랑 삼각형과 파트너의 사랑 삼각형의 크기와 모양을 비교해 보는 데도 유용하다. [그림 2-2]에서와 같이 파트너들끼리 사랑의 삼각형의 크기와 모양이 어울릴 경우 만족스런 관계를 맺지만, 사랑의 삼각형이 조화를 이루지 못할수록 관계에 불만족할 가능성이 크다(Sternberg & Barlnes, 1985). 사랑의 삼각형으로 자기가 인식한 삼각형과 상대가 인식한 삼각형을 구분할 수도 있다. 즉 자기가 상대방에게 표현했다고 인식하는 사랑의 삼각형과 상대방이 받았다고 인식하는 사랑의 삼각형이 차이가 있을 수 있기 때문이다.

2) 사랑의 수레바퀴 이론

Reiss(1988)는 사랑과 친밀감을 수레바퀴에 비유하여 설명하였다. 이는 사랑과 친밀감이 한 번 형성되면 영원히 지속되는 것이 아니라 바퀴처럼 순환하는 특성이 있는데 여기에는 다음과 같은 네 단계가 있다고 보는 것이다.

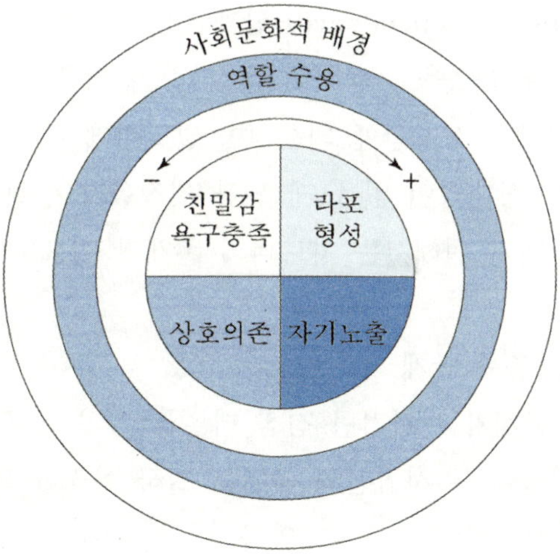

[그림 2-3] 사랑의 수레바퀴

출처: Cox(1999)

(1) 라포(rapport)형성 단계

두 사람이 서로 마음의 문을 열고 좋아하게 되고 서로 편안해 하며, 더 깊이 교제하고 싶어하는 단계이다. 사회문화적 배경, 교육 수준, 가정환경 등의 요인에 따라 라포가 형성되기도 하고 반대로 라포형성이 방해를 받기도 한다.

(2) 자기표출(self-revelation) 단계

라포를 형성한 두 사람이 각자의 생각이나 감정을 보다 더 가깝게 나누는 단계이다. 이렇게 생각과 감정을 나누는 것은 특별한 한 사람에게 국한하기 때문에 자기표출을 통해 관계가 더욱 깊어진다. 여기서 자기노출은 상대방에 대한 헌신과 상호간의 신뢰, 그리고 사랑의 느낌이 증가할 때 가능해진다. Rubin 등은 여성이 남성보다 자기 생각이나 감정을 더 많이 표출하는 경향이 있으며, 평등한 성역할 태도를 가진 커플이 자기표출을 더 많이 한다고 하였다.

(3) 상호의존(mutual dependence) 단계

자기생각이나 감정을 표출하여 두 사람이 더욱 친밀한 관계를 맺게 되면 다음 단계로 상호간에 의존성이 발달하게 된다. 상호 의존성이 발달한다는 것은 상대방이 없을 때 뭔가 허전함과 상실감을 느끼게 되며, 완전함을 느끼기 위해서는 파트너의 존재가 필요하다는 의미이다.

(4) 친밀감 욕구 충족 단계

두 사람의 관계가 깊어지면 점점 더 친밀감의 욕구가 충족됨을 경험하게 된다. 처음에 두 사람간의 라포는 결국 이러한 욕구가 충족되리라는 희망으로 시작된다고 볼 수 있다. 이 단계에서 두 사람의 관계는 다른 사람들이 개입되지 않은 배타적이며 사적인 관계가 되며, 서로 정서적 지지와 동감을 통해 친밀감의 욕구를 충족시키고자 한다.

이상의 4단계는 하나의 과정으로 설명할 수 있다. 즉 두 사람이 라포를 형성하고 자기 자신을 표출하며 서로 의존하게 되고, 결국 친밀감에 대한 욕구를 충족시키게 된다. 여기서 수레바퀴의 개념을 적용한 것은 처음에 두 사람이 라포를 형성한 원인이 친밀감의 욕구와 연결되면서 수레바퀴가 돌아가듯이 계속적으로 관계가 진행된다는 것을 의미하기 위해서이다.

수레바퀴 바깥쪽에는 두 개의 원이 있는데, 맨 바깥에 있는 사회문화적 배경의 원은 그 안쪽에 있는 역할개념의 원을 설명하는 배경이 된다. 사랑을 무엇이라고 생각하는가? 사랑을 표현할 때 나는 어떻게 해야 하는가? 우리의 관계에서 상대방이 어떤 역할을 해야 한다고 생각하는가? 우리의 관계에서 상대방이 어떤 역할을 해야 한다고 생각하는가? 연인으로서, 남편이나 아내로서 혹은 아버지나 어머니로서 나는 어떤 역할을 해야 하는가? 등 수레바퀴 바깥쪽에 있는 2개의 원에 따라 사랑의 수레바퀴가 빨리 채워져서 빨리 돌아갈 수도 있고 그렇지 않을 수도 있다.

3) 사랑의 색깔

캐나다의 사회학자 Lee(1993)는 사랑을 정의할 때 색깔에 비유하였는데, 이것은 두 가지 의미를 갖는다. 하나는 개인 내적인 차원으로 개인마다 좋아하는 색깔이 다르듯이 좋아하는 사랑의 유형도 사람마다 다르다는 것이다. 즉 초록색은 내가 좋아하는 색일뿐 초록색만이 진짜 좋은 색깔이라고 우길 수는 없는 것이다. 단 하나의 진짜 색깔이 존재하지 않듯이, 한 가지 유형만을 진정한 사랑이라고 고집할 수는 없다. 또 다른 하나는 대인관계적인 차원으로 서로 어울리는 색깔이 있듯이 각자 선호하는 사랑의 유형을 가진 두 사람이 함께 만났을 때 서로 어떻게 배합되고 어울리며, 또 어떻게 서로 어울리도록 배울 것이냐가 중요하다. Lee는 색깔에 삼원색이 있고 이 색들을 배합하여 다양한 색깔이 만들어지듯이, 사랑에도 일차적으로 세 가지 유형이 있고, 이것들이 혼합되면 이차적인 사랑의 유형이 만들어진다고 하였다.

〈표 2-2〉 사랑의 색깔

일차적 사랑	이차적 사랑
낭만적 사랑(Eros)	소유적 사랑(Mania : Eros+Ludus)
유희적 사랑(Ludus)	실용적 사랑(Pragma : Storge+Ludus)
친구 같은 사랑(Storge)	이타적 사랑(Agape : Eros+Storge)

(1) 낭만적 사랑(Eros; romantic; passionate love)

이 유형의 사랑을 하는 사람은 이상적인 연인을 만나서 함께 사는 것이 삶에서 가장 중요하다고 생각한다. 이들은 자신이 어떤 신체 유형에 잘 끌리는지를 알고 있기 때문에, 그 타입에 가까워 보이는 사람을 보면 첫 눈에 반해버리며, 말이나 접촉을 통해 사랑하는 사람에 대한 자신의 기쁨을 표현하려 한다. 이들은 대개 배타적인 관계를 보이지만 상대방을 소유하려 하지 않으며 경쟁자의 존재도 별로 두려워하지 않는다. 낭만적 사랑을 하는 사람은 자신의 어린 시절이 행복했었다고 생각하고, 일을 즐기는 타입이며, 사랑을 위하여 위험을 감수할 준비도 되어있다.

(2) 유희적 사랑(Ludus; playful love)

루두스(ludus)는 라틴어로 '놀이'를 뜻한다. 유희적 사랑을 하는 사람은 사랑에 빠지기보다 사랑을 놀이로 생각하며, 사랑을 재미로 하는 것이지 사랑에 대해 심각하게 생각할 것은 없다고 여긴다. 사랑하는 사람을 만나는 데 신중을 기하지 않고 쉽게 만나고 헤어지며 사랑을 위해 헌신할 생각이 없는 유형이다. 그들은 여러 명의 파트너들을 동시에 사랑하는 데서 아무 모순도 느끼지 않으며, 삶에서 사랑이 중요하다고 여기지도 않는다. 이 유형의 사랑을 하는 사람은 어린 시절이 평범했었다고 여기지만 어른이 되어서는 좌절을 겪을 때가 종종 있다.

(3) 친구 같은 사랑(Storge; friendship, companionate love)

이 사랑은 대개 친구관계에서 시작하여 사랑으로 발전된 유형이다. 따라서 사랑 때문에 잠 못 이루는 밤을 보냈다거나 사랑으로 인한 열병을 앓은 적이 없이, 처음에는 친구로 시작하였던 관계가 자연스럽게 사랑으로 발전하는 경우이다. 또한 특별히 좋아하는 신체 유형이 있는 것도 아니고, 애인이 없다는 것에 대해 걱정을 하는 것도 아니며, 시간이 흐르면 만나게 될 것이라고 생각한다. 이 유형의 사랑을 하는 사람은 주로 식구가 많고 서로를 격려해주는 가족에서 자랐거나, 안정되고 서로를 아끼는 공동체 안에서 성장한 사람들이다. 사랑 자체가 인생의 목표가 아니라 우정과 가정이라는 보다 큰 목표의 한 측면으로서 사랑을 생각한다.

(4) 소유적 사랑(Mania; possessive, dependent love)

이 유형의 사람은 사랑할 필요를 강하게 느끼면서도, 사랑은 힘겹고 고통스럽다는 생각에 사랑하기를 두려워한다. 자신을 좋아하지 않을 뿐 아니라 어떤 유형의 사람을 좋아하는 지에 대해서도 확신이 없다. 일단 사랑의 관계를 시작하면 파트너를 매일 만나고자 하지만 사랑을 표현하는 행위에는 일관성을 보이지 않아 사랑을 적극적으로 표현하다가 금방 자기 기분을 감추어 버리는 행동을 번갈아 가면서 하며, 사랑을 증명하기 위해 극단적인 일을 자행하기도 한다. 이들은 극도의 질투심을 보이며, 상대방에게 더 많은 애정과 헌신을 요구한다. 전형적으로 이 유형의 사랑을 하는 사람들은 어린 시절이 불행했다고 생각하며, 어른이 되어서도 외로워하고 자신의 일에 대해 만족하지 못할 때가 많다.

(5) 실용적 사랑(Pragma; logical, practical love)

이 유형의 사랑을 하는 사람은 파트너를 찾을 때 배경이나 교육 정도, 성격, 종교, 취미 등이 자신과 잘 어울리는가를 논리적으로 우선 생각한다. 따라서 이들은 직장이나 자기가 속해있는 공동체 안에서 파트너를 만나며, 그 사람이 실제로 어떤 사람인가를 알 수 있는 상황에서 상대를 찾고 싶어한다. 상대를 제대로 알기 전까지는 헌신이나 미래에 대한 얘기를 꺼려한다. 만약 자신이 설정한 기준과 맞는 사람을 만나면 낭만적 사랑이나 소유적 사랑 같은 사랑이 감정을 발전시키기도 한다. 전형적으로 이 유형의 사랑을 하는 사람은 어린 시절과 성인이 된 현재의 삶에서 아무런 차이를 느끼지 못하여, 노력을 한다면 목적을 달성할 수 있고 삶에서 성공할 수 있다고 생각한다.

(6) 이타적 사랑(Agape; all-giving, selfless love)

이타적 사랑은 전통적인 종교적 의미의 사랑으로서, 구체적이고 현실적이라기보다 추상적이고 이상적인 면이 있어서, 실제로 배우자를 찾을 때 가장 드물게 나타나는 유형이다. 이 유형은 성인과 순교자들의 사랑에서 찾아볼 수 있으며, 상대방에게 아주 조건 없이 베풀어 주되 받을 것을 기대하지 않은 사랑이다. 아가페적 사랑을 하는 사람은 사랑하는 감정이 없다고 하더라도 사랑하는 것을 의무로 받아들인다. 그들은 사랑하는 대상에게 보살핌을 베풀어야 할 의무를 강하게 느끼기 때문에 배우자는 그러한 배려를 필요로 하는 사람이어야 한다.

사랑의 색깔에 관하여 우리나라 대학생을 대상으로 조사한 결과, 실제로 사랑의 유형은 혼합되어 나타나며, 남녀에 따라 사랑의 유형에서 약간의 차이가 있음을 볼 수 있다. Hendrick과 Hendrick(1986)도 사랑의 유형에서 남녀 간의 차이를 발견하였는데, 유희적 사랑은 여성보다 남성에게 더 많았으며, 실용적 사랑과 친구 같은 사랑은 남성에 비해 여성에게 더 많이 나타났다.

〈표 2-3〉 사랑의 유형 분포

사랑의 유형	낭만적 사랑	유희적 사랑	친구 같은 사랑	실용적 사랑	소유적 사랑	이타적 사랑
남학생	14.4	5.2	29.7	13.2	15.9	21.6
여학생	19.3	3.3	41.6	15.6	14.9	5.4

출처 : 연세대학교 학생상담연구소(1996)

〈box 2-2〉 사랑의 색깔 유형 검사

다음 각 문항을 읽고 자신과 가장 가깝다고 판단되는 점수를 다음의 5점 척도에서 찾아 답하시오

1	2	3	4	5
전혀 그렇지않다	별로 그렇지않다	중간이다	약간 그렇다	매우 그렇다

1	우리는 처음 만나자마자 서로에게 끌리기 시작했다.	
2	나는 애인에게 헌신하고자 하는 결심을 확실하게 해 두고 싶지는 않다.	
3	나는 한참 지나고 나서야 내가 상대방을 사랑하고 있다는 사실을 알게 되었다.	
4	나는 애인에게 헌신하기로 결심하기 전에 우선 인생이란 어떻게 살아야 하는가에 관해 깊이 생각한다.	
5	애인과 나 사이에 일이 잘 풀리지 않으면 속이 뒤집혀 소화가 잘되지 않는다.	
6	애인이 어려울 때 나는 언제나 그를 도와주려고 한다.	
7	우리는 서로에게 금방 신체적으로 흥분되었다.	
8	애인이 비록 나에 관해 잘 모르고 있다고 해도 상처를 받지 않을 것이다.	
9	진실한 사랑이란 상대방을 먼저 보살펴 주는 것이다.	
10	내 인생을 주도면밀하게 계획하고 나서야 애인을 선택하고자 한다.	
11	사랑하는 사람과의 관계가 깨지면 너무 우울해져서 자살하고 싶은 생각까지 든다.	
12	애인이 고통을 당하도록 내버려두는 것보다 차라리 내가 고통을 당하는 편이 낫다.	
13	우리의 사랑은 매우 강렬하고 만족스럽다.	
14	나는 때로 애인을 둘씩 사귀면서 두 사람이 서로 알지 못하도록 한 적이 있다.	
15	내가 사랑했던 사람과 언제나 친구처럼 지내기를 바란다.	
16	배경이 비슷한 사람끼리 사랑하는 것이 가장 좋다.	
17	때로 나는 사랑에 빠져 있다는 것이 너무 흥분되어 잠을 이룰 수가 없다.	
18	애인이 먼저 행복해야 나도 행복할 수 있다.	
19	우리는 서로를 위해 존재한다는 느낌이 든다.	

20	나는 연애사건을 쉽고 그리고 빨리 벗어날 수 있다.	
21	최상의 사랑은 오랜 우정에서 시작되어 발전한다.	
22	애인을 선택할 때 매우 중요하게 생각하는 점은 애인이 우리 가족의 일원으로 잘 어울리느냐 하는 점이다.	
23	사랑에 빠져 있을 때 나는 어떤 다른 일에도 집중할 수가 없다.	
24	애인이 소망하는 바를 이루도록 하기 위해 나 자신의 소망을 희생할 용의가 있다.	
25	우리는 만나자마자 얼마 안 되어서 신체적인 접촉을 시작하였다.	
26	만약 애인이 내가 다른 사람에게 했던 몇 가지 일을 안다면 속상해 할 것이다.	
27	우리의 사랑은 우정에서 서서히 발전하였다.	
28	파트너를 선택할 때 중요한 것은 그 사람이 좋은 부모가 될 수 있을까 하는 점이다.	
29	애인이 누군가 다른 사람하고 있다는 의심이 들면 나는 견딜 수가 없다.	
30	내가 가지고 있는 것은 무엇이든 애인이 원하는 대로 써도 좋다.	
31	우리는 진실로 서로를 이해한다.	
32	애인이 나에게 너무 의존적이 되려 할 때, 나는 약간 뒤로 물러서고 싶다.	
33	사랑은 진실로 깊은 우정이지 신비스럽거나 알기 어려운 감정은 아니다.	
34	파트너를 선택할 때 중요한 것은 내 앞길에 도움이 될까하는 점이다.	
35	애인이 나에게 관심을 기울이지 않으면 나는 전체가 아픈 것 같다.	
36	사랑하는 사람을 위해서라면 모든 것을 참고 견디겠다.	
37	내 애인의 외모는 나의 이상형에 꼭 들어맞는다.	
38	나는 여러 파트너와 사랑놀이 하기를 좋아한다.	
39	내 경우 가장 만족스러운 사랑의 관계는 우정으로부터 발전되었다.	
40	어떤 사람과 가까워지기 전에 내가 그 사람과의 사이에 자녀를 둘 경우 자녀가 좋은 유전형질을 물려받을 수 있을까를 먼저 알아보고자 한다.	
41	애인이 잠시라도 나한테 무관심하면, 나는 그의 관심을 돌리기 위해 이상한 짓을 할 때가 있다.	
42	애인이 나한테 화를 낼 때도 나는 그 사람을 무조건적으로 한없이 사랑한다.	

채점방식 : 각 사랑의 유형별 문항은 다음의 표와 같다. 각 문항에 답한 점수를 근거로 하여 사랑의 유형별로 평균치를 산출하고, 평균치가 가장 높은 유형이 자신의 유형이다.

낭만적 사랑	유희적 사랑	친구같은 사랑	실용적 사랑	소유적 사랑	이타적 사랑
1	2	3	4	5	6
7	8	9	10	11	12
13	14	15	16	17	18
19	20	21	22	23	24
25	26	27	28	29	30
31	32	33	34	35	36
37	38	39	40	41	42

출처 : Hendrick & Hendrick(1986)

2. 사랑의 남녀 차이

많은 학자들이 사랑의 공통적 요소에 대해 공감하고 있지만, 사랑의 욕구와 유형에서 남녀 간에 차이가 있다는 시각들이 제시되고 있다. 대표적으로 미국의 심리학자 존 그레이(1995)는 이혼 직전에 있는 수만 쌍의 부부들을 대상으로 상담한 결과를 기초로 쓴 '화성에서 온 남자, 금성에서 온 여자'라는 책에서 여성과 남성이 서로 다르게 사회화된 결과 의사소통이나 갈등해결 방법뿐 아니라 사랑의 욕구에서도 남녀 간에 차이가 있다고 주장하고 있다. 남성과 여성이 생각하는 사랑은 여섯 가지 측면에서 다른데, 즉 남성은 관계에서 근본적으로 신뢰·인정·감사·찬미·찬성·격려를 필요로 하고, 여성은 사랑하는 상대방으로부터 관심·이해·존중·헌신·공감·확신을 얻고 싶어한다고 강조하였다〈표 2-4〉.

〈표 2-4〉 사랑의 남녀 차이

여성의 사랑	남성의 사랑
관심 자신의 감정에 관심을 보이고 자신의 행복을 진심으로 염려해 주는 것이 사랑이다.	**신뢰** 자신이 최선을 다하고 있고 노력하고 있음, 그리고 자신의 능력과 진심에 대한 믿음이 사랑이다.
이해 이해란 감정표현에 대해 비판하지 않고 공감과 호응을 나타내는 것이며, 이것이 곧 사랑이다.	**인정** 자신을 변화시키려 하지 않고 있는 그대로의 자신을 받아들이는 것이 인정이며, 인정을 받을 때 사랑을 받는다고 느낀다.
존중 자신의 권리와 욕구와 바람을 인정하고 그 해결을 우선적으로 배려하는 것, 상대방의 행동이 자신의 생각과 감정을 고려하는 것	**감사** 자신의 노력 덕분에 도움을 받고 있고 이익을 얻었음을 인정하는 것, 상대가 감사를 표하면 남성은 자기 노력이 헛되지 않았음을 알고 상대를 보다 존중하게 됨

여성의 사랑	남성의 사랑
헌신 상대방이 일어나 공부, 취미생활 같은 자신의 관심사보다 여성의 감정이나 욕구를 중요시하고 우선순위에 두는 것	**찬미** 경이와 기쁨, 그리고 즐거움으로 자신을 바라보고 인정해 주는 것, 자신의 독특성을 받아들이고 재능으로 생각해 주는 것
공감 자신의 감정에 이의를 제기하거나 시비를 걸지 않고 그 타당성을 기꺼이 인정해 주고, 그렇게 느낄 권리가 있음을 인정하는 것	**찬성** 자신의 좋은 점을 인정하고 자신에게 전반적으로 만족하고 있음을 표현하는 것, 자신의 어떤 행동에 대해 충분히 그럴 만한 이유가 있었으리라고 생각하고 믿어주는 것
확신 자신에게 지속적으로 관심과 이해, 존중과 공감을 보여주고 기꺼이 헌신할 때 얻게 되는 것	**격려** 자신의 능력과 인격을 염려하기보다 신뢰를 표함으로써 희망과 용기를 불어넣어 주는 것

출처 : 존 그레이(1995)를 기초로 재정리

사랑과 성에 대한 시각에서도 남녀 간에 차이가 있다. Erich Fromm (1956)은 사랑은 성적 만족의 결과가 아니며, 오히려 성적인 행복은 성적인 기교가 아닌 사랑의 결과라고 했지만, 사랑과 성을 바라보는 시각에서 남녀 간에 차이가 있다고 보고되고 있다. 남성은 애정과 성을 분리시키려는 경향이 여성보다 더 강한 반면, 여성은 대개 성을 관계적 시각에서 바라본다. 그리하여 성행위를 갖기 전에 관계의 질이나 친밀감의 정도는 남성보다 여성에게 더 중요한 의미를 갖는다. 여성에게 사랑은 또한 자존감과 밀접한 연관이 있다(Strong & DeVault, 1994).

3. 사랑의 능력

1) 사랑과 자존감

사람은 누구나 사랑하고 사랑 받고자 한다. 그러면 누구든지 사랑할 능력이 있는가? 어떤 사람이 성숙하고 진실한 사랑을 할 수 있는가? 이에 대해 간단명료한 답을 하기란 쉽지 않지만 사랑할 수 있는 능력은 자기개념과 밀접한 상관이 있음은 많은 학자들에 의해 강조되어 왔다. 구체적으로 자존감은 사랑의 전제조건으로 여겨져 왔다(Lamana & Riedmann, 1988). 자존감이 높은 사람은 비교적 자신을 가치 있고 유능하며, 성공할 수 있고 중요한 사람이라고 받아들인다. 그리고 자신의 생각이나 느낌을 솔직하게 표현하며, 자신의 경험에 대해 매우 개방적이며 자신의 결함이나 단점을 수용하고 인정하며, 타인의 비난에 대해 별로 신경을 쓰지 않는다. 또한 이들은 타인의 존재를 존중하고 수용하며, 상대방의 욕구를 알아차리고 충족시키는 데서 기쁨을 얻는 'I am OK, you are OK(자타긍정)' 생활태도를 보인다. 따라서 높은 자존감은 다른 사람을 진정으로 사랑하는 데 필요한 조건이 된다.

그러나 자존감이 낮은 사람은 자신의 가치를 인정하지 않고 열등의식에 빠져 있기 때문에 자신의 생각이나 느낌이 가치 없다고 여긴 나머지 솔직하게 표현하기를 주저하고 방어적인 태도를 보인다. 자신을 수용하지 못하는 사람은 상대방을 인정하고 수용하는 것도 어렵기 때문에 상대방을 사랑할 공간을 갖지 못하게 된다. 에릭 프롬은 자기 자신이 두 발로 설 수 없어서 누군가에게 매달린다면, 그것은 사랑의 관계가 아니며, 상대방은 단지 생명의 구원자일 뿐이라고 말했다.

Satir(1988)는 자존감이 사랑의 경험을 무엇이라 부르고 그로부터 기대되는 것을 무엇이라 부르느냐와 상당한 관계가 있으며, 초기 사랑의 관계가 어떻게 번창하는가를 이해하는 데 있어 가장 결정적인 요인의 하나는 각자가 스스로에 대해 가지고 있는 가치의식, 즉 자존감이라고 보았다. 자존감이 높을수록 자신이 기대하는 것을 상대방으로부터 계속적이고 구체적으로 받았다는 증거에 의존하는 일은 줄어드는 반면, 자존감이 낮을수록 상대방에게 구체적으로 받았다는 증거에 의존하는 경향이 있다고 하였다.

그리고 서로 깊이 사랑은 하지만 함께 잘 지내지 못하기 때문에 결혼생활에 성공할 수 없었던 부부들을 많이 보아왔다고 하면서 이 과정이 성공하느냐의 여부는 자존감이 낮을 때 어떻게 그것을 높이며, 결혼으로부터 무엇을 기대하며 그리고 그 기대에 대해서 어떻게 의사소통하느냐에 좌우된다고 하였다. 또한 Satir는 오늘날 많은 사람들이 결혼관계의 기초를 거의 전적으로 사랑에 두고 있으며, 사랑 하나만으로는 결코 충족시킬 수 없는 수많은 요구들을 그 하나에 모두 부과하고 있다고 강조하였다 자존감이 낮은 사람들은 흔히 사랑에 대해서도 다음과 같은 비현실적인 기대를 하는데 이는 진정한 사랑이라기보다 일종의 협박이며 관계를 향상시키기보다 관계를 질식시킬 수 있다고 경고하였다.

> "당신이 나를 사랑한다면 나 없이 당신은 아무 일도 하지 않을 것이다."
> "당신이 나를 사랑한다면 당신은 내가 말하는 것은 모두 할 것이다."
> "당신이 나를 사랑한다면 당신은 내가 원하는 것은 무엇이든지 다 줄 것이다."
> "당신이 나를 사랑한다면 내가 청하지 않아도 내가 원하는 것이 무엇인지를 다 알아야 할 것이다."
> "우리가 진정으로 서로를 사랑한다면 우리는 상대방이 원하는 것을 언제나 알게 될 것이다."

Satir는 사랑이 동일함을 뜻한다는 기대감은 낮은 자존감을 가진 사람들에게서 찾아볼 수 있는데 이는 사랑을 부패시키고 파괴하는 또 다른 신화라고 하였다. "당신은 언제나 나처럼 생각하고 느끼고 행동해야 해. 그렇지 않으면 나를 사랑하는 것이 아니야." 그러나 모든 사람들에게는 유사점이나 공통되는 어떤 특성이 분명히 존재하지만 한 사람 한 사람은 독특한 존재들이다. 사람들이 만일 비슷함이 없다면 결코 만나지 못할 것이고, 만일 차이에 부딪치지 않는다면 그들은 진실해질 수 없거나 서로간에 참으로 인간적이고 흥미 있는 관계를 발전시킬 수 없을 것이다. 따라서 공통점이 인정되지 않는 한 차이점도 성공적으로 다뤄질 수 없고, 만일 그렇게 된다면 사랑의 관계도 지속되기 어려워진다고 강조하였다(Satir, 1988).

존 그레이(1995)는 자존감이 자기표현과 밀접한 상관이 있고, 진정한 자기표현은 사랑과 상승작용을 하게 된다고 강조하였다. 즉 자신을 사랑하는 사람은 자기표현을 주저하지 않고 자기를 풍부하게 표현하게 되며, 따라서 다른 사람들이 있는 그대로의 자신을 인정하고 사랑하게 되며 결국 스스로 자신을 더욱 사랑할 수 있게 된다. 그러니 자신을 사랑하지 않고 본래의 자기 모습을 감추려 한다면 점점 더 자기를 표현하지 못하고 가면을 쓰게 되며, 다른 사람들이 사랑하지 못하고, 결국 스스로 자신의 참모습을 사랑하지 못하게 된다. 그렇기 때문에 자신을 사랑하지 못하는 사람은 남의 사랑도 진심으로 받아들이지 못하게 된다고 하였다.

사랑이 자존감과 연결된다고 주장한 또 다른 학자는 Lamanna와 Reidmann(1988)이다. 이들은 관계를 맺는 양식이 크게 세 가지로 구분되는데 자존감이 높은 사람이 관계를 맺는 유형은 자존감이 낮은 사람과 구별된다고 보았다. 즉 자존감이 높은 사람은 상호의존적인 관계를 맺을 수 있는 반면, 자존감이 낮은 사람은 의존적이거나 독자적인 관계를 맺는다고 보았다. 이러한 3가지 관계 양식은 영어의 알파벳 대문자의 모양을 본떠서 A형 관계, H형 관계, 그리고 M형 관계로 구분하였다. 즉 A형 관계는 알파벳 A의 모양과 같이 둘을 하나라고 여기면서 두 사람이 서로에게 의존하고 있지만, 각자의 정체성은 부족한 의존적 관계이다. 반면 H형 관계는 대문자 H모양처럼 두 사람이 각자의 정체성을 확고하게 가지면서 자족적이지만 서로 생각이나 감정의 교류나 공유는 이루어지지 않는 독립적 관계를 맺는 경우이다. 한편 M형 관계는 두 사람이 각각 높은 자존감을 가지고 있고 A형처럼 상호 의존하는 부분도 있고 H형처럼 두 사람이 각자 독립적으로 기능하는 부분도 있는 상호 의존하는 관계이다. 결국 M형 관계에 있는 사람들이 자존감도 높고 진정한 의미의 사랑할 능력도 있는 사람이라고 하였다.

2) 사랑의 능력과 애착

'사랑을 받아 본 사람이 사랑할 줄도 안다'는 말이 있듯이 사랑할 수 있는 능력은 경험과 학습을 통해 얻어진다. Erich Fromm(1956)은 사랑이란 능력이며 배워서 익혀야 하는 기술이라고 했으며, Lee(1993)는 사랑은 자연스럽게 생기는 것이 아니라 학습되는 것이라고 하였고, 달라이 라마(2000)도 다음과 같이 말하였다.

> "아이가 자라서 성공할지 못할지는 유년기를 어떤 분위기 속에서 보내는가에 달려있다. 사랑과 공감이 넘치는 가정에서 자라는 아이는 더 행복하고 성공적인 인간이 될 것이다. 사랑이 없는 가정에서 자라는 아이는 그 인생 전체를 망칠 위험이 있다. 아이의 발달에 가장 큰 영향을 미치는 것은 사랑이다."

사랑의 능력을 학습하는 것은 우리가 어머니의 자궁 속에 있을 때부터 시작되어서 출생 후 부모와의 상호작용을 통하여 계속된다. 따라서 어머니가 원하지 않은 임신을 했을 경우 태아나 출생 후의 아이를 소홀히 다룰 수 있고, 이럴 경우 그 아이는 처음부터 정서적 취약성을 가질 수 있다. 그러나 진실로 원하는 임신이었을 경우, 그 아이는 뱃속에서부터 사랑을 받고 출생 후에도 부모와 만족스런 애착관계를 발달시킬 가능성이 크다(김애순 외, 1997).

이와 같이 사랑의 능력은 일차적으로 부모-자녀간의 애착관계를 통하여 형성되는데, 부모-자녀간의 애착관계는 양육의 질에 달려 있다. Ainsworth와 동료들(1978)은 유아의 애착을 안정(secure) 애착, 불안-모호(anxious-ambivalent) 애착, 회피(avoidant) 애착의 3가지로 분류하였다. 안정적인 애착관계에 있는 유아의 어머니는 유아의 요구에 즉각적으로 반응해주고 충분한 관심과 사랑을 베풀어준다. 따라서 안정적인 애착관계에 있는 유아는 어머니가 곁에 없을 때에도 어머니는 돌아와서 자신을 보호하고 보살펴 줄 것이라는 확신이 있기 때문에 불안해하지 않는다. 불안-모호 애착관계에 있는 유아는 어머니가 자기 곁을 떠날 때 격리불안을 보이며, 어머니가 곁에 없을 때 불안해한다. 한편 회피 애착관계에 있는 유아는 부모와의 신체적인 접촉을 원할 때 부모가 오히려 거부하고 멀어지려 하는 경우이다. 여기서 '어머니'는 영유아의 일차적인 양육자를 의미하므로 반드시 생물학적인 어머니가 아닌 일차적으로 양육을 맡은 사람으로 보아도 좋을 것이다.

Shaver와 그 동료들(1988)은 영유아기에 발달한 애착관계가 성인기까지 지속되어 사랑의 능력에 나타난다고 하였다. 어린 시절 부모와 안정적인 애착관계를 형성했던 사람들은 성인이 되어서 정서적으로 안정되어 있으며, 다른 사람들과 비교적 쉽게 가까워질 수 있었고, 다른 사람들에게 의지하기도 하고 다른 사람들이 자기에게 의지하는 것을 편안하게 받아들였다. 또한 이들은 다른 사람들로부터 버림받을지도 모른다는 걱정을 하지 않았으며, 긍정적인 자아상을 가지고 있고, 사람들을 대개 긍정적으로 받아들이고 있었으며, 대중매체가 전하는 사랑의 이미지를 믿는 경향이 더 낮았다. 이들은 행복하고, 우호적이며 믿음직스러운 사랑을 경험하는 경향이 있었다.

불안-모호 애착관계에 있었던 사람들은 다른 사람들이 자신의 원하는 만큼 가까워지지 않는다고 느꼈고, 자기 파트너가 자신을 진정으로 사랑하지 않으며 떠날지도 모른다는 걱정을 하였다. 그들은 또한 상대방에게 완전히 융합되기를 원하였는데, 그 결과 상대방은 오히려 놀라서 달아나 버리기도 하였다. 이들은 사랑에 쉽게 빠지고 사랑의 경험은 종종 소유적이며 상대방과 하나가 되고자 하는 특징을 보이며, 질투심이 강하고 정서적으로 기복이 심하다는 특징을 보였다.

회피 애착관계에 있었던 사람들은 다른 사람들과 가까워지는 것을 불편해하고 상대방에게 의존하는 것을 불안해하고 두려워한다. 이들은 사랑이 지속될 수 있다는 것을 거의 믿지 않으려 하며, 사람들은 친밀감을 두려워했고 정서적으로 기복이 심하였으며 질투심을 보였다.

그밖에도 많은 사람들이 사랑의 능력은 부모로부터 어떤 사랑을 받았느냐에 따라 달라진다는 점을 강조하였다. 「성공하는 가족들의 일곱 가지 습관」으로 잘 알려진 스티븐 코비(1998)도 이러한 시각을 강조한 영향력 있는 인물로 간주된다. 그는 조건 없는 사랑을 받아보지 못하고 자기 내면의 가치를 계발시켜 본 적이 없는 사람들은 평생 남들의 인정을 받기 위해 애쓴다고 강조한다. 자기 내면의 공허한 느낌을 보상받기 위해, 그들은 지위와 권력과 위신과 소유물과 학력과 명성에만 의지하고 모든 것을 개인적인 측면에서만 해석한다. 그리고 그런 행동에서 사람들은 불쾌함을 느끼고 그들을 거부하게 된다. 그 때문에 조건 없는 사랑을 받아보는 것이 중요한데, 조건 없는 사랑을 받으며 자란 사람들은 내면의 나침반을 성실히 따름으로써 자신들의 강점을 발견한다는 것이다.

4. 친밀감

친밀감(intimacy)은 자신의 내면을 다른 사람과 나누고자 하는 능력이며, 약간의 희생이 있더라도 그 사람에게 헌신하고자 하는 능력으로서 사랑의 전제 조건이다(Lamanna & Riedmann, 1988). 사실 다른 사람과 신체적으로 지적으로 정서적으로 가까워지고자 하는 것은 대다수 사람들의 기본 욕구일 것이다(Maslow, 1971). 다른 사람들과 가깝다는 느낌을 가지며, 사랑하고 사랑 받으며, 서로 한편임을 느끼고 경험하며, 관심을 주고받고자 하는 것은 우리들 대부분이 원하는 느낌일 것이다. 그러한 감정은 많은 인간관계에서 찾아볼 수 있으나, 이상적으로 볼 때 그러한 감정을 가장 쉽게 찾을 수 있고 나눌 수 있는 곳이 가정이다. 가족원들이 서로 친밀한 관계를 맺지 못하는 가족은 대개 문제가 있는 가족이며, 그렇기 때문에 통합하지 못하고 모래알처럼 흩어지는 경향이 있다(Galvin & Brommel, 1990). 한편 건강한 가족은 친밀한 관계로 이루어지며 가족원 모두 수용되고 사랑 받고 있음을 느낀다.

친밀감은 폭(breadth)과 개방성(openness) 그리고 깊이(depth)의 세 차원을 갖는다. 첫째, 폭은 두 사람이 함께 하는 활동의 범위를 말한다. 두 사람이 함께 하는 시간이나 가사활동 혹은 여가활동 등이 어느 정도인가를 통해 친밀감의 폭을 알 수 있다. 둘째, 개방성은 두 사람이 서로 마음의 문을 열고 의미 있는 자기노출을 하는 것을 말한다. 상대방에게 자기를 노출하는 것이 안전하고, 서로 가깝다는 느낌으로 지적·신체적·정서적인 활동을 서로 나누며, 상대방을 신뢰하기 때문에 대부분의 시간 동안 서로에게 정직할 수 있다. 셋째, 깊이는 두 사람이 각자 자신의 중요하고 의미 깊은 면들을 상대방과 나누는 것을 말한다. 자기개방을 하다보면 두 사람 간의 상호작용이 더 깊은 수준에 이르게 된다. 결국 강자는 자신의 자아를 초월하여 상대방과 영적으로 융합할 수 있게 된다. 사실 그러한 경험은 도달하기 어렵지만, 가장 친밀한 관계는 사랑만이 아니라 개인의 성장 가능성도 함께 도모한다. 그리하여 Maslow(1943)는 자아실현을 이루기 위해서는 먼저 깊은 친밀감을 경험해야 한다고 하였다. 전적으로 친밀한 관계는 지적·신체적·정서적 활동의 각 영역에서 친밀감의 폭과 개방성 그리고 깊이의 3가지 차원을 모두 갖는 관계라고 할 수 있다(Cox, 1999).

1) 친밀감의 장애요인

다른 사람들과 친밀감을 갖는 것은 많은 보상을 주는 경험임에도 불구하고 사람들은 흔히 여러 가지 이유로 친밀감을 피하는 경향이 있으며, 친밀감의 욕구에 대해 두려움을 갖기도 한다. 자기 자신을 다른 사람에게 개방하는 것은 친밀감을 갖게 하지만 동시에 상처를 입을 위험을 무릅쓰는 것이다. 자신을 상대방에게 드러내 보이고 상대도 그럴 것이라고 기대하는데, 상대방이 자신을 드러내지 않으면 어떻게 할 것인가? 다른 사람에 의해 행동이 구속된다는 불안, 사랑하다가 버림받게 되는 것에 대한 불안, 다른 사람에 의해 소유된다는 불안 등은 모두 친밀한 관계를 발전시키는 데 장애가 된다. 즉 대부분의 사람들은 친밀한 관계를 갖고 싶다고 하지만 다른 사람과 아주 친밀해지는 데 대해 강한 공포를 가지고 있는 사람들도 많이 있다. 친밀한 관계에서 가장 위협이 되는 것은 상처받고 헤어지게 되지 않을까 하는 두려움이다(Galvin & Brommel, 1990). 친밀한 관계, 특히 사랑으로 시작된 결혼관계가 흔히 불행하게 되는 경우가 많은데, 그 까닭은 남들과의 친밀감을 유지하고 발전시키는 데 필요한 기술을 습득하지 못했기 때문이다. 친밀감의 형성과 발전은 다음과 같은 몇 가지 요인에 의해 방해를 받을 수 있다(Cox, 1999).

(1) 거부에 대한 두려움

이는 친밀감에 대한 가장 강력한 장애요인이다. 자기 내면의 감정을 나누고자 '널 좋아해' 혹은 '널 사랑해'와 같은 말을 하는 경우 상대방으로부터 거부당할 여지가 있다. 이와 같이 일단 친밀해지려고 했는데 거절당하면 그것은 치명적인 경험이 되고 따라서 다시 상처를 입지 않으려고 한다. 다른 사람에게 상처를 입을 때마다 새로운 관계에서 마음을 열고 상대방을 믿고 보살피기란 더 어려워진다. 상처를 입었을 때 쉽게 대처할 수 있는 방법은 마음의 문을 닫고 친밀감을 감소시키는 것이다. 특히 아동기의 발달과정 동안 친밀한 관계로부터 거부를 당한 경험으로 억압된 불안과 두려움이 해소되지 않았을 때 이것은 성인기에 친밀한 관계에 대해 방어적 행동을 하게 하는 잠재적인 요인이 된다.

(2) 낮은 자존감

자존감이나 자아 수용이 낮은 사람은 자기가 약하고 부적절하고 바람직하지 않은 존재로 보이게 되지 않을까 하는 위협을 느끼기 때문에 다른 사람에게 노출하는 것을 두려워한다. 또한 자존감이 낮아 불안정하거나 자아가 잘 발달되지 않은 사람은 사랑하는 사람에게 몰입하다 보면 자신의 경계선이나 정체감을 잃게 될까봐 두려워한다. 자기 자신과 세상에 대한 기본적 신뢰감이 발달되지 않은 사람은 공격받게 되지 않을까 두려워한다. 자존감이 낮은 사람은 때로 개인적 경계나 정체감의 상실에서 오는 극단적인 결속이나 건전하지 못한 하나됨을 친밀감과 혼동하기도 한다. 친밀한 관계를 맺기 위해서는 자신을 있는 그대로 받아들이고 자신에게 편안함을 느껴야 한다.

(3) 분노

분노가 적절히 다루어지지 않는다면 친밀해지는데 장애요인이 될 수 있다. 분노를 억누르고 부정하고 위장할 때 분노는 없어지지 않고 대신 적개심으로 발전한다. 사랑하는 사람에게 때로 화가 나기도 하나 분노가 친밀감을 파괴하는 것은 아니다. 억압된 분노가 오히려 적대감으로 변하고 시간이 지나면서 친밀감을 없앨 것이다. 친밀감은 친밀한 두 사람간의 개방성을 의미한다. 억압된 분노는 표현되지 않을 것이며 그래서 우리 마음을 열게 하기보다 마음의 문을 닫게 한다. 분노를 억압하는 것은 상대방을 믿지 못함을 의미하며 믿음이 없는 곳에 친밀감이 있을 수 없다.

2) 친밀감을 촉진하는 의사소통 행동

친밀한 관계를 확립하는 일은 어렵고 복잡하지만 많은 사람들은 다른 사람과의 친밀한 관계를 추구한다. 친밀감의 목적은 상대방이 문제와 위기에 잘 대처하도록 돕는 것, 상대방이 가능한 완전하게 성장하도록 돕는 것, 상대방에게 정서적 만족을 표하는 것이다(Cox, 1999). 친밀한 관계를 성공적으로 형성하는 데 영향을 미치는 요인은 다양하다. 어떤 사람에 대해 알고 있다는 것만으로는 그 사람과 친밀감을 발달시키기에 충분하지 않다. 관계가 발전하려면 그 아는 것에 대한 의사소통이 필요하다. Galvin과 Brommel(1990)은 친밀감을 촉진하는 의사소통 유형으로 인정, 자기노출, 그리고 노력의 필요성을 들고 있다. 성관계도 친밀감을 촉진하는 의사소통 수단이 될 수 있다.

(1) 인정

인정하는 행동은 상대방의 존재에 가치를 부여하며, 상대방을 있는 그대로 받아들이는 것이다. 인정하는 메시지는 네 가지 기준을 갖는다. 그것은 첫째, 상대방의 존재를 알아주고, 둘째, 상대방의 이야기에 적절히 반응함으로써 잘 들었음을 알리고 셋째, 상대방의 자아 경험을 받아들이고, 넷째, 상대방과 기꺼이 관계를 갖고자 함을 표하는 것이다. 인정하는 행동은 거부와 무시의 두 가지 반응과 비교될 수 있다. 잘못되었다거나 받아들여질 수 없다는 것을 의미한다. 또한 무시는 상대방이 존재하지 않는 것처럼 반응하는 것이므로 마치 그 사람이 그곳에 없는 것처럼 말할 때나 대화에서 제외될 때 나타난다.

(2) 자기 노출

자기 노출은 자기에 대한 어떤 것을 상대방에게 자발적으로 이야기하는 것으로 상대방이 다른 출처에서 발견할 가능성이 없는 내용을 노출하는 것을 의미한다. 자기노출은 친밀한 관계 형성을 위해 바람직한 것으로 여겨져 왔다. 그렇다면 자기노출을 많이 할수록 친밀한 관계가 형성되고 또 그 관계에 만족한다는 의미인가? Galvin과 Brommel(1990)에 의하면 자기노출의 내용, 방향, 성실성 그리고 자아존중감이라는 요인들이 자기노출에 영향을 미친다. 즉 대부분의 사람들은 자기의 말이 긍정적으로 받아들여질 때, 그리고 즐거운 내용의 자기노출을 나눌 때 더 높은 수준의 친밀감을 경험할 수 있다. 또한 정직하지 못하거나 정확하지 않은 내용을 노출하는 사람들이 있는데 이러한 내용의 노출을 알아내기는 어렵지만, 일단 발견되면 상호자기노출이 어려워지고 친밀한 관계 발달이 방해를 받게 된다. 자아존중감은 모든 의사소통의 기초가 된다. 자존감이 낮은 사람들은 자기에 대해 부정적으로 생각하는 경향이 있어서 자기를 방어하거나 자신의 감정이나 생각 등 일부를 숨겨야 할 필요성이 있다고 느끼기 때문에 자기노출을 두려워한다.

자기노출과 관계에 대한 만족 간에는 곡선적 관계와 직선적 관계가 있다. 직선적 관계는 자기노출을 많이 할수록 관계에 대한 만족이 높아진다고 가정하는 것이다. 그러나 직선적 관계는 이상적인 것이며 실제로는 달성되기 어려운 것이다. 곡선적 관계는 자기개방이 증가하면서 관계에 대한 만족이 증가하다가 지나치게 자기노출을 많이 하면 관계에 대한 만족이 감소하는 경향을 보인다고 가정한다. 많은 사람들이 관계를 악화시킬지도 모른다는 불안감 때문에 부정적인 면에 대해 이야기하지 않는다. 바로 이러한 경험이 곡선적 관계를 설명하는 것이다.

(3) 노력의 필요성

친밀한 관계는 자동적으로 좋아지는 것이 아니라 의도적으로 노력한 결과 얻어지고 지속되는 것이다. 친밀한 관계도 관심과 보살핌이 필요하다. 그러나 우리는 살아가면서 친밀한 관계를 위해 시간과 노력을 기울이기보다 나머지 최소한의 시간과 노력을 쓰는 경우가 많다. 그러나 관계를 풍부하게 하기 위한 의식적인 노력만이 친밀감을 유지하거나 강화시킬 수 있다. 친밀감이 핵심이 되는 사랑의 관계를 유지하고 발전시키는데 의도적인 노력이 중요함을 역설한 학자들의 말을 보면 다음과 같다.

> 관계를 풍요롭게 한다는 것은 다리를 건설하거나 요리를 하거나 악기를 연주하는 것과 마찬가지로 하나의 예술이자 과학이다. 그것은 기술과 실습, 그리고 그러한 기술의 일상적 응용을 필요로 한다. 무릇 모든 예술과 과학이 그렇듯이 관계를 풍요롭게 하는 기술 역시 그것에 완전히 숙달될 만큼 충분한 시간을 투자하기 전에는 좀처럼 터득하기 어려운 불가사의처럼 보일지 모른다. 그러나 그런 과정을 거치고 나면 그것은 제2의 천성처럼 자연스럽게 몸에 배게 된다.
>
> -존 그레이

> 어떻게 사랑해야 하는가를 배우고 싶다면 우리는 다른 기술, 예컨대 음악이나 그림이나 건축, 또는 의학이나 공학의 기술을 배우려고 할 때 거쳐야 하는 것과 동일한 과정을 거치지 않으면 안 된다.
>
> -에릭 프롬

5. 성숙한 사랑

우리는 사랑에 대해 이야기하면서 동시에 성숙한 사랑 혹은 진정한 사랑이 무엇인가에 대해 이야기한다. 누구나 성숙한 사랑을 원하지만 그것이 무엇인가에 대한 정답은 없을 것이다. 그러나 사랑은 기본적으로 성숙한 사랑과 미숙한 사랑, 두 가지로 나눌 수 있다. 연령이나 결혼의 실패 같은 요인이 두 가지 사랑을 구분하는 기준이 될 수는 없다. 예컨대, 나이가 먹었다고 해서 더 성숙하다고 단정지을 수는 없으며, 한 사람이 결혼에 실패하였다고 하여 반드시 성숙한 사랑을 배울 수 있는 것은 아니다.

에릭 프롬(Erich Fromm, 1975)은 「사랑의 기술」에서 성숙한 사랑의 관계에서는 서로가 서로를 보살피고, 존경하며, 책임을 지려고 하고, 이해의 폭을 넓혀간다고 하였다. 스턴버그(Sternberg, 1993)도 성숙한 사랑의 관계를 평가할 수 있는 요소로 친밀감, 열정, 결심/헌신을 제시하여, 성공적인 관계를 위해서는 이 세 요소가 균형을 이루어야 한다고 하였다.

성숙한 사랑은 힘이 솟게 하지만 미숙한 사랑은 에너지를 소모시킨다고 한 솔 고든(Sol Gordon, 1994)은 성숙한 사랑의 요건으로 다음과 같은 항목들을 제시했다.

① 친숙함 : 즐거울 때나 괴로울 때 서로 돌보고 아끼는 사랑의 관계를 유지할 수 있는 힘을 말한다.

② 유머감각 : 자신과 세상을 향해 기꺼이 웃음 지을 수 있는 마음자세를 말한다. 특히 자녀를 기르는 데는 웃음이 절대적으로 필요한 요소이자 기술이다.

③ 솔직한 대화 : 열린 마음과 상대방의 얘기를 들을 줄 아는 기술이다.

④ 공통된 사명과 공동 목표 : 도덕적으로나 종교적으로 함께 추구하는 목표를 말한다.

⑤ 평등 : 서로를 존중하고 일이나 육아, 생활방식의 선택 등에서 함께 책임지는 것의 중요성을 인식하는 것이다.

⑥ 모험 감각 : 두 사람의 관계를 늘 신선하게 유지하고, 서로에게 애정표현 하는 방법을 새롭고 재미있게 하는 방법들을 찾으려는 노력을 말한다.

⑦ 함께 하는 체험 : 두 사람 공동의 임무나 대화, 함께 참여하는 행사, 어떤 문제나 사건에 대한 공통된 생각을 함께 하는 체험을 말한다.
⑧ 상대방의 느낌과 마음 상태를 존중하기; 상대방을 위하여 자신의 욕구를 기꺼이 참는 것을 말한다.
⑨ 열정 : 건전한 성생활을 말하며, 섹스에만 한정되는 것은 아니다.
⑩ 가사일 함께 하기 : 성역할 고정관념에 얽매이지 않고 가사 일을 분담하고 자기 몫에 대해 책임을 인정한다.

이상의 요소들은 사랑하는 관계에 있는 사람들이 성숙한 사랑을 지속하기 위해 반드시 필요한 항목들로 제시되었다. 스티븐 코비(Stephen R. Covey, 1998)는 사랑의 일차 법칙으로 '상대방을 거부하기보다는 용납하기, 판단하기보다는 이해하기, 뒤에서 조종하기보다는 참여하기'를 들고 있다. 그러나 때로 사람들은 사랑하는 사람과 대립하기도 하고 자기가 옳다고 믿는 방식대로 이끌어가려고 고집을 피우기도 하는데, 이는 판단과 거부와 조종의 함정에 빠지는 것이다. 그런 사람들은 사람을 사랑하기보다는 마음속의 목적을 사랑하고 조건적으로 사랑하는 것이다. 다시 말해, 조작하고 통제하기 위해 사랑을 이용하는 것이다. 그럴 경우, 상대방은 자신이 받아들여지지 않았다고 느끼며 똑같은 방식으로 싸움을 걸어온다.

그러나 다른 사람을 용납하고 현재 모습 그대로를 사랑한다면, 그들이 변화할 수 있도록 도와주는 것이다. 사람들을 용납한다는 것은 그들의 약점을 묵인하거나 그들의 의견에 전적으로 동의한다는 것이 아니라 그들 내면의 가치를 인정하는 것이다. 그들이 나름대로 생각하고 느끼는 사람들이라는 것을 인정하고 그들이 자신을 방어하는 데 힘을 낭비하는 대신 양심과 대화하면서 자신의 성장 잠재력을 이끌어내는 데 초점을 두어야 한다. 이와 같이 스티븐 코비는 성공적인 사랑의 방법은 사랑의 일차법칙을 따르는 것이라고 강조한다.

결국 성숙한 사랑은 개인적으로 갖추어야 하는 요건과 관계에서 공유해야 하는 요건을 모두 갖춰야 한다. 개인적인 측면에서 사랑하는 이에 대한 존중, 지식, 헌신, 책임과 이해와 관계 차원에서는 사랑하는 이와 삶의 목적이나 목표를 공유하고 일상생활을 함께 체험하고 공유하려는 경험이 성숙한 사랑의 요건이라고 할 수 있다.

〈연구문제〉

1. 나의 사랑의 색깔은 어떤 것인가?
2. 사랑을 경험하면서 남녀가 다르다는 것을 느낄 때는 어떤 상황인가?

제3장 | 성과 성행동

1. 성의 개념과 의미

우리말의 성(性)은 영어로 sex, gender와 sexuality로 나타낼 수 있다. 생물학적 성을 나타내는 sex는 한 사람의 유전적·신체적 측면과 연관되는 성정체감을 나타낸다. 한 개인의 생물학적 성을 알고자 할 때 우리는 그 사람이 여성인가 아니면 남성인가를 묻는다. sex가 gender와 공통적인 의미로 쓰이기도 하지만, 보다 엄밀한 의미에서 gender는 사회적인 성을 의미한다. 사회적 성은 생물학적 성을 기반으로 하여 사회·심리적으로 학습된 행동과 그에 준하는 기대를 뜻하며 남녀별로 다르게 기대되는 문화적 속성을 일컫는다. 따라서 생물학적 성이 타고난 성을 말한다면 사회적 성은 후천적으로 획득된 성정체감을 의미한다.

전통적으로 생물학적인 성과 사회적 성이 일치하는 경우를 정상적으로 여겼으나 시대가 변화함에 따라서 생물학적인 성과 사회적 성이 일치하지 않는다고 하여 건강하지 못하거나 비정상적이라고 하지는 않는다. 예를 들어, 남성적인 여성 혹은 여성적인 남성이라고 말할 때 생물학적인 성과 사회적인 성이 일치하지 않지만 그러한 사람이 비정상이라거나 건강하지 않다고 말하지는 않는다. 사회적 성과 관련된 개념인 성역할(gender role)은 특정문화에서 여성이나 남성이 수행하도록 기대하는 역할이며, 성역할 고정관념은 모든 남성과 모든 여성은 분명한 심리적·행동적 특성을 가지고 있다고 지나치게 일반화하거나 지나치게 단순화한 믿음이다.

한편 sexuality는 우리나라에서 성으로 표현되기도 하고 '성성' 또는 '전성(全性)'으로 표현되기도 하는데, '性'이라는 글자가 지니는 원래 의미는 마음(心)과 몸(生)을 동시에 표현하고 있다. 다시 말하면, 성은 성적인 쾌락이나 성행동 등의 생물학적 측면을 가지고 있을 뿐 아니라 성에 대한 가치관, 태도 등 정신적인 측면도 포함하는 전체적인 인간 그 자체를 뜻하는 것이다. 따라서 성은 성에 대한 태도, 행동, 감정, 가치관, 신념, 반응과 같은 심리적·사회적 요인을 모두 포함하는 개념으로 성교를 포함한 좁은 의미의 육체적 성행위와는 구분되는 보다 포괄적인 개념이다.

한 개인의 성은 환경으로부터 많은 영향을 받기 때문에 성역할 사회화 과정과 밀접한 연관이 있다. 즉 살아가면서 우리는 자신의 경험, 태도, 가치와 지식을 쌓아나가며, 이를 기초로 하여 성적인 활동을 선택한다. 혼전 성관계를 가질 것인가 그렇지 않을 것인가, 성적으로 적극적일 것인가 소극적일 것인가, 이미 성관계를 가진 사람과 친밀한 관계를 지속할 것인가 혹은 끝낼 것인가, 보다 안전한 성관계를 어떻게 계속할 것인가, 성적인 욕구와 가치관 간의 갈등을 어떻게 해결할 것인가 등 성과 관련된 의사결정을 지속적으로 해야 한다. 이러한 결정은 우리 자신이 성장하고 변화해 가듯이 시간이 지남에 따라 다르게 된다.

오늘날 성에 대한 가치관과 그에 따른 태도와 행동은 매우 다양하게 나타나고 있으며, 남녀 간 혹은 세대 간 성에 대한 가치관의 불일치로 많은 사람들이 혼란과 갈등을 겪고 있다. 그 결과 성과 관련된 다양한 사회문제들이 증가하고 있다.

2. 성의 생물학적 측면

1) 성의 해부학적 구조

남성의 성 기관은 눈에 보이도록 외부에 돌출되어 있다. 남성은 자신의 성기를 만져야 소변을 볼 수 있기 때문에 성기를 만지는 것이 어려서부터 습관화되어 성기를 만지면서 장난치기도 하고 발기를 경험하면서 성적인 자극을 느끼기도 한다. 그럼에도 불구하고 우리나라의 남성들은 자신의 성기의 구조와 기능에 대해서 잘 알지 못하는 편이다.

(1) 남성의 성 기관

남성의 성 기관 중 음경과 음낭은 눈에 보이는 기관인데 음낭 안에는 고환과 부고환이 들어있고, 보이지 않는 기관에는 전립선, 정낭, 정관 등이 있다.

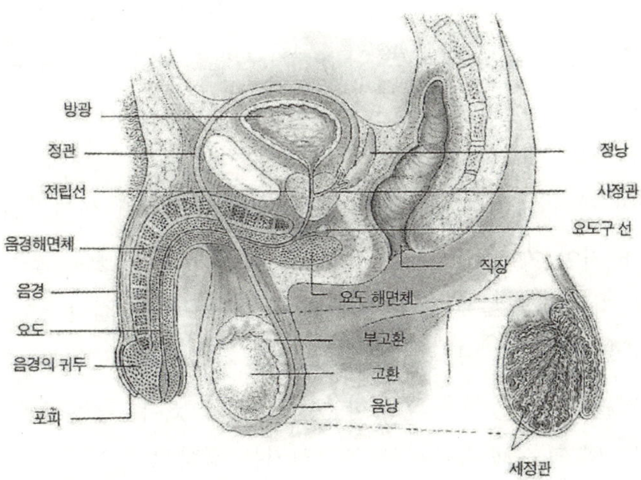

[그림 3-1] 남성의 성 기관

① 음경(penis)

남성의 성기는 3개의 스펀지 조직으로 이루어진 실린더처럼 생긴 조직으로 구성되어 있다. 음경의 표피 안에 있는 3개의 실린더를 해면체(spongy body)라고 부르는데 가운데 실린더에는 요도가 있다. 양쪽의 두 실린더를 동굴 같은 원형체(corpora cavernosa)라고도 부른다.

할례를 하면 성기를 청결하게 보존할 수 있어서 성기 부분의 상처나 염증을 예방할 수 있는 장점이 있다. 한편, 할례를 반대하는 사람들은 할례를 하면 성기의 귀두부가 옷 등에 직접적으로 접촉을 하기 때문에 귀두부의 성적 감각이 무뎌진다고 주장한다. 어떤 사람들은 할례가 조루증의 원인이 된다고 주장하기도 하는데, 이러한 주장들은 근거가 미약하다.

남성 성기의 모습은 사람들의 얼굴이 제각기 다르듯이 모양이나 크기, 색깔 등에서 다르다. 남성들이 자신의 성 기관 중 가장 민감하게 생각하는 것 중의 하나가 자신의 성기 크기이다. 마스터스와 존슨(Masters & Johnson)은 발기하지 않은 상태의 남성의 성기는 약 8.2cm에서 12cm 정도였다고 한다(Reinisch, 1990). 일반적으로 남성들이 발기를 하지 않은 상태의 평균 크기는 약 9.5cm 정도라고 한다. 그러나 여성의 질은 남성의 성기 크기에 적응할 수 있도록 구성되어 있기 때문에 성기 크기는 문제 삼을 것이 못된다.

남성의 성기 크기에 대해서 관심을 갖는 것은 전 세계적인 현상이다. 성기가 커야 강할 것이라는 믿음과 포르노나 음란물 등은 남성의 큰 성기를 지나칠 정도로 강조하기 때문에 포르노를 접한 남성들은 자신의 성기가 왜소하지 않나 하는 의구심을 가지게 되고 일부 여성 중에는 큰 성기를 가진 남성을 좋아하는 여성들도 있다. 특히 우리나라 남성들은 성기의 크기와 자존심을 연결시키는 경향이 있어 음경확대 수술을 많이 받고 있다. 그러나 여성의 입장에서 보면 지나치게 큰 남성의 성기는 성교 시에 통증을 느끼기 때문에 두려움의 대상이 된다. 여성은 성기의 크기보다는 성관계를 가질 당시의 감정이나 분위기에 더 영향을 받는다. 여성에게는 다정스러운 사랑의 대화와 정서적인 분위기가 더 성감을 느끼게 한다.

② 음낭(scrotum)

남자의 음낭은 성기의 바로 밑에 위치한 주머니처럼 늘어진 부분이다. 여기에는 체모가 나지 않고 그 안에는 2개의 고환이 들어있다. 음낭은 운동을 하거나, 더우면 늘어지기도 하고, 날씨가 추우면 줄어들어 남근 쪽에 달라붙기도 한다. 그 이유는 음낭이 남자의 체온보다는 약간 온도가 낮아야 정자의 생산이 활발하기 때문에 고환의 일정한 온도를 유지하기 위해서 기온이 올라가면 몸과 멀리해서 체온을 내리려고 음낭이 늘어진다. 성교 시에는 남근 쪽으로 달라붙는 듯한 위치에 있는데, 이것은 성교 중에 다칠 수도 있기 때문에 보호하려는 반사적인 작용이라고 보는 견해도 있고 정자의 방출을 도와주려고 위치가 변한다는 견해도 있다.

③ 고환(testes)

고환은 크기가 동일하며 크기는 약 5×2×3cm의 크기를 유지하고 있다. 그러나 둘의 충돌을 막기 위해 대개는 왼쪽의 고환이 오른쪽에 비해서 더 늘어져 있다. 고환은 촉감과 압력에 매우 민감한 부분이다. 남성들은 성관계 시에 이 부분을 부드럽게 만져 주면 자극을 느끼지만 이 부분이 급소이기에 너무 세게 누르면 심한 고통을 겪게 된다.

고환의 기능은 정자와 호르몬을 생산한다. 테스토스테론(testosterone)을 생산하는데 이 호르몬은 남성의 성 발달과 성의 기능과 성적인 관심을 불러일으키는 데 중요한 역할을 한다. 사춘기가 되어야만 정자를 생산하는데, 성숙한 정자가 되기 위해서는 약 72일이 걸린다. 성숙한 정자의 크기는 약 0.05mm 크기이다. 정자는 머리와 중간의 몸통, 그리고 꼬리 부분의 세

부분으로 구성하며, 정자의 머리 부분은 각종의 유전 인자를 포함하고 있다. 몸통은 정자가 헤엄쳐 갈 수 있는 에너지를 포함하고 있고, 꼬리는 수정하기 위해서 헤엄쳐 가는 역할을 한다. 정자는 냄새를 맡으면서 난자를 찾아간다.

④ 정관(vas deferens)

정관은 약 40cm 정도의 길이를 가진 관이며 고환에서 생성된 정자를 정낭으로 운반해주는 통로 역할을 한다. 남성의 정관을 자르면 불임이 되며 우리나라에서 산아제한을 할 때 남성에게 많이 실시한 수술이다. 정관을 자르면 생성된 정자는 방광을 통해서 외부로 배출된다.

⑤ 정낭(seminal vesicle)

정낭은 방광 후면에 위치해 있고 사정할 때 정액과 정자를 혼합해서 사정관을 통해서 외부로 배출한다. 정낭에서 생산하는 과당은 정자에게 영양을 공급하고 정자가 활동하고 움직이도록 도와준다. 정낭은 전립선과 연결되어 있다.

⑥ 전립선(prostate gland)

전립선은 밤알 크기의 모양을 하고 있으며 근육과 분비선으로 구성되어 방광의 바로 밑에 위치해 있다. 전립선과 요도와의 관계는 큰 골무(전립선)와 실(요도)과 같은 관계이다. 전립선에서는 남성이 사정할 때 정자와 함께 분비하는 정액의 약 30%를 생산한다.

남성들이 한 번 사정하면 평균 약 3억 마리의 정자를 방출한다고 한다. 정자가 4천에서 1억 6천만 마리 정도로 적게 배출될 수도 있지만, 대략 1억 6천~6억 마리의 정자가 생산이 되면 정상 범위에 들어간다.

⑦ 쿠퍼선(cowper's gland)

쿠퍼선은 땅콩 모양의 2개의 조직인데 전립선 아래에 위치해 있다.

이 부분에서는 정액이 방출되기 전에 흘려보내는 맑은 물질을 생산한다. 이 쿠퍼선액에 정자가 포함될 수도 있기 때문에 사정을 하지 않거나 질외사정을 하더라도 임신이 될 수 있으므로 피임하는 경우에는 조심해야 한다.

⑧ 정액(semen)

정액은 사정할 때 방출되는 분비물로 정낭에서 약 70%정도 생산하고 30%정도는 전립선과 쿠퍼선에서 생산되는 액체이다. 정자의 양은 정액의 약 1%정도이다. 정액의 색깔은 다양한데 정상인의 정액은 엷은 회색을 띠고 있으며 병적으로 혈액이나 농이 혼입하면 황색 또는 적색을 띠기도 한다. 정액은 크림처럼 생겼고 끈적끈적하지만 쉽게 말라 버린다. 정액을 분석하면 물, 점액, 정자의 에너지를 공급하는 설탕 성분, 남성의 요도와 여성의 질의 성분을 중성화할 수 있는 물질과 자궁과 나팔관을 약간 직립으로 되게 하여 임신을 도와주는 역할을 하는 물질로 구성되어 있다.

(2) 여성의 성 기관

여성의 성 기관은 대단히 복잡하고 눈으로 보기가 쉽지 않기 때문에 많은 사람들은 자신의 성 기관의 명칭이나 기능에 대해서 잘 모르는 경우가 많다. 그러나 인간은 자신의 성 기관뿐만 아니라 이성의 성 기관에 대해서 호기심이 매우 많다. 특히 청소년 시기에는 신체기관의 변화에 대해서 아주 민감하다. 그러나 우리나라 여성은 여아들이 자신의 성기에 관심을 가지면 그렇게 하지 못하게 나무라거나 부끄러워하도록 하면서 부정적인 이미지를 심어주었다. 이러한 현상은 세계적이어서 여성은 월경 중에는 부정하고 더럽기 때문에 음식을 만지거나 사람들과 접촉하는 것을 금하는 경우도 있다(Delaney et al, 1977).

외부 성 기관인 질 입구와 그 주위를 외음부라고 하는데, 외음부는 앞쪽으로는 불두덩과 치골에 의해, 뒤쪽은 회음부에 의해, 그리고 양옆은 대음순과 소음순으로 구분된다.

① 치구(mons)

치구는 체모와 지방질로 구성되며 탄력이 있는 부분이다. 이 기관은 여러 가지의 세포가 잘 연결되어 있기 때문에 손으로 자극을 받으면 성적인 느낌을 가지게 된다. 많은 여성들은 이 부위를 이성이 자극해 주면 음핵을 자극하는 것과 같은 성적인 자극을 느낀다. 체모는 성교 도중에 질에서 분비되는 질액을 흡수해 주는 기능 외에 상대방과 피부의 마찰을 완화해 준다.

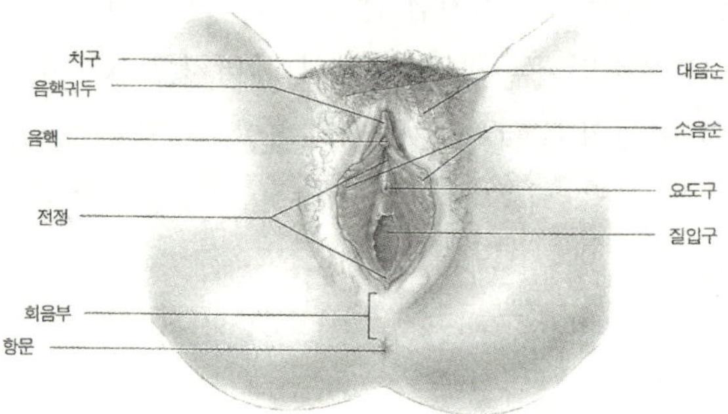

[그림 3-2] 음부의 구조와 명칭

② 음순(labium pudendi)

음순은 대음순(labia majora)과 소음순(labia minora)으로 구성되어 있다. 대음순은 대부분이 지방조직이며 여성 성기의 부드러운 근육을 감싸주고 덮어주는 주름 모양의 피부이다. 이 부위에서는 체모가 나고 자라며 땀샘, 기름샘, 여러 신경이 조직과 연결되어 있고 성적으로 흥분하지 않은 상태에서는 주름이 져서 여성의 성기를 보호한다.

소음순은 체모가 나지 않고 해면체의 조직과 가는 실핏줄의 조직 등 많은 신경조직이 연결되어 있다. 이 부위는 음핵을 싸고 있는 후드역할도 한다. 음순은 많은 신경조직들이 모여 연결되어 있기 때문에 성적인 자극의 중요한 부분이다. 그래서 이곳의 피부에 이상이 있거나 염증이 생기면 성교 시에 아프거나 가렵거나 고통을 느끼게 된다.

여성의 외부 성기모양은 사람에 따라서 모양이 다르다. 예를 들면 대음순의 크기, 모양, 색깔에서 차이가 날 수 있고 체모가 난 정도, 질의 입구의 모양과 위치, 처녀막의 모양도 다를 수 있다[그림 3-3 참조].

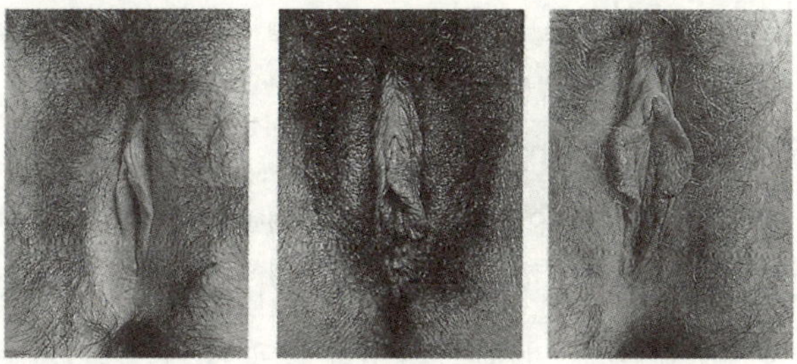

[그림 3-3] 여성의 다양한 외부 성기 모양

③ 음핵(clitoris)

음핵은 그리스의 어원 kleitoris에서 유래했는데 언덕 또는 내리막이라는 의미를 가지고 있다. 여성의 성감대 중에서 가장 민감한 부분으로서 소음순의 위쪽에서 소음순과 만나는 위치에 있다. 직접 눈으로 볼 수 있는 부분은 음핵의 머리 부분이거나 음핵의 내분비선으로서 반짝이는 단추 같은 모양을 하고 있다. 이 부분은 음핵의 후드 부분을 위로 젖혀 올리면 나타나는데, 그 위쪽 부분은 음핵지주(clitoral shaft)라고 부른다. 음핵지주는 약 1인치 정도의 길이와 4분의 1정도의 넓이를 가지고 있으며 발기할 수 있는 조직으로 형성되어 있다. 성적 자극을 받으면 혈액이 충혈되어 남성의 발기와 같은 현상이 일어난다.

음핵은 성 감각을 느끼는 신경세포들이 가장 많이 몰려 있기 때문에 압력, 자극, 온도 등에도 아주 민감하다. 여성의 음핵은 성적 흥분감을 느끼기 위한 유일한 조직이다(Masters & Johnson, 1970). 음핵은 성적으로 가장 민감한 부위로서 성적인 자극과 흥분을 느끼는 것 외에는 아무런 역할을 하지 않는다.

④ 회음부(perineum)

이 부분은 음순과 항문 사이의 체모가 없는 부분을 가리킨다. 이 부분은 대체로 접촉과 압력, 온도에 아주 민감하다. 이 부위를 부드럽게 자극해 주면 성적 흥분을 느낀다.

⑤ 요도(urethral opening)

여성의 요도는 음핵의 아랫부분이고 질보다는 위쪽에 위치해 있는데 방광과 연결되어 있다. 성교 중에 남성이 성기가 병균에 감염되어 있거나 더러운 손으로 이 부분을 만지면 여성의 방광이 오염될 가능성이 많다. 예를 들어 방광염(cystitis)은 여러 원인으로 인해서 여성의 방광에 염증이 생긴 증상이며 따가우면서 항상 소변을 누고 싶은 욕구를 느낀다.

⑥ 처녀막(hymen)

질 입구에 있는 엷은 막을 처녀막이라고 부른다. 이 처녀막의 기능은 알려지지 않고 있는데 여성이 사춘기에 월경이 나오는 통로가 된다. 처녀막은 질 전체를 가리고 있는데 개인에 따라 모양과 크기와 두께가 다르다.

전통적으로 보면 파열되지 않은 처녀막은 결혼 당일 처음 성관계를 가졌다는 표적으로 사용되었다. 그래서 사회의 풍습에 따라서 결혼한 첫날밤에 처녀막이 파열되지 않으면 신부를 부모에게 되돌려 보내거나 공공연하게 창피를 주거나 체벌을 하기도 하고 심한 경우는 죽이기까지 하였다(Ford & Beach, 1951). 현재에도 처녀막을 중요시 생각하고 심지어는 처녀막 수술이 성행하고 있는 나라도 많다.

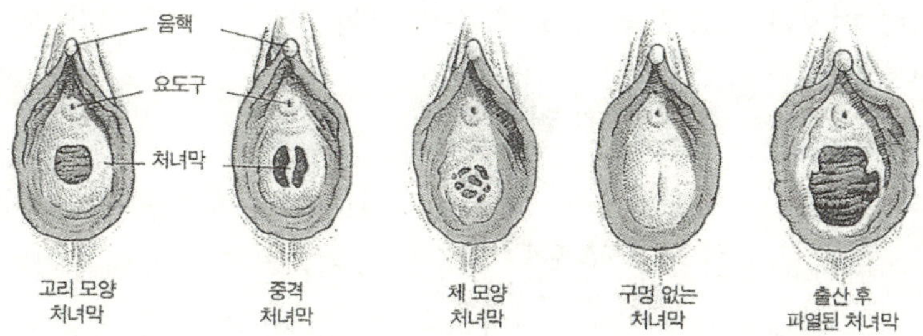

[그림 3-4] 여러 가지 형태의 처녀막

그러나 의학적으로는 처녀막이 있고 없음에 따라서 처녀를 증명할 수 있는 것은 아니다. 처녀막은 출생 시부터 부분적인 처녀막을 가지고 태어나는 수도 있고 아예 처녀막이 없이 태어나는 경우도 있으며 운동을 심하게 해도 쉽게 파열될 수 있다. 그러므로 처녀막의 유무로 여성의 순결이나 처녀성을 판단하려는 시도는 위험하다. 그러나 대부분 처음 성관계를 가지면 출혈을 하면서 피를 흘리는 경우가 보통이다.

⑦ 질(vagina)

여성의 질은 근육질로 된 내부 기관으로서 여성의 신체를 향해서 약 45도의 각도로 위치해 있다. 질은 성적으로 자극이 되지 않은 상태에서는 공간이 없이 아물어진 상태이다. 임신을 하지 않은 여성의 경우 평균 질의 길이는 약 8cm 정도이고 질 벽은 3종류의 층으로 구성되어 있다. 질 점막(vaginal mucosa)은 가장 외부에 있는 층이고 입안의 피부와 조직이 비슷하다. 질의 느낌은 살의 감각으로 부드럽고 주름이 져 있다. 질은 여성이 불안하면 건조하고 성적으로 흥분하면 분비물을 내보내서 촉촉해진다. 질의 중간층은 근육(muscular)으로 구성되어 있고 가장 깊은 층은 섬유질(fibrous)이며 다른 조직들과 연결되어 있다.

질은 혈관이 많이 연결되어 있지만 성감을 느낄 수 있는 신경조직은 질 입구에서 약 1/3정도의 길이뿐이다. 그렇기 때문에 남자의 성기가 커야 여자가 성감을 많이 느낄 수 있다는 것은 근거가 없다. 여성의 질 안쪽은 감각을 못 느끼기 때문에 마취를 하지 않고도 수술을 할 수 있을 정도이다.

질 벽에서는 정상적인 산성(ph 4.0~5.0)의 분비물을 분비하며, 약간은 짠맛이고 질의 색깔, 냄새는 여성의 생리기간에 따라서 변한다. 질에서 나는 냄새는 남성에게 성적인 자극을 일으킬 수 있다. 질은 풍선처럼 모양을 변화할 수 있는 잠재적인 공간이다. 질은 수축력이 강하기 때문에 남성의 성기 크기에 따라 적응할 수 있어 성감에는 지장을 주지 않는다. 아기를 분만하면 질의 크기가 늘어나고 수축력이 줄어들지만 여성이 질 운동을 하면 질 근육의 탄력성을 유지할 수 있다.

질염(vaginitis)은 질 내부에 따가움을 느끼는 통증으로 감염, 피임약, 무리한 다이어트, 피로 등으로 발생할 수 있다. 여성들은 질 건강을 위해서 다음과 같은 조치를 취하면 좋다.

- 성기 부분을 물로 잘 씻을 것.
- 가능하면 면 팬티를 입어야 성기 주변의 습기를 흡수하고 박테리아의 번식을 막을 수 있다.
- 꽉 조이는 바지는 피할 것
- 파트너에게 필히 성기 부분을 청결하게 씻거나 콘돔을 착용하고 성관계를 하도록 할 것
- 질에 통증을 느끼는 성관계는 피할 것

⑧ 자궁 경부(cervix)

자궁의 크기는 길이가 7.5cm, 폭 7.5cm, 두께 2.5cm 정도이다. 생리학적으로 보면 자궁은 여러 부분으로 구성되어 있다. 대체로 여성의 자궁의 위치는 질과는 약 90도 방향으로 자리 잡고 있다. 그러나 자궁의 위치는 성교 시에 성감의 상태에 따라 변하여 질의 입구 방향과 거의 일치되어 정자의 진입을 돕는다. 자궁의 안쪽 벽에 수정란이 착상해

서 자라는 곳이기도 하고, 이 근육은 출산 시에 분만을 돕는 기능도 한다. 자궁은 임신하면 아이의 발육상태에 적응해서 늘어날 수 있도록 구성되어 있다.

⑨ 나팔관(fallopian tube)

자궁에서 시작해서 약 10cm의 부분에 위치하며, 나팔관의 기능은 난소에서 방출한 난자를 보호하고 있다가 정자와 만나 수정할 수 있도록 도와주는 기능을 한다.

자궁외 임신(ectopic pregnancy)은 수정란이 자궁에 정착하지 않고 나팔관 안에서 자라는 경우로 방치하면 많은 통증을 수반하면서 나팔관의 파열을 가져올 수 있다. 자궁외 임신인 경우 월경이 없으면서 통증을 느낀다.

⑩ 난소(ovaries)

여성의 난소는 양쪽에 하나씩 있다. 크기는 약 3×2×1.5cm 정도의 조그마한 살구의 모양을 하고 있다. 난소의 기능은 여성호르몬인 에스트로겐과 프로게스테론을 생산하고 난자를 생산하고 방출한다. 여아는 난소가 형성되자마자 난자를 생산하기 시작한다고 한다. 그래서 출생 전까지는 약 6~7백만 개의 난자를 생산해내는데 그러한 난자들은 거의 출생하기 전에 분해되어 없어지지만 약 40만개 정도의 미숙한 난자를 가지고 태어난다. 여성이 사춘기에 도달하면 월경을 하기 시작하는데 각 주기마다 성숙한 난자를 방출한다. 여성은 생리기간 중에 임신이 가능할 정도로 성숙한 난자를 약 400여개 방출한다고 한다.

난소에서 난자가 방출되면 난자를 싸고 있는 캡슐의 과립막 세포(granulosa cell)가 자라기 시작해서 황체(corpus-luteum)를 형성한다. 수정이 된 난자는 계속 자랄 수 있지만 수정이 안 된 난자는 월경으로 방출된다. 난자는 직경이 0.135mm로서 자세히 보지 않으면 육안으로 식별하기 어렵다.

2) 성 반응 주기

성적 매력의 기본 형태는 성적 흥분(arousal)이며 흥분이란 타인의 신체를 보거나 만지는 것 등에 대한 본능적이고 자동적 반응이다. 남녀 모두 이성의 신체에서 흥분하기는 하지만 어떤 형태의 자극에 더 민감하게 반응하는가는 장기간의 학습과정에 의해 개인차가 있다. 남성의 흥분과정은 흥분, 발기, 사정이라는 3단계가 연결되어 있지만 그 단계들은 개인에 따라 고등정신중추에서 독립적으로 통제되기도 한다.

흔히 성적 자극이나 만족을 경험하는 동안의 생리 및 심리학적 변화단계나 주기를 성 반응 주기(sexual response cycle)라고 한다. 여성의 성 반응 주기는 여러 가지 영향을 받으므로 한마디로 말하기는 어렵다. 즉 여성은 남성과 달리 성적 자극을 받는 부위를 비롯하여 심리적 요인에 크게 좌우된다는 것이다.

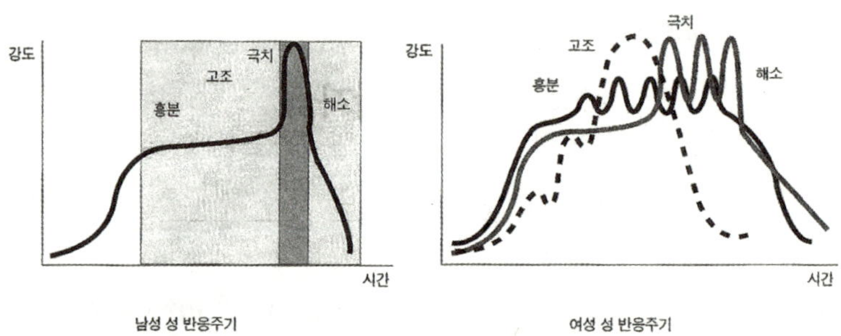

[그림 3-5] 남성 성 반응 주기와 여성 성 반응 주기

마스터스와 존슨은 1960년대에 7500여명의 여성 및 2500여명의 남성들의 생리학적 반응을 토대로 성 반응에 대한 근육의 반응, 혈압, 발한, 호흡 및 기타 생리적 측정치를 연구하여 성 반응 주기가 연속적으로 나타나지만 편의상 흥분(excitement), 고조(plateau), 오르가즘(orgasm), 해소(resolution)의 4단계로 구분하였다. 그리고 남녀 간의 성 반응 차이보다도 유사성을 강조하였다. 남녀 모두 성 반응 주기에서 보

인 신체변화의 대부분은 생식기에서 나타난 혈관의 울혈현상과 근육의 긴장이다. 이들은 남녀 간의 성 반응에서 오직 두 가지 주요한 차이가 존재할 뿐이라고 하였는데 이것은 남성만이 사정을 한다는 것과 여성은 짧은 시간 내에 오르가즘을 여러 차례 연속적으로 경험할 수 있다는 것이다. 그렇지만 이러한 차이도 절대적인 것은 아니라고 하였다.

그러나 여러 학자들은 마스터스와 존슨이 성욕과 성적 흥분과정 등 2가지 주관적 요인을 무시했다고 주장했다. 캐플란(Kaplan)은 주관적 경험을 토대로 성 반응 주기를 성욕, 흥분, 오르가즘의 3단계로 설명하였다. 사실 우리는 성 반응 주기에서 성욕이나 흥분, 오르가즘을 구별할 수 있지만 마스터스와 존슨이 피력한 흥분과 고조단계는 구별하기 어렵다. 성 반응 주기란 성욕이 생기기 시작한 단계에서 흥분을 얻는 단계, 오르가즘에서 성적 긴장이 방출되는 단계 그리고 성적 관심이 다소 누그러지는 휴지상태로 복원되는 단계로 이동하고 있다.

〈표 3-1〉 성 반응 주기에 따른 신체적 반응

단계	남성	여성
흥분 (excitement)	• 남근의 직경 및 길이 증가 • 고환이 올라감 • 유두가 똑바로 섬 • 50~60% 얼굴, 목 등 신체부위가 달아오르는 성적 홍조현상 • 심장박동 수 및 혈압상승 • 근육 긴장도 증가	• 질 윤활작용 개시 • 질 내부의 길이 및 폭 확장 • 혈액증가로 질 벽 충혈현상 • 음핵의 몸체 직경 증가 • 음핵 귀두 부위가 부풂 • 음순 내외의 변화 • 유두가 서고 유방 크기 증가 • 근육 긴장도 증가
고조 (plateau)	• 남근 귀두의 면적 및 색깔 변화 • 요도선에서 몇 방울의 액체 분비 • 음낭에서 고환이 계속 올라감 • 고환의 크기가 50%까지 증가 • 성적 홍조 현상의 확산 • 심장박동 수 및 혈압 계속 상승 • 근육 긴장 및 호흡수 증가	• 질외부와 음순 내부의 충혈 지속 • 음핵 길이가 50% 감소할 때까지 축소 • 유두의 충혈현상 증가 • 위장, 등, 허벅지까지 홍조현상 • 심장박동 수, 호흡, 혈압 증가 • 근육 긴장의 증가

단계	남성	여성
극치 (orgasm)	• 고환 부위에서 시작된 수축현상이 부고환, 정관, 정낭, 전립선, 요도, 음경까지 지속됨 • 0.8초 간격으로 3~4회 사정수축 반응을 보이며 항문괄약근 수축이 3~4회 이어짐 • 심장박동 및 호흡의 최고 상태	• 질 입구 쪽에서 강한 근육 수축이 시작되며 최초 수축은 2~4초, 나중의 수축은 3~15초(수축은 남성처럼 0.8초 간격임) • 질의 안쪽의 미약한 팽창감 • 신체 여러 부위의 강한 근육 수축 • 심장박동 및 호흡의 최고상태

3. 성의 남녀 차이

1) 감각자극과 성적 흥분

성적 관심이나 흥분을 유발하는 자극들은 정서적 자극과 물리적 자극으로 구분될 수 있다. 정서적 자극 중 부드러움이나 사랑의 감정, 신뢰감, 안정을 찾는 느낌이 들 때 성 경험의 질이 고양된다. 불안이나 분노와 같은 부정적 정서의 상태에서 경험하는 성행동은 전자와 질적으로 다르다. 정서적 자극과 성적 흥분이나 만족의 관계는 남성에게도 중요하지만 여성에게는 특히 더 중요하다. 물리적 자극이란 다섯 가지 감각기관을 통해서 전달된 자극을 말하는데 특히 인간의 성욕은 오감 중 시각이나 청각, 촉각 자극에 의하여 매우 큰 영향을 받는다. 이러한 자극들은 모두 뇌와 척수에 전달되어 성적 흥분이나 성욕을 일으킨다.

키스가 어떻게 성적 흥분이나 기쁨을 가져다주는지를 보면 키스를 통하여 상대방에게 제공받는 기쁨은 키스 행위 동안 모든 감각기관이 자극을 받기 때문이다. 입술, 입, 혀는 신체부위 중에서 민감도가 가장 뛰어난 부위다. 입에서는 압착에 대한 미감도가 한 몫을 한다. 입술, 혀,

뺨, 코에서 뇌에 이르는 신경의 전달 때문에 키스는 항상 체온, 맛, 냄새, 운동 등을 감지하게 되는데 뇌기능에 영향을 미치는 12개의 뇌신경(cranial nerve) 중에서 다섯 개가 키스에 관여한다. 키스 과정에는 역시 청각(빨거나 핥는 소리)과 시각(파트너의 얼굴 표정)의 감각이 포함되기도 한다.

남녀 간의 중요한 차이 중 하나는 성적으로 흥분되는 속도가 다르고 서로 다른 것에 흥분된다는 점이다. 예를 들면 파트너를 선택할 때 여성은 남성의 성격특성을, 남성은 여성의 외모를 토대로 하는 경향이 강하다. 매력에 대한 남녀 간의 차이는 킨제이 연구에서 찾아볼 수 있는데 즉 남성은 여성보다 성적 자극을 보거나 읽는 것에서도 더 쉽게 흥분하며 또 여성이 쉽게 흥분할 수 있는 주요인은 친밀감에 의한 접촉이다.

감각자극의 형태와 성적 흥분의 관계를 남녀별로 비교해보면 남성들의 성욕은 시각자극에 의하여 가장 영향을 크게 받는다. 10대 후반이나 20대의 남성들은 직접적인 시각자극이 아니더라도 머릿속으로 그린 시각자극에 의해서도 성욕을 환기시킬 수 있다. 그러나 30대를 지난 대부분의 기혼남성들은 선명한 시각자극을 받아야 성욕이 환기된다. 결혼생활에서 부인은 남편에게 가장 빈번한 시각자극이므로 동일한 시각자극에 끊임없이 노출되면 그 자극에 대한 감수성이 떨어져 버릴 수도 있다. 즉 남편은 아내라는 시각자극이 자신의 성욕을 환기하기에는 너무 진부하다고 느끼게 되는데 심리학자들은 이를 습관화(Habituation)현상이라고 한다.

습관화란 동일한 자극에 반복적으로 노출되어 반응의 크기가 체계적으로 감소해버렸다는 것인데 일반적으로 습관화와 성적 동기의 관계를 두 가지 면에서 살펴볼 수 있다. 하나는 습관화에 의해 성적 만족 수준이 낮아지므로 과거의 성적 만족 수준을 찾기 위해 강도가 더 높은 성행동을 추구한다는 점이다. 남성들을 상대로 실험한 결과에서 동일한 포르노 사진을 반복적으로 제시하면 생리적이거나 심리적인 흥분도가 감소하게 된다. 그 결과 남성들은 새로운 자극을 추구하게 되는데 이를 설명하는 현상이 바로 쿨리지(coolidge) 효과이다.

다른 하나는 습관화에 의해 성욕이 저하된다는 점이다. 성욕의 저하현상은 남성들보다도 여성들에게서 더 많이 나타난다. 그러나 여성들의 성욕 저하가 습관화 현상 때문인지는 검증되지 않았다. 한 연구에서는 여대생들을 상대로 포르노 사진을 보여 주면서 습관화현상이 나타나는가를 알아보았다. 동일한 포르노 사진을 반복적으로 제시하였을 경우 여성은 성적 흥분이 감소되지 않았다. 사회생물학자들은 쿨리지 효과에 관한 암수의 차이를 바로 이러한 차이로 설명하였다. 수컷들은 성적으로 습관화되기 때문에 새로운 파트너를 추구하는 반면, 암컷들은 습관화 경향이 없으므로 새로운 파트너를 찾지 않는다고 주장하였다.

여성들의 성욕은 일반적으로 시각보다도 촉각이나 청각, 정서적 자극을 더 중요하게 여긴다. 이러한 남녀의 차이 때문에 성교 직전에 남성들은 방을 밝게 하려고 하는 반면 여성들은 어둡게 하려고 하는 경향이 있다.

여성들의 성적 관심이나 흥분은 남성에게서 얻은 언어 및 비언어적 자극에 의해 결정되지만 남성들과는 달리 여성들은 이러한 자극들에 대하여 습관화현상을 보이지 않는다. 오히려 이러한 자극이 지속되지 않을 경우 성욕이나 성적 관심을 잃게 될 가능성이 높다. 또 청각자극을 제시하더라도 어떠한 정서상태인가에 따라 여성에게는 그 효과가 달라진다. 한 실험에서 신체적으로나 정신적으로 건강한 젊은 여성을 상대로 청각자극을 주고 성적 흥분의 정도를 생리적으로 측정하였다. 편안한 상태를 유지한 조건에서 청각자극은 여성에게 성적 흥분을 일으켰지만 불안을 조작한 상황에서는 청각자극을 제시해도 성적 흥분을 느끼지 못하였다.

아내와 남편의 구체적 노력은 아내는 젊었을 때의 아름다움을 언제까지나 보존할 수는 없더라도 남편에게 시각적 매력이 쇠퇴하지 않았다는 인상을 보여 주려고 노력해야 한다. 그러므로 아내는 화장이나 복장, 성생활분위기, 장소, 체위 등을 변화시키려는 노력을 해야 한다. 남편 역시 아내에 대한 따듯한 정이 식지 않게 사랑의 감정 표시를 아끼지 않아야 한다. 말이나 글로 표현하는 것이 바람직하며 눈짓이나 몸짓 등의 표현도 효과가 있다.

2) 성행위 이해에 대한 차이

성행위를 이해하는 데 있어서도 남녀 간에 차이가 있다. 남성들은 대부분 성행위를 기계론적으로 바라보는 반면, 여성들은 성행위 자체보다도 성적 상호작용의 전반적인 과정을 중시한다(윤가현, 2001). 즉 남성들은 성행위를 얼마나 자주 할 수 있고 또 얼마나 오랫동안 지속시킬 수 있으며, 여성을 성적으로 얼마나 만족시킬 수 있는가에 초점을 둔다. 남성들의 이러한 태도는 성적인 상호작용에서 심리적인 상태보다도 신체적이고 물리적인 노력이나 힘이 중요하다는 생각으로부터 비롯된다. 이러한 믿음 때문에 남성들은 여성을 만족시키는 것에 민감한 반응을 보이면서 정력제라는 식품이나 약품 혹은 성기능을 향상시킨다는 물리적인 기구에 관심을 보인다.

반면 대부분의 여성들은 성행위 자체보다도 성적 상호작용의 전반적인 과정을 통해서 얻는 느낌 등을 더 중요시한다. 즉 여성은 정서적 자극을 토대로 마음이 열리면 성적으로 쉽게 흥분할 수 있는 것이지, 아무런 욕구도 없는데 오랫동안 성교를 시도한다고 해서 흥분과 만족을 얻는 것이 아니다. 존 그레이(1996) 또한 여성은 성행위에 앞서 애정표현을 필요로 하는 반면, 남성은 사랑의 감정을 느끼기 위해 성행위가 필요하다고 하였다.

4. 성의 사회적 측면 : 성각본

성각본(sexual scripts)은 사회적 규범이 성적인 역할, 성적인 정체성, 성행위에 대한 의미에 어떠한 영향을 미치는가를 이해할 때 도움이 된다. 성각본은 성에 대해 특정 사회집단이 인정하는 일련의 행위와 지위, 그리고 이러한 행위와 지위를 지배하는 규칙, 기대, 규약을 모두 말한다. 따라서 성각본은 사회적으로 구성되는 성에 대한 청사진으로서 한 사람의 성적인 활동과 상호 교류의 지침이 된다. 성각본은 출생 후부터 시작되는 사회화 과정, 공식적 교육, 그리고 개인적인 경험을 통하여 구성되며, 따라서 부모, 친구, 파트너, 대중매체, 종교, 문화에 의해 영향을 받는다(임정빈, 정혜정, 1997). 개인의 성각본은 성과 관련된 다음의 몇 가지 질문을 통해 파악할 수 있다(Roberts, 1994).

- 누구와 성행위를 할 것인가?(파트너의 연령, 성별, 자기 / 타인 등)
- 어떠한 성행위를 받아들일 수 있는가?(혼자, 반드시 파트너와 함께)
- 파트너와 어느 정도 헌신하는 관계에서 성행위를 할 것인가?
- 언제 성행위를 할 것인가?(성행위의 적절한 연령, 타이밍 등)
- 어디에서 성행위를 하는 것이 적절할 것인가?
- 왜 성행위를 한다고 설명할 것인가?(쾌락 / 자녀 출산)

성각본은 시대에 따라 다르고 남녀에 따라 다르게 나타나는 경향이 있다. 전통적인 가부장적 시대에서 성에 대한 규범은 오늘날과 같이 보다 평등한 인간관계를 지향하는 시대의 성에 대한 규범과 차이가 있다. 또한 전통사회에서는 성에 대한 규범이 성별에 따라 차이가 있었으나 현대사회에서 성각본의 남녀 간 차이는 줄어들고 있으며, 성이 남녀에게 동일한 의미를 갖게 되고 있다. 성역할의 변화에 따라 성각본에도 변화가 일어나고 있는 것이며, 전통적인 성각본은 보다 자유롭고 평등한 성각본으로 대체되고 있는 것이다.

〈표 3-2〉에서 보는 바와 같이 성각본은 가부장적·전통적 성각본과 표현적·평등적 성각본으로 나눌 수 있다. 이 두 성각본은 성을 가계계승을 통한 자녀출산의 수단으로 보느냐, 아니면 친밀한 두 사람간의 의사소통 수단으로 보느냐에 따라 근본적인 차이가 있다. 전통적인 가부장제 사회에서 성은 다음과 같은 몇 가지 측면에서 이중적인 기준을 보이고 있다.

〈표 3-2〉 성각본의 비교

가부장적·전통적 성각본	표현적·평등적 성각본
• 남성이 여성의 성을 소유하고 성행위를 주도한다.	• 모든 개인은 자신의 성적 자아를 표현할 자유가 있다. 따라서 남녀 모두 성행동에 동등하게 참여하고 책임을 진다. 남녀 누구든 성행위를 주도할 수 있다.
• 성의 주요 기능은 자녀 출산이다.	• 성은 대인 간의 의사소통과 친밀감을 향상시키는 수단이며, 성적 활동을 통해 사랑과 쾌락을 서로 나눈다.
• 남성은 선천적으로 성적 충동을 가지고 태어나지만 여성은 원래 성적으로 수동적이다.	• 남녀의 성적 욕구와 능력은 동일하다.
• 남성의 성적 긴장 방출은 필수적이다.	• 남녀 모두 성적 긴장 방출이 필요하며, 오르가즘을 경험할 권리가 있다.
• 남성의 성적 욕구는 충족되어야 하므로 남성의 혼외관계도 인정한다.	• 남녀 모두 성적 쾌락을 추구할 권리가 있다.
• 성교만이 적절한 성행위이다.	• 성교뿐 아니라 자위나 구강성교도 적절한 성행위이다.
• 임신할 수 없을 정도로 나이 든 파트너들간의 성행위는 부자연스럽다.	• 나이 든 파트너들 간의 성행위도 자연스럽다.

첫째, 여성의 성은 혈통계승을 위한 순결과 출산기능을 위해서만 그 가치를 인정하는 반면, 남성에게는 혼외의 성에 대한 자유와 함께 매춘이나 축첩을 통한 이중적인 성생활도 용인되었다. 둘째, 남녀 간의 지위가 불평등한 가부장제 결혼제도에서 남편은 아내의 신체적 보호권뿐 아니라 아내의 성에 대한 소유와 통제권도 가지며 반면 여성은 자신의 성적 자율권과 결정권을 갖지 못하였다. 셋째, 남녀에게 부과된 남성다움과 여성다움의 특성은 성관계에도 그대로 적용되어 남성은 여성의 성에 대해 주도권을 갖고 일방적인 성관계를 정당화시키는 토대를 마련하였다. 뿐만 아니라 이러한 가부장제 사회의 성문화에서는 성이 자녀출산의 수단이었기 때문에 성교 이외의 성행위나 나이 든 사람들 간의 성행위는 적절하지 못한 것으로 여겨졌다.

반면 표현적·근대적 성각본에서는 남성 중심적인 성문화에서 벗어나 한 성이 다른 성에 의해서 종속되거나 소유되는 것이 아니라 남녀 모두가 성과 사랑의 대등한 주체가 되어야 한다고 보며, 성을 대인 간의 의사소통으로 본다. 이 견해는 성을 통해 남녀가 서로의 사랑, 정감, 보살핌을 표현할 수 있는 가장 좋은 방법이라는 것이다(Galvin & Brommel, 1990).

5. 성행동의 정상 기준

어떠한 성행동이 자연스러우며 정상적인가 하는 판단의 기준은 문화와 시대에 따라 매우 다르게 나타난다. 우리나라 조선시대에는 성행위를 가계계승을 위한 출산의 목적으로만 생각했고, 성행동에 대해서는 이중기준이 강하게 뿌리박혀 있어 남성들에게 축첩이나 씨받이가 자연스럽게 받아들여졌다. 이러한 성행동의 기준이 오늘날에도 일부 남아있기는 하지만 매우 비정상적이고 비윤리적인 것으로 받아들여지고 있어서 성행동의 정상기준이 시대에 따라 다름을 알 수 있다.

그러면 정상적인 성행위는 무엇이며, 비정상적인 성행위는 또 무엇인가? 사회과학자들은 흔히 정상적인 행동을 '건강한'과 동일한 의미로 사용해 왔다. 즉 정상적인 성행위는 한 집단의 평균이나 중앙치에 해당하는 행동을 나타낸다. 자신의 성적 소망, 환상 및 활동이 정상적인가 궁금해 한다. 성적인 환상을 갖는 것이 정상인가? 자위를 하는 것은 정상인가? 포르노를 몰래 보는 것은 정상인가? 다른 사람들은 모두 정상인데 자기만 비정상이라거나 뭔가 잘못되었다고 생각하는 것은 아닌가? 그러나 사람들은 평균적인 사람과 같이 행동하고자 하는 압박감을 느끼면서도, 대부분의 사람들은 실제로 다른 사람들이 성적으로 어떻게 행동하는지를 잘 모른다. 그리하여 자신이 문화적 규범이나 고정관념과 다르게 행동한다면 자신을 비정상적이라고 생각해 버리기가 쉽다.

Kinsey(1948)는 정상적인 성행동은 문화가 정상이라고 정의하는 성행동이라고 하였다. 무엇이 정상인가는 문화가 결정하므로, 정상적인 성행동의 범주는 매우 다양할 것이나 다음과 같은 몇 가지 기준을 고려하여 성행동의 정상기준을 언급할 수 있다(Strong & DeVault).

1) 관습적 기준

사람들이 어떤 특정 형태의 성행동을 더 많이 하는 까닭은 문화적인 규범과 관습 및 법칙 때문이다. 어떤 행동이 폭넓게 실행되고 있지 않다는 점 때문에 그 행동이 곧 비정상이라고 보기는 어렵다. 예를 들어 몇 십 년 전만 하더라도 구강성교는 더럽고 수치스러운 것으로 금기시되어 사람들이 거의 하지 않았으나 오늘날 구강성교는 받아들일 수 있는 성행위로 간주하여 실제로 많은 사람들이 구강성교를 하는 것으로 밝혀지고 있다.

2) 생물학적 기준

인간은 생물학적으로 성적 충동을 가지고 있다. 그러나 성적 충동을 갖는다는 것은 특정 행동을 통해 성적 충동이 표현되어야 한다는 것을 의미하는 것은 아니다. 성의 목적이 재생산이라는 시각은 생물학적인 근거를 갖는다기보다 종교적인 색채를 반영한 것이다. 재생산만이 성의 목적이고 그리하여 성교만이 합당한 성행위라고 한다면, 키스나 애무 등은 생물학적으로 비정상이라고 할 것이다. 또한 폐경 이후의 여성이 성관계를 갖는 것은 임신을 할 수 없기 때문에 비정상으로 간주할 것이다. 따라서 생물학적으로 정상적인 성행동도 결국 문화가 정상이라고 정의한 것이라 할 수 있다.

3) 심리적 기준

심리학적으로 볼 때 개인의 만족이나 심리적 안녕감을 향상시키는 성행동은 흔히 정상이거나 건강한 것으로 여겨지는 반면, 죄책감, 수치심, 불안감, 긴장감 혹은 좌절감을 불러일으키는 행동은 비정상으로 간주된다. 그러나 그렇게 심리적으로 건강한 성행동이 우리를 기분 좋게 하는 이유는 사회적으로 인정받는 행동을 할 때 만족감을 느끼도록 교육을 받았기 때문이다. 만약 자위행위에 대해 죄책감을 느낀다면, 자위행위 자체가 본래 건강하지 못하기 때문이 아니라 자위행위에 대해 죄책감을 느끼도록 교육을 받았기 때문이다. 전통사회에서 여성은 성적인 관심을 보이지 않도록 기대되었는데, 이 시대에 성적으로 적극적인 여성은 문제가 있는 여성으로 간주되었다. 기타 도덕적으로 바람직한 성행동의 판단기준도 문화에 따라 다르다.

이상과 같이 성적 건강에 대해서는 여러 가지 기준이 있다. 한편 세계보건기구(WHO)에서는 성적인 건강을 개인의 인성, 의사소통능력 및 사항의 감정을 키워주기 위하여 신체적, 정서적, 정신적 및 사회적 영역 등에서 개인이 성적인 존재(sexual being)로 통합되는 것이라고 정의하였다(Byer & Shainberg, 1994).

결론적으로 인간의 성행동에 대한 정상과 비정상의 사회적 정의나 개념은 시대에 따라 조금씩 변하고 있다. 대부분의 문화권에서는 성인들 간의 정상적인 성행동이란 일반적으로 자발적인 행위이고, 서로간의 동의에 의해 이루어지므로 기쁨을 얻는 것이며, 또한 서로의 자존감을 높여 주는 것이면서 죄의식을 느끼지 않는 경우를 의미한다. 즉 대인관계가 상호 이해와 존중을 바탕으로 유지해야만 성적인 관계도 의미가 있고 서로 만족스러우며 성적으로 책임감이 있는 관계를 형성하고 유지시킬 수 있는 것이다. 반면 비정상적인 성행위란 수동적이거나 충동적인 상태에서 발생하여 상호 이해와 존중을 바탕으로 하지 않으며 상대방에게 일방적으로 이용당하는 느낌을 주며, 기쁨보다는 죄의식과 수치심을 불러일으킬 수 있고, 또 서로의 자존감을 저하시킬 수 있고, 좌절·불만족·후회 등을 유발할 수 있는 경우이다(김애순 외, 1997).

성적으로 성숙한 사랑은 상대방의 마음을 상하지 않게 하며, 또 약점이 드러났을 때도 공격의 두려움을 느끼지 않는 사람이다. 지금까지 성행위는 이성관계에서 그 중요도가 너무 과대평가 되어 온 경향이 있다. 성행위는 사랑의 증거나 시험하는 것이 아니며 사랑과 정감을 표현하는 수단이며 결혼생활의 일부분이다. 자신의 성행동이 건강한가를 판단하는 데 도움이 되는 몇 가지 기준은 다음과 같다. 남녀 간의 관계는 성행위보다는 상호간의 이해와 신뢰, 보살핌과 존중, 그리고 책임을 바탕으로 이루어져야 한다.

〈box 3-1〉 나의 성행동은 건강한가?(Cox, 1999)

① 나의 성적 표현이 나의 자존감을 높이는가?
나에 대한 존중감을 높이고, 나 자신에 대한 긍정적 감정을 갖게 하며, 나 자신을 더 좋아하도록 만드는 성행동이 건강한 성행동이다. 반면 자기에 대해 부정적인 감정을 갖게 하고 낮은 자존감을 갖게 하는 행동은 친밀감 관계에서 많은 문제를 일으키므로 피하는 것이 좋다.

② **나의 성적 표현은 자발적인가?**

강간은 분명 비자발적인 행동이지만 보통의 성행동이 자발적인가는 분명하지 않다. 성행동을 하지 않은 경우 이성친구가 떠나버릴지도 모른다는 두려움 때문에 하는 것은 아닌가? 이 경우는 '해야 한다'는 두려움 내지 의무감 때문에 성적 표현을 하는 것이지 자발적이라고 볼 수 없다. 자신의 선택이 이성의 친구나 사회적인 압력과는 관계없이 온전히 자신의 선택이라면, 그 행동은 건강한 행동이라 할 것이다.

③ **나의 성적 표현은 기쁨과 만족감을 주는가?**

성행동이 기쁨과 만족감을 줄 것이라는 기대와는 달리, 관계 초기에 성교행위를 한 많은 사람들은 성행동이 실망스러웠다고 한다. 친밀한 관계에 있는 사람들 간에 성적 표현이 이루어질 때 즐겁고 만족스러울 가능성이 더 증가한다.

④ **나의 성적 표현이 원하지 않는 임신을 하게 하는 것은 아닌가?**

성행동으로 원하는 임신을 하는 경우 혹은 원하지 않는 임신을 막기 위해 피임을 하는 성행동은 모두 건강한 행동이다. 임신 자체나 임신 시기에 대해 의견의 일치를 보지 못하고 원하지 않는 임신을 하는 커플도 많이 있다. 건강한 성행동의 기본요소는 원하지 않는 임신을 예방하는 성행동이다.

⑤ **나의 성적 표현이 나와 파트너에게 성병을 옮기는 것은 아닌가?**

의학적 의미에서 볼 때 건강한 성행동은 성병 감염의 가능성이 없는 행동이다. 성병에 대한 지식을 갖추고 또 성병에 걸리지 않도록 조심하는 성행동이 건강한 성행동이다.

〈연구문제〉

1. 나의 성각본은 어떤가?(성행위를 누구와 언제 어디서 어떻게 왜 할 것인가?)

제4장 | 성역할

오늘날 대다수의 결혼은 생물학적인 여성과 남성의 결합으로 이루어지며, 결혼과 가족생활은 전통적인 의미에서의 여성적 역할과 남성적 역할 즉 표현적 역할과 도구적 역할을 모두 필요로 한다. 여성운동이 일어나기 전까지 여성적 역할과 남성적 역할은 생물학적 성과 동일한 차원에서 이해되어, 여성으로 태어난 사람은 여성적 역할을, 남성으로 태어난 사람은 남성적 역할을 하는 것이 자연스럽고 타당하다고 보았다. 그러나 여성운동이 구체화되면서 여성적 혹은 남성적 역할은 자연스럽게 생물학적으로 결정되는 것이 아니라 공식적 및 비공식적 사회화 과정을 거쳐 후천적으로 학습되는 것이라는 시각이 지배하게 되었다. 각 개인은 성역할 사회화 과정을 거쳐 스스로 특정 성역할 성향을 가지게 된다. 개인의 성역할 성향은 심리적 적응과 밀접한 연관이 있을 뿐 아니라 배우자의 성역할 성향과 일치성 여부에 따라 배우자 각자의 결혼 만족이나 적응이 달라질 수 있다.

따라서 이성과 교제하고 결혼을 준비하는 기간 동안 자신의 성역할 사회화 과정을 돌아보고 성역할 성향을 평가하며 성역할로 인한 갈등이나 콤플렉스를 점검해본다면 보다 건강한 결혼과 가족생활을 준비할 수 있을 것이다.

1. 성역할 개념

개인은 출생하면서부터 자신의 역할을 부여받게 되는데, Hurlock (1983)은 이러한 역할 중 한 사회집단에서 수용하고 인정하는 남녀 각 구성원에게 동일시되는 행동 형태를 성역할이라고 정의하고 있다.

성역할은 생물학적 성(sex) 및 사회화된 성(gender)으로 구분할 수 있다. 생물학적 성이란 사람의 유전적, 신체적 측면과 연결된 성을 말하며, 이는 타고난 것으로 호르몬, 형태상 또는 성과 관련된 생물학적 변인에 기인하는 것으로 시간과 공간을 초월하여 불변하는 특성을 지닌다. 사회적 성은 생물학적·심리학적·사회학적 의미를 모두 포함한다.

성역할은 사회적 성(gender)의 개념과 같은 것으로서, 이는 생물학적 성(sex)을 기반으로 하여 사회 심리적으로 학습된 행동과 그에 준하는 기대를 뜻하며 남녀별로 다르게 기대되는 문화적 속성을 말한다. 따라서 사회적 성이 획득된 성정체감이라면 생물학적 성은 선천적으로 타고난 성을 의미한다.

성역할 특성이란 한 개인이 그가 속해있는 문화권 내에 남성 또는 여성으로 특징지어질 수 있는 여러 가지 특성을 말한다(Block, 1973). 따라서 사람들은 남성적일 수도 있고 여성적일 수도 있으며 남성성과 여성성을 모두 가질 수도 있다는 것이다. 이러한 성역할 특성이 개인의 외적 행동, 정서적 반응, 인지적 기능, 내적 태도, 심리적 적응 및 사회적 적응 등에 중요한 영향을 준다는 사실은 이미 여러 연구들을 통하여 밝혀져 왔다(Solomon & Holmes, 1984).

남성성은 공격적이고 독립적이 강하고 객관적이고 지배적이고 경쟁심이 강하고 논리적, 합리적이고 모험심이 강하고 성적으로 능동적이어서 여성성과 반대되는 특성임에 비하여 여성성은 감성적이고 민감하고 표현적이고 타인의 감정에 민감하고 온화하고 조용하고 양육적이고 부드럽고 협동적이고 타인을 유쾌하게 하는데 관심을 두고 의존적이며 동정심이 강하고 남을 잘 도와주고 온정적이고 직관력이 있다고 한다. 이 같은 고정관념을 사회성원들의 높은 합의에 의하여 사회적으로 유지된다고 한다(Broveman et al, 1972).

2. 성역할 획득 과정

사람이 태어나서 가장 많이 듣는 말은 아마도 '여자는 이래야 한다. 남자는 그러면 안 된다'는 말일 것이다. 이러한 성역할 사회화는 출생 직후부터 시작되며 가족, 학교, 대중매체 등에 의해 주도된다. 이들은 성역할에 대한 전통적인 고정관념을 가지고 있고, 아이들에게 성정형화된 물리적 환경을 조성하거나 행동을 가르치고 유도한다. 또한 성별에 맞는 행동을 할 경우 보상을 주지만 그렇지 않을 경우에 처벌을 하는 등 상이한 반응양식을 통하여 성별에 맞는 행동이나 태도를 형성하도록 하며, 스스로 성역할 고정관념의 모델로서 기능하기도 한다.

아동의 성역할 획득에 영향을 미치는 요인으로는 가족, 학교, 대중매체, 또래친구, 의사소통 등을 들 수 있다.

1) 가족

가족은 사회의 기본적 단위로 사회의 가치와 규범들을 자녀들에게 전달하는 주요 기관으로서 성역할에 대한 부모의 기대감은 일상생활을 통하여 자녀들에게 자연스럽게 전달된다. 부모들은 아기의 성별에 따라 이름과 입힐 옷과 포대기의 색깔 그리고 아이를 대하는 방법을 다르게 정한다. 일반적으로 태어난 아기가 여아인 경우에 분홍색 계통을 사용하고 남아의 경우는 푸른색 계통의 색깔을 사용한다.

어려서부터 아동에 대한 부모의 기대는 출생 직후부터 시작하여 아동이 성장할 때까지 지속된다. 아들은 씩씩하고 용감하며 책임감 있게 양육되는 반면 딸은 착하고 예쁘게 그리고 온순하게 자라도록 기대된다.

여아는 다른 사람을 도와주거나 다른 사람들과 원만한 관계를 맺을 때 보상이 주어지고, 남아들은 무언가를 성취했을 때 부모의 보상이 뒤따르게 된다. 부모들은 남아에게 자율성을 더 많이 격려하며, 성취와 경쟁과 감정통제 및 규칙 등 남성적인 특성을 발달시키도록 기대한다. 그래서 거칠고 공격적인 행동을 더 장려하며 신체적으로 더 힘든 운동을 시킨다. 여아들이 웃음 짓고 예쁜 짓을 할 때 부모는 기뻐하며 토닥거림으로써 그런 행동을 강화하고, 남아들이 발길질을 하고 손으로 주위에 있는 물건을 던져도 야단을 치지 않으므로 강화된다. 게다가 남녀별로 다른 종류의 장난감을 제공함으로써 남아와 여아가 다른 능력과 취향을 개발하도록 기대한다. 부모들은 남아의 경우 자동차, 로봇, 운동기구, 블록 등을 제공함으로써 과학적이고 창의력이 요구되는 기회를 제공하는 반면에 여아에게는 가족관계를 나타내는 인형, 소꿉놀이 등 대인관계나 가정생활을 중시하는 놀이감을 주로 제공한다. 장난감이나 놀이뿐 아니라 아이들의 방에 있는 가구, 벽지, 이불 등에서도 부모들의 성 고정관념이 반영된다. 즉 남아의 방은 동물이나 로봇을 주제로 한 푸른색 계통으로 장식되는 경우가 많고, 여아의 경우는 꽃과 레이스를 주제로 한 분홍색 계열로 장식되는 경우가 많다(임정빈, 장혜정, 1997).

그리고 아이의 감정표현에 있어서도 부모는 여아의 울음이나 응석 및 도움을 요청하는 일에 대해 관대한 반면에 남아의 경우는 감정을 절제하도록 압력을 행사한다. 그리고 하버드 대학의 연구 결과에 의하면 부모들은 여자아이와 남자아이에게 다르게 행동할 뿐 아니라 말도 다르게 쓴다는 것이다. 부모가 자녀의 직업이나 학업적 성취에 거는 기대 역시 자녀의 성별에 따라 차이가 있다. 아들의 학업과 직업적 성취는 매우 중시되고 격려되는 반면 딸의 학업은 직업적 성취를 위한 기초로 생각하기보다 결혼을 잘하기 위한 수단으로 여기는 경우가 많다.

뿐만 아니라 아들에게는 사회성을 키워주기 위해 외박, 음주, 여행, 귀가시간 등에 있어서 문제제기를 하지 않고 많은 것을 경험하게 하나(김원홍 외, 1999) 딸에게는 이런 문제들에 대해 민감한 반응을 보이며 몸조심을 강조한다.

아이들이 흔히 접하는 동화 속에서도 성 고정관념이 그대로 드러난다. 외래 동화와 우리나라의 전래동화 100여 편을 분석한 결과 남성 주인공은 아들 역할 외에 농부, 어부, 왕, 왕자, 탐험가 등으로 다양하지만 여성 주인공은 딸과 공주 역할이 90% 이상을 차지하였다. 주인공도 남성이 여성보다 3배 이상 많으며 남성은 능동적이고 활동적인 데 비해 여성은 소극적이고 비활동적이며 온순하고 착하며 부지런하고 다정한 성격으로 묘사되어 사회적 역할도 차별이 심하다(이춘아, 1980).

특히 동화는 여성에게 있어서 이성을 만나고 결혼을 하는 과정이 얼마나 단순하고 의존적인가를 그대로 보여준다. 즉 동화 속에 등장하는 여성들은 결혼을 통해 행복에 도달하는데 이렇게 동화 속의 여성상은 흔히 '신데렐라 콤플렉스'를 갖게 하여, 여성이 결혼과 가족생활을 능동적으로 준비하고 수행하기보다 수동적 · 의존적 태도를 갖게 한다.

2) 학교

학교는 가정과 더불어 아동과 청소년의 사회화를 담당하는 중요한 기관으로서, 아이들이 학교에서 경험하는 많은 것들이 성역할 습득과 관련된다. 우리나라는 교육의 평등이나 기회균등이라는 이념을 바탕으로 원칙적으로는 성차별적인 교육을 지양하도록 되어 있고, 과거에 비하면 교육목적이나 교과내용 등에서 상당히 성평등적인 교육이 진행되고 있다고 보여진다. 그러나 남녀에 대한 교사들의 태도, 성불평등적인 학교 조직, 그리고 성 고정관념이 남아있는 교과서 내용을 보면 성역할 사회화는 여전히 차별적으로 진행되고 있다고 여겨진다.

학교교육에서의 성역할 사회화에 관한 연구들은 주로 학교교육의 목적, 교과내용, 교사들의 태도를 중심으로 그 내용을 분석하여 왔다. 우선 교육목적에 나타난 성역할 교육의 실상은 주로 교훈을 통하여 분석되었다. 중·고등학교가 남학교와 여학교로 분리되어 교육되었을 당시의 교훈을 보면 남자학교는 주로 진취성, 자주성과 독립성, 의지와 용기, 적극성, 도전 등의 내용을 담고 있었던 반면, 여자학교는 정숙이나 순결, 착함, 인내와 희생, 협동 등을 교훈으로 하고 있어서 학교교육의 목적 자체가 성역할 고정관념을 강화한다는 비판을 받아 왔다.

교과내용에 나타난 성 고정관념이나 성 차별적인 요소들은 주로 교과서에 등장한 남녀의 비율, 역할이나 성격 혹은 행동특성, 그리고 직업묘사를 중심으로 분석한 결과 초등학교 교과서에 나타난 등장인물의 남녀비율이 압도적으로 남성편향의 경향을 나타내고 있다. 즉 남성의 성격은 용감하다, 훌륭하다, 힘세다 등의 형용사가 사용되고 있고 여성은 착하다, 예쁘다 등으로 표현되고 있다.

교과서에 나타난 남녀의 직업묘사에서도 성역할 고정관념이 그대로 반영되어 있다(정해숙, 1995). 남녀가 같은 직종에 종사하더라도 그 역할이 다르게 표현되고 있다는 점이다. 예를 들어, 경찰관도 남자 경찰관은 위험하고 통솔력이 필요한 역할을 하고 있는 반면, 여자경찰관은 노약자나 아이를 보살피는 역할을 담당하고 있다(최재성 외, 1995). 이와 같은 성별분업적 역할 모델의 배치는 아동과 청소년으로 하여금 미래의 직업에 대한 지침을 제공하는 것으로 여성의 직업은 상당히 한정되어 있고 남을 보살피는 역할과 연관되는 반면, 남성의 직업은 보다 자유롭게 선택할 수 있다는 인식을 갖게 할 것이다.

남녀에 대한 교사의 의식과 태도는 사회의 성 고정관념을 그대로 반영하는 경우가 많다. 초등학교 교사의 경우, 대부분이 여성다움과 남성다움이라는 사회적 성에 따라 행동한다. 즉 교사들은 섬세하고 수동적인 일은 여아에게 시키고 강한 힘이 필요한 경우나 지적인 일은 주로 남아에게 분담시키는 경향이 있다. 중학교 교사의 경우 학생들의 학업 능력에 대한 평가에서 남학생은 수학, 과학 등의 추리능력, 공간지각 능력, 분석 능력이 우수하고 여학생은 국어 등 언어능력, 문장력, 단순암기 능력이 우수하다고 인식하고 있다(한국여성개발원, 1990).

3) 대중매체

성역할의 습득은 대중매체에 의해서도 상당부분 영향을 받는다. 대중매체는 사회의 현실을 정의해 줄 뿐 아니라 사회 안에서 무엇이 중요하고 무엇이 문제인가를 알려줌으로써 사회 구성원들로 하여금 무엇에 대하여 어떻게 생각할 것인가를 결정하게 하는 능력을 갖고 있다. 그리하여 대중매체에서 남녀역할과 관계를 어떻게 정의하고 묘사하는가는 개인의 성역할에 대한 의식 및 행동양식에 영향을 미치게 된다(이경자, 1990).

대중매체는 어린이와 청소년을 포함한 전 계층을 대상으로 공적, 간접적, 일방적으로 다양한 사회정보와 사상을 전달하는 신문, TV, 라디오, 영화, 잡지, CD, 비디오, 화상 전화 등으로 일상생활에 깊숙이 침투해 있다. 중요한 정보획득의 원천으로 성격과 가치관 형성에 중요한 역할을 한다.

대중매체에 나타나는 여성과 남성에 대한 묘사는 양적 및 질적으로 모두 성역할 고정관념을 나타내고 있다. 우선 TV에서 나타난 여성과 남성에 대한 묘사에 있어서 질적인 측면은 양적인 측면보다 더욱 차별적이고 편견적이다. 성 고정관념의 양적인 측면을 보면, 드라마, 코미디, 뉴스 등 TV 프로그램 유형에 관계없이 등장인물의 수를 조사해 보면 여성의 수가 남성보다 매우 낮은 비율을 차지하고 있다. 질적인 측면의 성차별을 어린이 프로그램의 내용, 등장인물의 성격과 행동양식을 통해 분석한 결과, 남자는 적극적이고 자주적인 성격과 용감하고 의리 있는 행동을 보이며 스스로 결정하고 책임 있게 행동하는 반면, 보조 역할의 여자는 자신의 문제를 스스로 극복해 내기보다 남자 주인공의 도움이나 가르침에 의해 행동하는 인물로 묘사된다(오애재 외, 1995). 또한 드라마에 나오는 여성들은 경제적 부담을 떠맡으면서도 매우 전통적이고 고정관념적인 모습으로 그려지고 있다. 전문 직업을 가진 여성이라도 사회활동보다는 애정문제나 가족문제에 더 집착하며, 직업을 갖더라도 남성의 지시를 받는 수동적인 모습으로 묘사되고 있다. 전문직 여성을 묘사한 내용은 매우 제한적이어서, 전문직 여성은 이기적이며, 과부 아니면 노처녀로서 호전적이며 가정적으로는 무능한 사람이거나(이옥 외, 1991), 또한 드라마에서의 비용은 주로 남자가 부담하는 것으로 그려지며, 주로 남자들이 여자에게 선물공세를 퍼붓는 것으로 그려지고 있다. 강인한 여성상이 요구되는 사회에서도 경제적인 부분에서는 남자가 여자보다 중요한 역할을 해야 한다고 믿고 있다(김원홍 외, 1999). 그러나 요즈음 TV드라마에 등장하는 여성들은 과거에 비해 전문직 여성들이 많이 등장하고 있으며, 아주 적극적이고, 지도력이 있는 모습으로 묘사되고 있다. 이는 오늘날 자리 매김을 하고 있는 양성적인 성역할 태도를 반영해주는 것이라고 할 수 있다.

한국언론연구원에서는 국내 5대 일간지를 대상으로 내용을 분석한 결과, 여성관련 기사는 1.5~6%밖에 되지 않아 여성관련 기사가 비중 있게 다루어지지 못하고 있음을 알 수 있다.

만화영화에 나타난 성역할 고정관념을 분석한 결과 첫째, 여성은 소극적이고 의존적이며 수다스럽고 문제해결 능력이 빈약한 반면, 남성은 용감하고 지혜로우며 탁월한 지도력과 문제해결 능력을 보유한 인물로 그려지고 있다. 둘째, 여성은 소유와 흥정의 대상으로서 빼어난 외모로 남성을 유인하는 존재로 묘사되고 있어 여성의 이미지가 왜곡되어 표현되고 있다. 셋째, 여성은 주로 요술봉 등의 비현실적인 기구를 사용하여 초능력을 발휘하는 반면, 남성은 로봇 등을 사용하여 과학적으로 초능력을 사용하는 것으로 묘사되어 있다(주은희, 1996). 또한 만화에 등장하는 여성 주인공의 목소리는 도움이 필요할 정도로 매우 가냘프게 전달되는 반면, 남성 주인공은 매우 씩씩하고 용감한 목소리로 표현되는 경우가 많다.

광고에서도 성역할 고정관념이 심하게 나타나는데, 광고는 여성의 외모 지향적 성향과 성적 대상화를 강조할 뿐 아니라 이것을 기꺼이 수용하여 즐기는 왜곡된 여성상을 제시하고 있다.

이상과 같이 성역할 사회화는 출생 직후 가정에서부터 시작되며, 시간이 지나면서 학교와 사회에 의해 성역할 고정관념적인 학습은 강화된다. 일부 학자들은 차별적인 성역할 사회화 과정과 그 결과에 주목하였다. McGoldrick(1989)은 남성의 발달이 분리와 분화, 독립성과 자율성에 가치를 두고 이루어진다면, 여성의 발달은 보살핌과 애착 그리고 상호의존과 관계에 가치를 두고 이루어진다고 강조하였다. Gilligan(1982)은 남성과는 다른 발달과정을 거친 여성은 관계 속에서 자신을 정의하고, 다른 사람을 보살피는 능력으로 자신을 판단하는 경향이 있다고 하였다. 중요한 점은 성역할 사회화 과정을 통해 습득하게 되는 남성적 특성인 자율적 사고, 합리성, 분명한 의사결정 능력, 그리고 책임 있는 행동은 성숙과 동의어로 사용되는 경우가 많은 반면 여성적 특성인 따뜻함, 표현적임, 그리고 보살핌은 덜 바람직하고 미성숙한 인간의 특성으로 평가절하 되는 경향이 있다(McGoldrick, 1989).

그러나 결혼과 가족생활은 고정관념적인 남성적 역할이나 여성적 역할 가운데 어느 한 가지만을 요구하지 않는다. 건강한 개인이나 가족은 이 두 가지 특성을 균형 있고 조화롭게 갖추고 있다. 따라서 성역할 사회화 과정을 돌아보고 각자 어떠한 특성을 내면화하고 있으며, 또 남성과 여성에 대하여 어떠한 고정관념을 가지고 있는가를 스스로 평가해 볼 필요가 있다.

4) 친구

아동은 친구들과 많은 시간을 보내며 상호작용하기 때문에 아동의 성역할은 친구들에 의해서도 많은 영향을 받는다. 아동기와 청소년기에 이르기까지 아동은 대개 동성의 친구들과의 관계에 몰입하게 되는데, 현대사회에서도 또래문화의 규칙은 일반적으로 고정관념적인 성역할 특성을 강조하는 경향이 있다(Weitz, 1977).

아동기의 남아들은 흔히 운동을 잘하도록 또래집단으로부터 압력을 받기도 하며, 스포츠를 시청하는 것도 또래문화의 대표적인 모습으로 스포츠의 남성문화는 성인기까지 계속된다. 한편 여아들도 운동을 하지만 또래집단과 직접적인 연관은 없으며, 또 여성이 운동을 하지 않는다고 하여 비난을 받지도 않는다.

아동기 동안 또래집단은 성고정관념적인 문화적 가치를 중재하고 때로는 과장한다. 그래서 읽어야 하는 책과 존경해야 하는 인물도 흔히 또래집단의 가치에 맞게 조정된다. 대부분의 경우 아동은 또래들의 비난을 가장 적게 받고 최대의 인정을 받으려고 또래가 인정하는 방식대로 행동하게 된다.

부모로부터 심리적 독립을 시작하는 청소년기는 또래집단의 위력이 더욱 커지게 되어 또래집단이 주요한 행동모델이 된다. 여학생은 신체적 매력, 옷, 인기 등으로 친구들을 매혹시키는 반면에 남학생은 진로와 직업에 대해 진지하게 생각하며, 운동과 학문적 성취가 친구들을 매혹시키는 주요 요인으로 작용한다(임정빈 외, 1997). 동성의 또래집단의 영향은 청년기 이후에 다소 감소하는 경향이 있지만 일생동안 강하게 지속된다.

3. 성역할 정체감

성역할 정체감은 특정 성별에 대해 바람직한 행동이라고 고정관념화된 기준을 개인이 내면화한 정도를 말한다. 즉 사회가 각 성에 적절하다고 인정하는 특성이나 태도 또는 흥미를 개인이 스스로 동일시하는 것이 성역할 정체감이다(임정빈 외, 1997). 대부분의 사회는 여성과 남성에게 바람직한 특성이 무엇인가를 규정하고 있다.

Bem(1975)은 전통적인 고정된 성역할 개념은 개인의 성장을 저해하기 때문에 남녀의 좋은 특성을 자유롭게 표현할 수 있는 양성성 개념을 제시하였다. 양성성 개념에 의하면, 여성들은 정서적이고 온화하며 이해심이 많고 그리고 부드러운 감정을 표현하는 능력을 가지고 있는 동시에 독립적이고 운동을 좋아하며 모험적, 지적, 자신감과 야망이 있으며, 어떤 압력 하에서 견디어 낼 수 있는 인내심을 가진 존재이다. 또한 남성들도 여성적인 특성인 온화함과 양육성을 소유하고 있을 뿐만 아니라 공격적이고 독립적이며 논리적인 남성특성을 공유하고 있다. 정상성인은 전적으로 남성적인 성향이나 여성적인 성향을 갖는 것이 아니며, 유능한 성인일수록 두 가지 성향을 모두 가지고 있어야 한다.

4. 성역할 학습이론

대부분의 학자들이 성역할 발달에 환경이 중요한 역할을 한다는 것에 대해서는 같은 견해를 갖고 있으나 그 구체적인 과정에 대해서는 서로 다른 의견을 보이고 있다. 남성과 여성이 성역할을 습득하는 방법에는 세 가지 주요 이론이 있다.

1) 사회학습이론

행동 심리학의 학파로부터 나온 사회학습이론은 성에 적합한 행동은 보상을 받고, 성에 부적합한 행동은 처벌을 받을 때, 아동은 그들 성에 적합한 행동을 학습한다는 이론이다.

Mischel은 아동은 많은 행동을 주변 인물을 통해 모방하면서 학습한다고 본다. 따라서 행동에서의 성차도 자기 주변에서 남녀가 각각 다르게 행동하는 것을 보고 동일시를 통해서 성역할을 학습한다는 것이다. 자녀들은 부모, 친구, 동료, 이웃의 성인과 대중매체 등의 모방자로서 성인들이 인식하는 것보다 훨씬 강렬하게 그들을 관찰하고 모방한다.

부모는 자신의 성고정관념에 비추어 어린이가 그들 성에 적합한 행동을 하면 칭찬과 보상을 하고, 그렇지 않을 경우에는 질책과 처벌을 한다. 이렇게 어린이는 보상과 처벌이라는 메커니즘을 통하여 남아는 남성다운 행동이 강화되고 여아는 여성다운 행동이 강화된다.

2) 인지발달이론

인지발달이론은 아동의 사고발달과정에 초점을 두며, 인간을 단순히 외부자극에 대한 반응자 또는 무의식적인 동기를 지닌 존재로 보지 않고 아동이 성장해감에 따라 자신의 세계를 능동적으로 구축해 가는 존재로 보는 입장이다.

아동은 사람이 양성으로 구분되며 자신도 이 두 집단 중의 하나에 속해 있음을 인식함으로써 성정체감을 갖는다. 즉 아동은 2~3세 정도가 되면 자신의 성별을 알게 되고 다른 사람들도 여성이나 남성으로 구분 짓기 시작한다. 시간이 지나고 아동의 인지능력이 성장함에 따라 성정체감은 더욱 안정되어 아동은 자신의 성은 변하지 않는다는 것을 믿게 된다. 자신의 성이 영구적인 것임을 알고 나면 자신의 성에 적합한 행동을 하려고 하고, 동성 또래집단과 어울리며 논다. 즉 자신이 인지한 자아개념(나는 소녀다, 나는 소년이다)에 따라 자신과 같은 집단에 합류하여 자신의 성에 알맞은 행동을 발달시키게 된다.

3) 동일시 이론

아이들은 태어나면서부터 부모와의 친밀한 관계 속에서 성역할을 배우게 된다. Freud(1933)에 의하면 아동은 두려움으로부터 벗어나려고 동성의 부모를 동일시한다. 즉 어머니가 사랑을 해주지 않을지도 모른다는 두려움 때문에 아이들은 엄마를 기쁘게 하거나 엄마의 사랑을 계속 받기 위해 엄마처럼 되려고 한다. 그러다가 엄마를 향한 동일시는 변화하여 4세경 남아는 오이디프스 컴플렉스(oedipus complex), 여아는 일렉트라 컴플렉스(electra complex) 과정을 경험하게 된다. 어린 소년의 경우 자신은 페니스를 갖고 있지만, 엄마에게는 없다는 것을 알게 됨으로써 엄마에 대한 성적인 느낌에 눈뜨게 된다. 그러나 그 소년은 무의식적으로 아버지가 엄마에 대한 자신의 애정을 알게 되면 아버지가 자신을 거세할지도 모른다는 두려움 때문에 갈등을 느낀다. 이와 같은 오이디프스 갈등을 해결하기 위해 아버지를 동일시하여 아버지처럼 행동함으로서 자부심을 느끼면서 자신에게 적합한 성역할을 시작한다. 한편 여아는 4세경 일렉트라 콤플렉스를 경험하다. 여아는 페니스가 없다는 것을 알게 되는데 이것은 어머니 때문이라고 생각하며 이를 보복하기 위해 아버지에게로 집중한다. 아버지로부터 사랑을 얻기 위해 자신은 어머니처럼 행동해야 한다고 믿고, 어머니를 동일시하면서 성역할을 시작하게 된다.

5. 변화하는 성역할

1) 양성적 성역할

양성성(androgyny)이란 한 개인이 남성적 특성과 여성적 특성을 함께 가지고 있는 상태를 말하는데, 고정관념적인 정체감 유형인 남성성,

여성성의 개념에 대한 대안으로서 Bem이 소개하였다. Bem(1965)은 정상적인 성인은 전적으로 남성적 성향이나 여성적 성향만을 갖는 것이 아니기 때문에 보다 유능하고 적응을 잘하는 성인일수록 여성성과 남성성을 적절하게 조합할 수 있는 양성적 성역할을 잘 수행하고 있다고 주장하였다. 전통적인 양극단적 성역할에 도전하는 양성적 성역할은 남성과 여성이 개인의 생물학적 성보다는 오히려 기질이나 상황 및 개인이 갖고 있는 인성에 따라 그들의 정서를 자유롭게 표현하고 행동을 선택할 수 있다는 것을 기본으로 하고 있다. 양성적 성역할은 융통성과 성역할의 통합을 꾀하는 특성 때문에 심리적으로 건강한 성역할을 지향하고 있다.

우리나라의 양성에 대한 보고서에 의하면, 남성적 특성과 여성적 특성을 고루 갖춘 양성형 남성과 여성이 크게 늘었다고 한다. 17~39세 남녀 300명을 대상으로 조사한 결과 양성형으로 분류된 남성은 66.7%, 여성은 57.3%였고, 남성형 남성은 20.0%, 여성형 여성은 29.3%에 불과했으며, 이러한 경향은 연령이 낮아질수록 강하게 나타났다. 이는 상당수가 자신의 성이 지닌 장점과 더불어 이성의 장점을 추구하고 있음을 반영하고 있다(조선일보, 2004. 12. 27)

2) 평등주의적 성역할

현대의 성역할은 극단을 보였던 전통적인 성역할에서 점차 벗어나서 평등주의적인 성역할로 대체되고 있다. 비록 변화의 속도는 동양과 서양에서 서로 차이를 보이고는 있지만 전통적인 성역할에서 평등주의적인 성역할로의 이동은 이제 당연시되고 가속화되는 추세에 있다. 물론 여성이 남성보다 더 많이 평등주의적 성역할을 지향하는 것은 사실이다. 남성은 이러한 성역할의 변화에 소극적이거나 때로는 저항적이지만 변할 수밖에 없는 현실에 따르지 않을 수 없다.

현대 가정은 자녀수가 적어지고 취업모가 늘어남에 따라 예전의 가정에서와는 달리 여성들이 가정 내에서 보다 큰 힘을 갖게 되었다.

이와 같이 여성의 사회활동은 남성과 동등한 의사결정권을 가질 수 있도록 하는 데 커다란 역할을 하였다. 따라서 전통사회에서는 여성의 역할로만 간주되어 왔던 가사노동과 아동양육에 참여하는 남성들이 계속해서 증가하고 있다.

〈연구문제〉

1. 타고난 성의 반대로 살고 싶을 때가 있는가?
2. 부모의 성역할을 보고 마음에 들지 않을 때는 언제인가?

제5장 | 이성교제와 배우자 선택

1. 이성교제의 기능과 문제점

1) 이성교제의 의의와 배경

인간은 일정한 연령에 도달하게 되면 자아의식이 발달하면서 이성에 대해 새로운 흥미와 관심을 가지게 되고 이에 따라 자신의 관심을 표현할 대상자를 찾기 위해 이성교제를 시작하게 된다. 이는 매우 자연스런 현상이라고 할 수 있다.

사회적 관심에서 볼 때는 성숙한 남성과 여성들이 만나서 서로의 상호작용을 통해 자신과는 다른 이성을 관찰할 수 있는 기회를 갖고 가벼운 교제에서부터 배우자 선택에 이르기까지의 역할을 수행한다. 결혼 이전의 성인기에 이성과 친밀한 관계를 맺는 방법을 익히고 실행하는 것은 중요한 발달과업으로서, 부부관계 및 부모됨과 직결되는 과정이라 할 수 있다.

산업화 이후에 배우자의 선택이나 결혼이 부모나 친족에 의해 결정되었던 구혼제도에 많은 변화를 가져왔다. 가정에서 어머니를 도와 가사와 육아에만 종사해 왔던 미혼 여성들이 취업을 위해 자신들의 활동무대를 옮기게 됨으로써 가정 밖에서 남성들과의 접촉이 빈번해졌고 결과적으로 부모의 통제에서 점차적으로 벗어나 데이트에 더 많은 시간을 보낼 수 있게 되었다.

20세기의 교통과 통신의 발달, 대중매체의 발달은 남녀의 접촉을 보다 쉽게 만들어 이성교제와 배우자의 선택이 본인의 권한으로 변화해 가고 있다. 즉 개인의 권리를 최대한 존중받고 자신의 행복을 추구할 자유를 인정받고자 하는 자유주의적 결혼관으로 변화되어 가고 있다.

데이트의 풍속도도 사회 변화와 문화 발달에 따라 변화해 가고 있는데 전통 사회에서 남성은 자신이 데이트를 주도해야만 한다는 압박감에 긴장하며, 여성은 데이트 신청을 기다리며 남성에 대한 관심 표현은 간접적이고 수동적이었다. 데이트 비용도 남자들의 부담이었고 여성은 그 대가로 남성들을 즐겁게 해 주려고 노력하였다. 그러나 평등주의적 성역할로 바뀌어 감에 따라 동등성과 상호성 그리고 공유를 전제로 하는 데이트로 많은 변화를 가져왔다.

2) 이성교제의 기능

이성교제는 이성을 알게 되는 자연스런 과정으로 이성에 대한 관심을 구체화시켜 사랑의 기쁨을 느끼게 하고, 서로의 인격을 존중해 나가면서 삶의 의미를 찾을 수 있게 하는 기능을 한다. 원만한 이성교제는 비록 배우자의 선택과는 무관하게 시작되었다고 할지라도 인격 성장과 인간관계의 적응을 보다 원활하게 하는 사회화의 기능이나, 오락 및 배우자 선택의 기능 등 여러 가지 기능을 수행한다.

이성과 친밀한 관계를 맺고 유지하는 것은 단순히 감정적으로 사랑한다는 느낌을 갖는 것보다 훨씬 더 복잡하고 많은 노력을 요구하는 과정이다. 이성과 가까워지는 과정, 실망과 갈등이 있을 때 이를 해결하고 극복하는 방법 등을 익히지 못하면, 미래의 배우자와 친밀한 관계를 맺고 유지하기가 어려우며 원만한 결혼생활을 영위하고 자녀에게 안정된 정서적 환경을 제공하는 데 많은 어려움을 가져올 것이다.

따라서 건전한 이성관계를 맺고 지속시키는 방법에 대해서 배우는 것은 정신적, 신체적인 면에서 건강하고 성숙된 성인으로 장차 훌륭한 부모가 되는 기반이 된다.

(1) 인격 성장의 기능

두 남녀의 교제로 인한 상호작용을 통해 내가 어떤 사람인가를 알게 해 주어 결국 자신과 상대방의 행위가 서로에게 어떤 영향을 미치는가를 깨닫게 해서 자신에 대한 자아평가와 자아의식을 성숙시키게 된다. 따라서 대인관계에서 더욱 의식적이고도 자제하는 반응과 인식의 변화를 가져오게 한다. 다시 말해서 이성교제를 통해 자신의 장점과 단점을 알게 되면 사회에서 기대하는 인격체로서의 성장이 가능하고 정서적 안정과 자아의식을 발달시켜 정상적인 인격성장을 도모하게 한다.

(2) 사회화의 기능

사회가 성인 남녀에게 기대하는 사회구성원으로서의 역할에 대해서 두 남녀 간의 교제는 각 성에 대한 이해를 보다 수월하게 하여 그들과 잘 지낼 수 있는 방법을 학습하게 한다. 즉 성역할과 퍼스낼리티가 다른 이성과의 상호작용 관계를 통해 동성에게서는 얻을 수 없는 다양한 역할을 학습함으로써 의사소통 능력과 다른 사회적 기술을 개선시키고 사회적 매력을 증대시키며 친밀한 상호작용의 증진으로 기본적인 사회생활의 훈련을 가능하게 만든다.

이성을 잘 이해하게 됨으로써 성인 남녀는 사회에서 용납되는 방식으로 자신의 행동과 사고방식을 조절하고 통제하게 되며 대인관계에서의 원만한 적응과 함께 이성이나 사랑에 대해 막연한 기대를 하는 비현실적인 사고를 보다 현실적인 사고로 승화시킨다.

(3) 오락의 기능

데이트나 남녀의 모임은 여성과 남성 모두에게 즐거움과 생활의 활력을 제공한다. 배우자 선택의 가정을 내포하고 있지 않다 하더라도 단지 젊은 남녀가 여가를 함께 하는 것만으로도 즐거운 레크리에이션이다.

(4) 배우자 선택의 기능

이성교제의 궁극적인 목적은 배우자 선택이라고 할 수 있다. 결혼을 원하는 사람들에게 있어서 데이트는 유사한 생각이나 희망했던 특성을 지닌 사람을 발견하는 과정이라 할 수 있다. 즉 데이트는 구혼과정의 시작으로 자신에게 적절한 배우자를 찾아내는 효과적인 방법이다. 바람직한 이성교제는 바람직한 부부관계의 기초가 된다. 자기가 어떤 사람들과 어울려 살고, 특히 어떤 유형의 사람을 배우자로 선택할 것인지를 탐색하는 폭넓은 이성교제는 인격적으로 서로 조화를 잘 이룰 수 있는 배우자 선택을 가능하게 해 준다.

3) 이성교제의 문제점과 개선방안

이성교제를 시작했다는 것은 자신의 감정을 현실화시킬 만큼 대인관계 능력이 있고, 아울러 가족이 아닌 누군가의 사랑을 받을 만큼 매력을 갖추었다고 할 수 있다. 더욱이 배우자 선택의 기초로서의 역할을 하는 이성교제는 오히려 바람직한 과정이다.

(1) 부모의 간섭

오늘날 자녀들은 자신의 데이트에 대하여 부모에게 말하는 것을 매우 조심스러워한다. 그러나 만약 부모가 어떤 사람과 데이트하는 것을 원치 않는다면, 왜 부모가 반대하는가 하는 문제와 상대를 계속 만날 것인지 아닌지를 분리해서 생각하는 것이 좋다. 부모들은 자녀들을 아주 잘 알고 자녀가 잘되기를 바라고 있다.

사실 부모세대들은 이성교제에 대한 경험을 많이 해보지 못한 세대들이기 때문에 자녀들의 이성교제에 대해서 무조건 제약하고 부모가 원하는 상대가 아닐 때 교제를 원천 봉쇄하려고 한다. 부모와 허심탄회하고 진솔한 대화로 폭넓고 바람직한 이성관을 키우고 가장 적합한 배우자 선택이 될 수 있는 기회를 가져야 한다.

(2) 남녀 당사자들이 느끼는 문제점

데이트는 남녀 모두에게 여러 가지 문제를 가져온다. Knox와 Wilson(1983)은 데이트에서 발생되는 여러 문제점을 확인하였다(김정옥 외, 1997).

원치 않는 성적 행동과 관련된 압력은 여대생들이 가장 빈번하게 보고하는 문제로서, 두 사람 간의 감정적인 관계가 발전되기 이전에 성관계가 문제된다고 느꼈다. 따라서 여기에서 비롯되는 여학생들의 딜레마는 교제하는 남자와의 성적인 진행을 늦추면서, 자신에게 다음 데이트를 신청하도록 관심을 표현해야만 한다는 것이다.

남성의 35%, 여성의 20%가 데이트 상대와의 커뮤니케이션을 문제점으로 생각한다. 한 커플이 시간을 보내는 장소와는 상관없이 파트너에게 무엇을 말하고 어떻게 말해야 된다는 것을 아는 것은 아주 중요한 요소이다. 불편감을 느끼는 것은 파트너의 관심사가 서로 다르거나 상대방의 대화 내용이 지루할 때는 더욱 그렇다. 질투와 수줍음도 문제가 된다. 데이트 장소도 문제가 되는데, 이미 정서적 관계가 형성된 사람들에게는 큰 문제가 아니지만 데이트를 처음 시작한 사람들에게는 문제가 되었다.

데이트 비용도 남녀 모두에게 문제가 되고 있는데 요즘에는 여성들도 데이트 비용 일부를 지불하고 있지만, 아직까지는 남성들이 비용 지불을 자신의 역할로 받아들이고 있는 것 같다.

〈표 5-1〉 이성교제 시 대학생이 느끼는 문제점

대학생이 보는 문제점	남자	여자
성적 행동과 관련된 원치 않는 압력	-	23
데이트 장소	23	22
커뮤니케이션	35	20
성적인 오해	-	13
데이트 비용	17	9

대학생이 보는 문제점	남자	여자
수줍음	20	-
정직성 / 개방성	8	-

(3) 이성교제의 기타 기술적 문제

이성교제를 하고 있는 젊은이들이 가장 많이 하는 고민 중의 하나는 어느 정도에서 신체적 접촉을 제한할 것인가의 문제로 결혼 전의 성행위 통제에 대한 것이다. 데이트에 있어서 각 파트너가 느끼는 부분에 더 솔직해지는 것은 중요한 문제다. 또 다른 문제로는 자신의 생활을 유지할 수 없을 정도로 한 사람에 집착된 이성교제로 인해 건전한 인격체의 만남이 되지 않고, 개인에 따라서는 파트너에 대한 열등감을 느끼기도 한다. 한편으로 이성교제가 유희적 행동이나 쾌락만을 추구하는 일시적 만남으로 끝날 경우 한쪽 파트너가 두 사람 간의 관계 발전을 진지하게 생각하고 교제를 한 경우에는 상처를 입기도 한다.

이와 같이 우리나라의 미혼 남녀들은 이성교제 훈련이 잘 되어 있지 않기 때문에 데이트 방법이 서툴며 냉정함을 잃고 경솔한 판단을 내리기 쉽다.

2. 이성 친구의 선택

1) 파트너 찾기

데이트는 자신이 원하는 파트너를 찾아내서 선택하는 것으로부터 시작된다. 데이트 상대를 만나고 찾기 위한 동기가 사람마다 서로 다르듯이 상대를 구하는 방법 역시 다양하다.

미혼을 대상으로, 데이트 할 사람들을 어느 곳에서 어떻게 만났는지를 조사한 결과 〈표 5-2〉를 보면, 이들은 대부분 데이트 상대를 만나는 장소로서 직장이나 학업장소를 지적했다. 또한 취미활동을 즐기거나 밖에서 작업할 때 다른 사람들과의 만남을 통해서도 이루어진다. 동성친구들 역시 새로운 데이트 상대를 만나도록 하거나 이어주는 중요한 역할을 한다(Austrom & Hanel, 1985).

일반적으로 남자들이 데이트 관계를 먼저 유도하지만, 남자들과 만나기를 원하는 여성들이라면 남성이 자신에게 데이트를 청하도록 행동해야 한다. 독신자 주점에서의 행동 연구에 의하면, 여성들이 더 자주 유혹하는 행동으로 자신이 상대해주겠다는 의사를 보여줄수록 남성들의 접근이 더 많아진다(Moore, 1985).

〈표 5-2〉 데이트 장소

만남의 장소	여성	남성
작업이나 공부하는 장소	53	38
취미활동이나 스포츠클럽	41	33
공공의 친구	38	34
파티	34	36
야간수업	20	10
독신자 주점	18	24

자료 : Austrom & Hanel(1985)

2) 대인매력에 영향을 미치는 요인

(1) 신체적 매력

신체적 매력이 갖는 효과는 자신을 비롯한 데이트 상대 모두가 아름답거나 잘생길 수 없기 때문에 많은 문제를 야기한다.

짝짓기 가설(matching hypothesis)에 의하면, 비슷한 수준의 신체적 매력을 지닌 사람들이 서로에게 끌린다고 한다. 이러한 짝짓기는 사람들을 서로 끌리게 하는 것 외에도 신체적 매력 차원의 관계를 좀 더 진전시킨다.

신체적으로 매력적인 사람들에게 끌리는 수많은 이유 중 한 가지는 바람직한 특성을 잘생긴 사람에게 귀인 시키는 일종의 후광효과(halo effect)의 영향 때문이다. 즉 매력적인 사람은 그렇지 못한 사람에 비해 재미있고, 지적이고, 능력 있고, 유쾌한 사람으로 보이는 경향을 가지고 있다.

잘생긴 남녀에게 끌리는 두 번째 이유는 그들과의 교제가 타인으로 하여금 자신의 수준을 높이 평가하게 한다는 점인데, 남성은 미모의 여성을 동반하고 있을 때 훨씬 더 유능한 것으로 간주된다는 점을 발견했다(Sigall & Landy, 1974).

(2) 바람직한 성격 특성

성격 특성도 대인매력에 영향을 미치는 요인이다. 특정 개인이 말많고 기만적이며 불쾌한 사람으로 보이는 것보다는 성실하고 정직하며 의존할 만한 사람으로 묘사되었을 때 가상적 인물에 대한 피험자의 호감도 평정이 훨씬 높았다(Anderson, 1968).

〈표 5-3〉은 성격특징의 호감도에 관한 연구 결과이다. 이들 평정은 우리가 가치 있게 평가하는 타인의 개인적인 속성에 관한 통찰력을 제시해 준다.

〈표 5-3〉 성격특징의 호감도

순위	특성	순위	특성	순위	특성	순위	특성
1	성실한	6	신뢰할 수 있는	11	현명한	16	따뜻한
2	정직한	7	지적인	12	동정심이 많은	17	열심인
3	이해심있는	8	의존할 만한	13	사람이 좋은	18	친절한
4	충실한	9	개방적인	14	믿을 만한	19	다정한
5	진실한	10	사려깊은	15	성숙한	20	자상한

자료 : Anderson(1968).

(3) 지능과 능력 및 지위

일반적으로 사람들은 총명하고 능력 있는 사람을 좋아하는데 상당수의 사람들이 이상적인 배우자의 필수적인 특징으로 지능과 직무상의 성공을 강조하기도 한다.

사회적 지위도 인기의 중요한 결정요인이다. 초등학교 수준에서조차도, 아이들은 인기 있는 친구와 사귀려는 경향이 있다. 여대생들에게 데이트 상대로 남성을 선택하게 했을 때 의사나 변호사 등 높은 신분의 직종에 있는 남성을 선호했다. 매력적인 여성일수록 데이트 상대는 높은 신분을 선호하였다.

(4) 근접성

분명히 물리적 근접성(proximity)은 두 사람이 서로 매력적일 수 있는 가능성이 크다. 비록 현대 사회의 점증하는 지리적 유동성이 근접성의 중요성을 감소시킬지 모르지만, 이웃에서 성장한 사람과 결혼할 가능성이 높다(Ineichen, 1979).

(5) 유사성과 상보성

결혼한 쌍 및 데이트 쌍은 연령, 인종, 종교, 사회적 지위, 교육, 지능, 신체적 매력 그리고 태도 등이 유사한 경향이 있다(Rubin, 1973). 비교적 유사한 사람들이 서로 결혼하는 경향을 동류결혼(homogamy)이라고 부른다.

사람들이 서로 상호작용을 하면서 누군가와 의견이 일치할 때 즐겁고 강화된다. 그러한 강화 경험은 자신과 유사한 사람과 연계되어 있을 때 더욱 커진다. 사람들은 일반적으로 타인에게 수용되고자 하기 때문에 상대에게 잘 받아들여지고 거부의 가능성이 적다는 기대감으로 유사한 사람에게 끌릴 것이다. 그래서 데이트할 때에도 신체적 매력이 비슷한 상대를 선호하며, 비슷한 태도와 가치를 갖는 사람을 좋아한다.

상반되는 사람이 서로 끌린다는 개념은 매력의 유사성 효과와 상반되는 듯이 보이는데, 사실상 겉으로 드러난 모순은 피상적이며 유사성 경향은 상보관계 속에서 동시에 일어날 수 있다. 예컨대, 지배적이고 복종적인 부부가 상반된 서로의 성격에 이끌려 결혼을 했지만, 종교나 사회경제적 계층, 정치적인 태도 그리고 오락적인 기회 등은 매우 유사할 수 있음을 의미한다.

(6) 호혜성

호혜성(reciprocity)에 관한 증거로, 사람들은 자기를 좋아하는 사람을 좋아하고 자신이 타인을 좋아하면 그들이 자신을 좋아하는 것으로 보는 경향이 있다(Berscheid & Walster, 1978). 따라서 호감이 호감을 증진시키고, 사랑은 사랑을 증진시키는 상호작용이 있다.

(7) 자기지각

사람들은 자신의 행동으로부터 태도 및 동기를 추론함으로써 자신을 이해하려고 한다(Bem, 1972). Valins(1966)는 자기지각 노력이 매력에 중요한 역할을 한다고 하였다. 그의 연구에서 남성 피험자의 실험과제는 반나체의 여성 사진을 보는 것이었다. 각 피험자의 가슴에 마이크로폰을 부착시켜 증폭된 심장박동을 들을 수 있도록 하여 남자 피험자들에게 슬라이드로 본 여러 여성들의 매력을 평가하게 했을 때, 남성들은 그들의 심장박동에 분명한 영향을 준 여성에게 가장 끌렸다고 지적했다.

(8) 자기존중감

사회적 교환이론(social exchange theory)은 대인관계가 당사자들 간의 공정한 교환에 기초한다고 가정한다. 예컨대, 뚱뚱하고 못생겼지만 매우 부유한 늙은 사람과 데이트를 하는 아름다운 젊은 여성의 사례를 통해 쉽게 이해할 수 있다.

또한 사회적 교환이론은 사람들의 자기존중감 수준이 어떤 특정인에게 이끌리는 경향을 가져오는 데 영향을 미친다. 낮은 자기존중감을 가지고 있는 사람은 이성으로부터 비교적 시장가치가 낮게 평가받기 쉽다. Kiesler와 Baral(1970)은 자기존중감의 피험자이 낮은 사람은 자기존중감이 높은 사람보다 덜 매력적인 데이트 상대를 선택했음을 발견했다. 즉, 자신에게 긍정적 자기개념을 가진 사람은 자신에게 부정적인 자기개념을 가진 사람에 비해 좀 더 넓은 선택의 범위를 가진다.

3. 이성관계의 발달

1) 이성교제의 단계

(1) 자유교제(group or random date)

이성교제에 익숙하지 않은 사람들이 처음 시작하는 이성교제의 첫 단계로서, 혼자서 만나기에 자신이 없으므로 여러 사람이 함께 참여하는 그룹데이트와 학창시절에 많이 하는 미팅 및 특정 상대를 정하지 않고 자유롭게 서로 부담 없이 이성과 교제를 하는 것을 말한다. 자신에 대한 정보노출이나 교환을 많이 하지 않는 것이 특징으로 서로에 대해 신비감을 간직한 채 서로가 느끼는 호감이나 매력의 정도에 따라 교제를 계속할 것인지의 여부를 결정하기도 하는데, 친구나 선배, 부모 및 친척이 다소 관여하는 경우가 많다.

(2) 지속적 교제(steady date)

많은 데이트 상대자 중 자기가 가장 매력을 느끼는 사람과 고정적으로 만나게 되는 데이트를 말한다. 한 사람과의 이성교제를 통해 상대방에 대해 좀 더 잘 알게 되고 애정을 느끼기도 한다. 따라서 단순히 오락적인 관계에서 벗어나 책임감을 느끼고 상대방과 협조하는 긍정적인 태도를 가진다. 더 나아가서는 서로의 가능성과 장래를 고려하기도 하며 상대에 대해 현실적이고 객관적으로 평가한다. 이 단계에서는 심리적인 안정감을 얻게 되고 자아욕구의 충족을 가져올 수 있다.

(3) 결정적 교제(pinning date)

고정된 이성과의 데이트가 서로의 관심 속에 만족스럽게 진행되면 마침내 '장차 결혼을 할 것이다'는 생각을 하게 된다. 따라서 프로포즈를 하고 서로 구속적인 단계로 접어들게 되면서 결혼을 준비하는 시기로서, 결혼과 관련된 사항에 대해 진지한 의견교환이 이루어진다. 이 시기에는 상대방의 가족이나 친지들과도 친숙해지게 되고 육체적인 친밀감도 깊어지는 시기다.

2) 자기노출과 친밀감의 형성

친밀감은 오랜 교제로 인해 형성되는 친근한 관계를 말하는 것으로, 상대방을 얼마만큼 좋아하고 편안하게 생각하느냐에 따라 자기개방을 하게 만든다.

사적인 정보를 타인에게 개방하는 자기노출(self-disclosure)은 타인과의 표면적이고 형식적인 의사소통과는 달리, 깊고 개인적이며 의미 있는 의사소통을 의미한다. 따라서 자기노출은 우정뿐만 아니라 더욱 친밀한 관계를 형성시키는 중요한 요인이다. 누군가가 특정인에 대해 알기를 원한다면 서로 상대방에게 기꺼이 자신에 대한 정보를 노출해야 하며 이것은 상호적인 자기노출을 필요로 한다. 그러나 자기정보에 대한 노출로 상대방의 거부나 거절을 가져오기도 하기 때문에 위험스럽기는 하지만 잠재적 보상이 크기 때문에 상당한 가치를 지닌다.

자기노출은 복잡한 상황적 결정요인에 의존하는데 일반적으로 사람들은 자신의 기본 정보(거주지, 나이, 교육수준)는 다소 쉽게 노출하지만 자신의 독특한 정보의 노출에 대해서는 상당히 꺼리며(Aleman & Taylor, 1973), 자신이 좋아하는 사람과 잘 아는 사람에게 노출하려는 경향이 있다.

자기노출의 수준을 5단계로 나누어 살펴보면 다음과 같다.

① 1단계 : 상대방과 의식적으로 거리를 두려고 하며, 자신의 감정이나 성격에 관한 정보를 아무것도 노출하지 않는다.

② 2단계 : 상대방에 대해 의식적인 거리를 두지는 않지만 자발적으로 자신에 관한 정보를 노출시키지 않는다. 여기에서 상대방과 교환하는 정보에 구체적인 정보를 제외시킨다.

③ 3단계 : 상대방에게 노출하는 정보는 여전히 모호하며 자신의 독특성에 대한 정보는 별로 나타나지 않고 상대방의 반응에만 대응하는 정도다.

④ 4단계 : 상대방의 관심이나 흥미에 부응하도록 자신의 개인 정보 및 생각, 태도에 관해 자발적으로 전달하게 된다. 친근감이 형성되고 신뢰감으로 인해 자신의 독특성에 대한 정보도 노출하게 된다.

⑤ 5단계 : 상대방의 요구에 맞게 자신의 성격이나 감정 및 생각을 거의 자발적으로 노출한다. 상대방이 가진 부정적인 정보도 서로의 의사소통과 노출로 감정을 건설적인 방향으로 변화시키려는 태도를 지닌다.

이와 같이 자기노출을 하는 두 사람은 자신을 노출하면 할수록 서로 좋아하게 되는 경향이 있다. 그러나 서로의 노출로 상대방이 가진 상이점이나 상대방에게 받는 부담감으로 인해서 갈등을 겪게 되면 관계가 더 나빠질 수도 있다. 아무리 친밀한 관계라도 서로 다름에서 오는 불편함과 갈등은 불가피하나 서로 조화를 이루는 것이 중요하다.

상대방의 입장에서 타인을 이해하려는 감정이입적 태도는 상대가 자신을 있는 그대로 표현하게 하여 쌍방이 보다 덜 방어적으로 신뢰와 수용하는 자세를 갖게 만든다. 따라서 친밀감을 형성시키기 위해서는 서로가 상대방의 욕구를 잘 인지하여 그에 부응하도록 자신을 변화시키는 것도 필요하다. 친밀한 관계에 영향을 주는 요인들은 인간관계의 증진에 유익한 자료로 역할을 하기 때문에 이에 대한 올바른 인식이 필요하다.

친밀한 관계는 각자가 서로의 관계에서 인격적인 성장에 도움이 되는 관계를 유지할 수 있느냐, 즉 기본적인 신뢰감 속에 애정을 가지고 각자 고유 영역을 유지하면서 서로를 긍정할 수 있고 보다 균형적이고 수용적인 분위기를 조성할 수 있느냐의 문제를 놓고 상호관계의 성숙 정도를 평가해 볼 수 있다.

결과적으로 친밀한 사람들은 서로 자신의 정보를 털어놓는데, 사랑하는 사람이나 매우 가까운 친구들에게는 개인적인 정보 즉 내력, 장단점, 특이사항, 희망, 공포, 가치관에 대한 정보를 나누게 된다. 서로에 대해 배려와 세심한 관심을 가지고 서로를 진정으로 아끼고 사랑하게 된다. 또한 신체적 근접성에서도 서로를 편안해 하고 이를 기꺼이 받아들인다.

3) 관계의 해체

대인관계나 이성관계에서 묘사되었던 장밋빛 관계 발전의 모습은 실상의 일부에 불과하다. 많은 관계들은 흔히 갖가지 양식으로 잘못되어가며 이는 서로 상당한 고통을 느낀다. 이와 같은 고통이 생기는 데는 많은 원인들이 있을 수 있다. 다른 상황에서 유능하더라도 그 관계에서 잘못될 수 있거나, 외부 요인들이 이 관계를 혼란시킬 수 있다.

Duck의 관계해체이론의 첫 단계인 붕괴단계에서 파트너들은 진행되어가고 있는 관계에 대해 고통을 느껴감에 따라 파트너와의 관계에 대해 집중적으로 곰곰이 생각하는 특징이 있는 정신내적 단계를 가져온다. 이 시점에서는 상대 파트너에게 정보전달이 되지 않는다. 고민은 비밀로 유지되거나 일기나 비교적 익명의 다른 사람들과 나눠지게 된다. 일단 그 관계에 대해 어떤 조치를 취하기로 결심하게 되면, 그 파트너와 직면하여 문제를 처리해야 한다. 그러나 사람들은 자기 파트너에게 말없이 또는 자신의 퇴장에 대한 상황을 둘러대면서 관계를 철회하기도 한다(Baxter, 1984). 예컨대, 그들은 '전화할게요'라고 말하고서 전화하지 않거나 접촉하지 않는다.

둘째 단계는 파트너들이 대면해서 관계에 대한 자신의 느낌들을 철 이야기하고 장래의 방침을 결정하는 단계이다. 만일 그들이 파탄하기로 결정한다고 가정하면 그들은 사회적 단계로 신속하게 이동한다. 이때에 각 파트너들은 다른 사람에게 자신의 결심을 이야기하고 자신의 주장에 대해 다소의 지원을 구해야만 한다. 다른 사람들이 자신의 결정에 동의하거나 자신을 이해해주고 지지하는 것이 필요하다. 그들은 관계의 결함에 대한 이야기를 들어주고 상대의 입장을 지원해 줄 수 있다.

셋째 단계는 무덤치장 단계이다. 일단 관계가 사멸하게 되면 사람들은 그 관계를 훌륭하고도 품위 있게, 그 관계가 어떻게 탄생했고 어떤 모습이었으며 왜 사멸했는가를 타인들에게 알리는 비석을 갖추고서 묻어야만 한다. 사람들은 자신들의 관계의 내력에 관한 설명서를 만들어야 하며, 다른 사람들이 이것을 볼 수 있도록 말하고 다니며, 이를 인정받고자 한다.

보통 사람들은 자신의 사회적 연결망들 속의 멤버들의 지지를 적극적으로 얻어내며 자신의 파트너에 관해서 이야기함으로써 사회적 단계와 무덤장치 단계를 수행해 나간다. 자신과 자신의 파트너가 함께 만나도록 도와줄 수 있는 중재인들을 찾기도 하고, 단지 어떤 사람이 후원해주고 파탄과 그 원인들에 대한 자신의 견해를 널리 알려주기를 바라기도 한다.

우리는 그동안 실망을 겪어왔다거나 비합리적인 괴짜나 비합리적인 파트너로 인해 곤란을 당했다는 평판을 남겨 놓고서 떠나야만 된다. '나는 잘 해 보려고 애썼는데도 그렇게 되지 않았기 때문에 그만 두었다.'라고 말하는 것은 사회적으로 인정받을 수 있다. 해명들은 흔히 이를 완료하는 데에 필수적인 마무리 활동에 도움을 준다(Harvey et al, 1982).

〈표 5-4〉 개인적 관계들의 해체단계들에 관한 개요

해체단계		한계점
붕괴단계	관계에 대한 불만족	나는 더 이상 참을 수 없다
정신내적 단계	파트너의 행동에 대해 개인적으로 집중함	나는 철수하는 것이 합당할 것이다
	파트너의 역할수행의 적절성을 평가함	
	관계를 유지하는 것이 갖는 부정적 측면들을 기술하고 평가함	
	철수에 수반되는 부담들을 고려함	
	대안적 관계들의 긍정적 측면들을 평가함	
	표현 / 억제의 딜레마에 봉착함	
이자간 단계	대결 / 회피의 딜레마에 봉착함	나는 이렇게 할 작정이다
	'우리의 관계에 관한 대화'속에서 협상함	
	파트너와 대결함	
	개선과 화해를 시도함	
	철수나 감소된 친밀성에 수반되는 공동부담들을 평가함	
사회적 단계	파트너와 해체 이후의 상태를 협상함	이제는 불가피하다
	사회적 연결망 내에서 뒷공론과 토론을 개시함	
	공개적으로 협상 가능한 체면유지적 / 탓을 돌리는 이야기들과 해명들을 내놓음	
	만일 있다면 함축된 사회적 연결망의 영향들을 고려하고 당면함	
	중재팀들을 초청함	
무덤치장 단계	마무리 활동을 함	
	관계의 사후의 귀인을 재공식화함	
	파탄의 내력이나 이야기에 대한 자신의 견해를 공식적으로 배포함	

자료 : Duck(1982)

4) 데이트 성폭력

데이트 성폭력은 10대에서 20대에 집중적으로 일어나지만, 30대나 40대, 50대에서도 일어난다. 일반적으로 데이트 성폭력은 이성과 계획된 만남을 갖는 도중에 일어나는 성폭력을 말한다.

그러나 데이트 성폭력은 한 인간으로서 존중받아야 할 데이트 상대의 몸과 믿음에 대한 폭력이다. 이때 사용되는 폭력은 물리적인 힘이나 흉기뿐만 아니라 심리적인 위협, 위압적인 목소리도 포함될 수 있다. 일반 성폭력이나 성추행과는 다르게 데이트 성폭력은 숙박업소에서 가장 빈번하고 그 다음이 가해자의 집으로 나타났다.

데이트 성폭력의 가장 큰 문제점은 가해자뿐만 아니라 피해 당사자도 이것을 성폭력 범죄로 인식하지 못하는 데 있다. 데이트 성폭력 피해 여성 중 57%는 자신의 피해 경험을 강간으로 규정했으며, 나머지 43%는 그것이 강간이라는 사실조사 알지 못하고 있고 다만 도덕적으로나 윤리적인 잘못을 저지른 정도로 여긴다.

사회분위기 자체가 남성들에게만 성을 허용하는 분위기이기 때문에 데이트를 하다가 혈기왕성한 남성이 여성의 의사에 반하여 성욕을 표출하는 것은 부도덕한 행위이지 폭력이나 범죄행위로 보지 않는 시각이 만연해 있다.

여성의 친절한 행동에 대해 남성은 '성적인 행위나 성관계를 해도 좋다.'는 신호로 해석하여 성폭력을 가해 왔으며, 여성의 저항에도 불구하고 남성들은 자신들의 그런 행위들이 설득에 의한 승인된 행동으로 생각하기도 한다. 여성들은 때때로 자신의 욕구를 명확하게 결정하지 못하거나, 남성의 성적 행위들이 여성들이 거부감을 느끼지 않는 행위까지만 이루어지고, 진행되는 중간에 중단될 수 있다는 생각으로 자신의 정확한 의사전달을 하지 않고 적극적인 저항을 하지 못해서 강간을 당하기도 한다.

데이트 성폭력을 예방하기 위해서 여성은 평소에 'Yes'인지 'No'인지 알 수 없는 애매한 태도를 보이지 말고 성관계에 대한 자신의 성적인 한계를 설정해서 남성에게 정확한 의사전달을 해야 한다.

데이트 성폭력을 예방하기 위해서 남성은 데이트 상대에게 애무, 키스, 성관계를 강요하지 않아야 하며 상대방의 'No'는 거부표시를 받아들이며, 본인과 상대방의 욕구에 대해서 서로 명확하게 이야기를 나누고 여성들이 무엇을 원하고 있는지 이해해야 할 것이다.

4. 배우자 선택

결혼은 개인이나 개인이 속한 집단의 중대사이며 결혼의 성공 여부는 배우자 선택에 의하여 결정된다. 현대의 가족 기능이 변화하면서 배우자에 대한 정서적, 애정적 기능이 강조되고 가족의 안정성과 자녀 양육의 문제도 배우자에 의해 크게 영향을 받는다. 그러므로 결혼적령기인 당사자와 그들의 부모는 적절한 배우자의 선택에 고심하게 된다.

자신과 조화를 이룰 수 있는 배우자를 선택하는 데 도움이 되도록 배우자 선택이론과 배우자 선택 유형, 기준, 배우자 선택 시 고려할 점에 대해 알아보고자 한다.

1) 배우자 선택이론

(1) 사회교환이론(Social exchange theory)

시장거래를 근거로 한 사회교환론은 고전 경제학적 행위 원리를 바탕으로 배우자 선택을 설명한다. 사랑은 심리적인 끌림이지만 배우자 선택은 상호거래를 근거로 이루어진다. 이때의 거래과정에서 보상과 비용이 균형을 이룰 때 사람들은 그 교환이 공정하며 상호 만족스럽다고 여기게 된다(최혜경 외, 2004).

또한 사람들은 비용보다는 더 많은 이익을 얻으려고 하기 때문에, 여러 대안들 중 최선의 대안을 선택하고자 모든 가능한 상대방 중에서 가장 많은 보상을 줄 수 있는 사람을 배우자로 선택한다.

사람들은 배우자를 선택하는 과정에서 상대가 지닌 정서적, 사회적 자원을 근거로 거래에 임한다. 이때 보상에 대한 가치평가는 시대와 사회에 따라 다르지만 대체로 사람들은 배우자의 경제적 조건, 사랑, 성, 신체적 매력, 직업, 학벌, 가문 등의 요소들을 고려한다.

(2) 공평이론(Equity theory)

교환이론의 변형으로서, 이때의 공평은 공정성을 의미한다. 인간은 상호관계에서 준 만큼 받는 것이 공평하다고 생각하는데, 이러한 공평성은 평등성과 다른 의미를 갖는 것으로 서로가 각기 다른 차원을 교환하는 과정에서 제공되는 자원의 양과 질에 상호형평성이 있는 동등한 결합을 원한다는 것이다.

그런데 이러한 과정에서 '상대가 가치를 어느 정도 인정하느냐'하는 심리적인 요인이 개입될 수 있기 때문에 두 사람의 판단기준이 서로 유사할 때 공평성의 측정이 보다 용이하게 이루어진다(최혜경 외, 2004).

(3) 동질성이론(Homogamy theory)

사람들은 자신과 유사한 조건을 가진 사람 또는 자신과 닮은 사람에게 매력을 느끼는 경향이 있다. 동질적인 기준은 연령이나 교육수준, 지능 등이 비슷한 사람끼리 서로를 선택하는 경향이 있고, 기타 사회적 지위나 종교, 인종 등이 비슷한 사람끼리 결혼하는 경향이 있으며, 흥미, 태도, 가치관 등의 유사성도 배우자 선택의 조건으로 작용한다.

Chambers(1983)는 신체적 외모에 있어 유사성 역시 배우자 선택에 영향을 준다고 하였는데 이처럼 신체적 유사성을 추구하는 것은 자아도취적인 경향의 결과일 수 있으며, 자기부모를 닮은 사람을 배우자로 선택하려는 경향도 일부 엿볼 수 있다(유영주, 2000).

(4) 보완욕구이론(Complementary needs theory)

Winch(1954)는 두 사람 사이에 서로를 보완해줄 수 있는 요인이 있을 때 매력을 느낀다고 하였다. 이러한 보완에는 두 가지 유형이 있는데, 어떤 분야에 높은 욕구를 가지고 있는 사람은 그렇지 않은 사람에게 매력을 느끼는 유형(예를 들어 지배적인 성향의 파트너와 복종적인 성향의 파트너)과 만족하려는 욕구 분야가 서로 다를 때(예를 들면 서로 다른 소질을 가졌을 때) 매력을 느끼는 경우이다(김정옥 외, 2002).

(5) 여과망이론(Filter theory)

Kerkoff & Davis(1962)는 배우자 선택의 여러 요인을 발달적 모형으로 전개하였다. 약혼단계의 대학생 커플을 종단 연구한 결과, 그 관계의 초기단계에는 인종 · 연령 · 종교 · 사회계층 같은 사회적 특성이 중요한 작용을 하고, 관계가 진전되면서 가치관의 공감이 중요해지며, 좀 더 오래 사귄 친밀한 관계에서는 상호보완의 기능이 중요한 것으로 나타났다. Udry(1971)는 이러한 견해를 정교화시켜 모든 가능한 데이트 상대로부터 관계를 맺기 시작하여 결혼에 이르기까지 6개의 여과망을 거치면서 점차 그 대상이 좁아지고 제한되어 마지막에 한 사람을 선택하게 된다고 하였다.

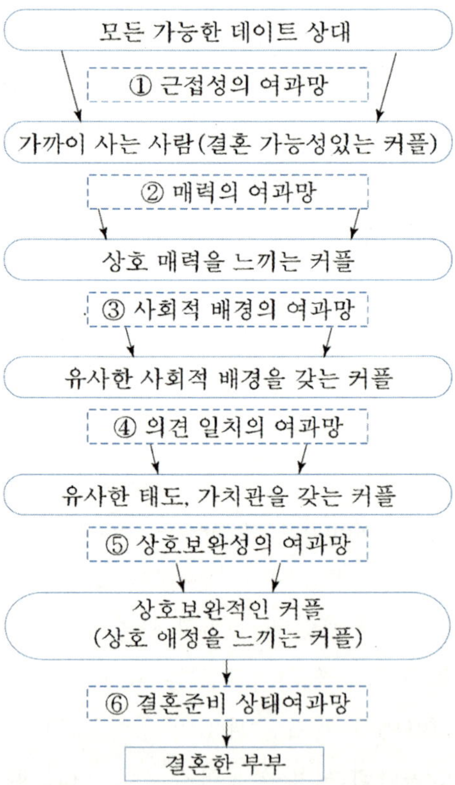

[그림 5-1] 여과망이론

(6) 자극-가치-역할이론(Stimulus-Value-Role : SVR이론)

Murstein(1970)은 배우자 선택이 자극, 가치, 역할의 3단계를 거치며 진행된다고 보았다.

① 첫째, 자극단계(stimulus)에서는 최소한의 상호작용만 존재하는 단계이므로 사람들은 외적으로 나타나는 특성에 의해 상호매력을 느낀다. 상대방의 외모, 사회적 기술, 명성, 지적 능력 등이 기초가 되어 공평한 교환이 이루어질 수 있는지 분석하고, 서로 총체적 매력이 균형을 이룬다고 판단하면 다음 단계로 진전된다.

② 둘째, 가치단계(Value)에서는 인생관이나 성·결혼에 대한 가치나 태도 등이 서로 공존하고 양립할 수 있는지를 평가한다. 가치 측면에서 상호유사성이 느껴지면 관계는 더욱 발전해 다음 단계로 넘어간다.

③ 셋째, 역할단계(Role)에서는 두 사람이 하나의 단위로서 가능할 수 있는가에 관심을 갖는 단계이다. 즉 두 사람이 부부로서 여러 가지 역할에 얼마나 적합할지 예측해 본다. 이 단계에서는 특정한 상황에서 각자에게 기대되는 행동과 역할을 정립하는 것이 중요하다.

이 이론에서는 세 단계가 연속적이며 단계적으로 일어난다고 하지만, 전(全) 단계에 걸쳐 이 세 요인이 다 같이 적용될 가능성도 배제하지 못한다(정현숙 외, 2003).

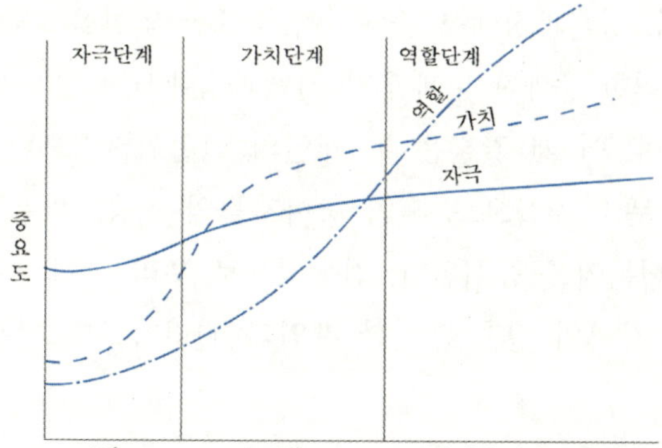

[그림 5-2] Murstein의 자극-가치-역할이론에서의 구혼단계

2) 배우자 선택 유형

배우자 선택 유형은 크게 자유혼과 중매혼으로 분류할 수 있으나, 실제는 다양한 중간형태가 있을 수 있다.

(1) 자유혼

결혼상대를 당사자가 자유롭게 선택하고 결정하며 부모의 간섭이나 승인을 요하지 않는 자유결정형은 극소수의 사회에서 허용되고 있다. 결혼의 동기가 개인의 만족이나 행복에 있고 결합의 기본적인 조건으로 사랑이 강조되기 때문에 배우자 선택의 선행과정으로 이성교제가 필수적이다. 상호 직접적인 교제를 통해서 인간적인 결합이나 적응을 할 수 있고 자기에게 적합한 사람을 선택할 수 있기 때문이다.

그러나 자유혼 혹은 연애혼에서 가정적 배경보다는 개인적 요인이 큰 의미를 가지나 이러한 개인적 요인은 가정환경이나 사회적 환경에 영향을 받기 때문에 개인과 환경이 분리될 수 없음을 고려해야 한다.

(2) 중매혼

중매혼이란 배우자 선택의 권리가 당사자에게 있지 않고 부모에게 있으며, 당사자의 의견이나 조건은 무시되고 가문이나 사회 경제적 지위를 중시하며, 정혼과정에서 중매인이 중요한 역할을 하는 결혼형식이다. 따라서 이러한 중매혼의 배우자 선택과정에서는 당사자들이 소극적인 역할을 하며, 이 때 결혼은 두 개인의 결합이라기보다는 가족과 가족, 가문과 가문의 결합으로 혼인 당사자들의 적응보다는 가족이나 가문과 잘 융합되는가를 중시한다. 전통적으로 우리 사회에서는 중매혼을 실시하였으며 자녀의 정혼을 위한 책임과 권리가 부모에게 있었다.

(3) 절충혼

중매혼과 자유혼의 중간 형태로 배우자 선택권이 부모로부터 점차 당사자에게 주어지는 형태이다. 절충형에는 두 가지 유형이 있는데, 하나는 당사자가 자유로운 교제를 통하여 결혼 상대를 선택한 후 부모에게 소개하고 동의를 얻는 방법이며, 다른 하나는 부모가 상대자를 선택하여 자녀의 동의를 얻는 방법이다.

우리나라에서도 부모나 친척 · 친구 등이 결혼을 앞둔 남녀에게 교제할 상대를 소개해주고 당사자 간의 합의를 보도록 하는 경향이 늘고 있다. 이러한 절충혼은 중매혼과 결점을 보완할 수 있고 상대를 구할 수 있는 범위가 넓으므로 많은 젊은이들이 선호하는 편이다. 어떤 면에서는 오히려 부모의 역할에 의존하고 판단을 신임하는 경향도 있다. 부모를 통해서 상대방의 배경을 알고 교제할 경우 안전성이 높고 부모와 갈등을 초래하지 않는다고 생각하기 때문이다(유영주 외, 2000).

〈표 5-5〉 연애결혼과 중매결혼의 비교

제 측면	연애결혼	중매결혼
이성교제	매우 중요함	고려되지 않음
사랑	매우 중요함	중요하지 않음
상대방에 대한 지식	많이 알고 있음	거의 없음
함께 하는 시간	많음	거의 없음
혼전 성관계	있을 수 있음	거의 없음
부모동의	약간 중요함	매우 중요함

출처 : David H Olson 외 (2002)

3) 배우자 선택의 기준

현명한 배우자 선택은 행복한 결혼생활의 전제조건이므로 배우자 선택은 신중하게 해야 한다. 배우자 선택 시 기본적으로 고려해야 할 점은 첫째, 본인이 원하는 사람이어야 한다. 결혼생활은 감정적 접근을 서로 원하고 호감이 가야 하며 감정의 교환이 가능해야 한다. 둘째, 배우자는 본인이 필요로 하는 사람이어야 한다. 배우자를 통해서 경제적으로나 감정적으로 안정감을 가질 수 있어야 하며 원하는 생활수준을 유지할 수 있어야 한다. 셋째, 배우자는 현실적으로 선택이 가능한 지위에 있어야 한다. 비교할 수 없이 차이가 나는 환경수준이라든지 너무 먼 거리에 있어 현실성이 없는 사람은 선택하지 않는 것이 현명하다.

배우자 선택의 일반적 기준은 배경 · 의료 · 건강 · 경제력 · 공동의 관심 · 행동의 기준 등이 된다. 또한 혼인 당사자 간에 이해와 적응이 쉽게 이루어지도록 하는 동질적인 요인과 서로 다른 특성이나 욕구가 보완적으로 작용하여 매력을 느끼고 배우자로 선택하게 하는 이질적인 요인이 있다.

(1) 동질적 요인

① 개인의 사회적 지위 또는 계급

직업 · 수입 · 거주지 · 교육과정 · 부모의 지위 등에 의해 결정되며 일반적으로 이러한 사회계급의 수준이 서로 유사한 사람들끼리 배우자로 선택하는 경향이 있는데, 그 이유는 유사한 계층의 사람들끼리 접촉할 기회가 많고 흥미나 취미, 감정이나 태도가 비슷하여 서로 친숙해지기 쉽기 때문이다.

② 지역적 근접

지역적으로 인접해 있는 경우에는 서로 접촉할 기회가 많고 문화적 · 사회적 배경이 비슷할 가능성이 많기 때문에 지역적으로 가깝게 살고 있는 사람끼리 결혼하는 경향이 강하다.

③ 연령

대부분의 사람들은 일정한 연령 범위 내에서 배우자를 선택하며, 또 비슷한 연령인 경우에 적응하기가 용이하다. 부부간의 연령 기준은 시대와 사회에 따라 다르나 일반적으로 남자가 여자보다 약간 연상인 경우를 선호하기도 한다.

④ 인종

대체로 어느 사회에서나 같은 인종이나 국민끼리 결혼하고 있으며 또 그렇게 기대하고 있다. 일반적으로 동일 인종끼리 결혼을 권장하는 이유는 동일민족·인종이어야 서로의 생활습관이 비슷하고 언어소통이 용이하며 애정표현도 자유롭기 때문이다. 그러나 시대의 변천에 따라 이러한 기준도 많은 변화를 겪고 있다.

⑤ 종교

배우자를 선택하는 데 있어서 사람들은 되도록 같은 종교를 가진 사람을 찾는 것이 상례이다. 이것은 종교가 전반적으로 가치개념이나 생활태도에까지 영향을 미치기 때문이다.

(2) 이질적인 요인

① 지배-순종 욕구

지배성과 순종성은 이질적이면서 상호보완적인 성격 요인인데, 대인관계에서 지배적인 성격을 가진 사람은 순종적인 사람을 선택할 것이고, 반대로 순종적인 사람은 지배적인 사람이 독립적이고 결단성이 있다고 생각하여 좋아하게 된다. 그러나 똑같이 지배적인 두 사람이 만난다면 경쟁심리 때문에 끊임없는 충동을 면치 못하게 된다.

② 양육-의존 욕구

양육적인 사람은 동정심이나 온정 또는 도움을 베풀어줌으로써 만족을 얻는 사람이고, 의존적인 사람은 그것을 받는 데 익숙한 사람이다. 사람은 누구나 이러한 두 가지 모두 가지고 있지만 어느 쪽이 강하냐에 따라 그 사람의 특성이 결정된다.

③ 성취-대리성취 욕구

성취욕구가 강한 사람과 대리성취 욕구가 강한 사람은 서로 만족한 관계를 가질 수 있다. 사람에 따라 강한 성취 의욕을 가지고 있는 사람이 있는 반면, 다른 사람으로 하여금 어떤 일을 하게 하고 그것이 성취되는 것을 보는 데서 대리 만족을 얻는 경우도 있다. 대체로 부인들은 남편을 통하여 자신의 욕망을 만족시키는 것이 상례인데, 반대로 부인이 강한 성취욕을 갖고 있어 이를 성취하는 것을 보고 만족해하는 남편도 있다.

④ 적의-비하 욕구

사람들 중에는 적의가 강한 사람이 있는가 하면 자신을 낮춤으로써 만족을 느끼거나 그렇게 습관화된 사람도 있다. 그러한 두 사람은 서로 보완적인 관계에서 만족을 구한다.

4) 배우자 선택 시 고려할 점

현대 사회에서는 결혼의 동기가 개인의 행복추구나 자아실현의 욕구추구, 나아가 당사자 간의 애정이나 인성을 바탕으로 한 개인적 측면이 강조되고 있다. 오늘날 젊은이들은 이성교제를 통해 더 자유로운 선택을 하게 되었다. 수명의 연장과 함께 한두 명의 자녀를 낳아 독립시키고 난 뒤에 부부만의 생활주기가 장기화되고 있음을 감안할 때 어떤 배우자를 만나느냐는 평생 동안 가족, 결혼생활의 행·불행을 좌우하는 중요한 사안이다. 따라서 행복하고 건강한 가족생활을 위해서는 동질적·

이질적 요인과 함께 애정·매력 등 배우자 특성에 대한 충분한 고려와 올바른 선택이 요구된다. 배우자 선택 시 고려할 점은 다음과 같다.

① 사랑한다는 것만으로는 결혼의 이유가 충분하지 않으며 결혼은 책임과 의무가 수반되는 냉혹한 현실이다. 사랑은 모든 것을 극복할 것이라는 일반적인 생각은 우리가 소망하는 환상일 따름이며 현실과는 맞지 않는다.

② 외적인 조건이나 외모와 같은 신체적 매력이 사랑의 전부는 아니며, 상호 애정·존경·신뢰감 등이 수반되지 않는 한, 외적인 조건이 아무리 훌륭하다 하여도 그 관계는 오래 지속되지 못한다. 무엇보다도 인생관·결혼관 등 기본적인 가치관이 상호 조화될 수 있어야 한다.

③ 상대방의 결점·약점을 있는 그대로 받아들일 수 있어야 하며 자신의 약점 또한 솔직하게 내보일 수 있어야 한다. 한 사람을 배우자로 선택한다는 것은 상대방의 약점·부족한 점도 다 수용할 수 있어야 한다. 따라서 상대방으로부터 완전함을 기대하는 것은 무리이며 개인의 욕구를 100% 충족시켜 줄 상대방은 없다.

④ 특정한 상황에서 느낄 수 있는 매력이 또 다른 상황에서는 전혀 다른 느낌을 주는 수도 있으므로 다양한 상황에서의 상호관계를 통해 그 관계를 재검토한다.

⑤ 결혼을 하면 무언가 변화하리라는 생각은 잘못된 생각이며 따라서 상대방을 변화시키려는 시도보다는 서로에게 적응하려는 노력이 중요하다.

⑥ 오래 사귄다고 성공적인 결혼생활이 보장되는 것은 아니나 충분한 교제기간을 통하여 서로를 이해하고 파악한 후에 결혼하는 것이 적응에 보다 도움이 된다.

⑦ 부모님이나 친구·주위 사람들의 지지가 무시되어서는 안 된다. 특히 자녀의 행복에 가장 큰 관심을 기울이는 부모님이 반대한다면 반대하는 이유를 냉정히 검토해 볼 필요가 있다(이정우 외, 2001).

5. 혼전 성행동

1) 혼전 성행동의 기준과 요인

혼전 성행동에 대한 기준은 네 가지로 분류된다(Reiss, 1967). 첫째, '혼전에는 절대로 순결을 지켜야 한다'는 신념이며, 둘째, '이중기준'은 혼전 성행동이 여성에게는 허용될 수 없지만 남성에게는 허용될 수 있고 남성은 성적인 자유를 누릴 수 있다고 보는 전 근대적 사고를 반영하는 경우이다. 셋째, '애정이 있으면 허용해도 좋다'는 기준으로 애정을 성행동의 선행조건으로 생각하는 경우이며, 넷째, '애정이 없어도 좋다'는 기준은 남녀가 동등하게 성적인 쾌락과 자유를 인정하지만, 성행동과 애정을 분리하여 생각하는 경우이다. 한편 최근에는 혼전 성행동에 대한 '새로운 이중기준'이 나타났는데, 이는 자신의 성행동에 대해서는 너그러운 반면 타인의 성행동에 대해서는 덜 허용적인 경우를 말한다(Bahr, 1989).

우리나라 여대생을 대상으로 혼전 성의식을 조사한 결과, 보다 허용적인 경향으로 바뀌고 있었다. 한국성교육연구소 조사 결과를 보면 대략 절반 정도(49%)가 혼전 성관계가 가능하다, 모르겠다(34%), 절대 안 된다(17%) 등으로 나타났다. 이는 요즘 젊은이들이 혼전순결을 지켜야 한다는 생각이 무척 약화되고 있음을 나타내는 것이다. 그러나 혼전 성행동의 결과로 파생될 문제점에 대해 심각하게 생각해 볼 필요가 있다. 또한 원하지 않는 관계를 지속할 수밖에 없는 상황이 생길 수도 있고, 미혼모나 미혼부가 될 가능성도 있으며, 여러 가지 성병에 노출될 위험도 있다.

혼전 성행동의 기준은 네 가지 요인에 의해 영향을 받는 것으로 나타났다. 첫째, 친구들이 혼전 성행동에 빈번히 참여할 경우 혼전 성행동에 대해 더 허용적이었고, 둘째, 부모가 성행동에 허용적일수록 그 자녀들도 혼전 성행동에 허용적이었다. 셋째, 종교가 있는 사람이 혼전 성행동에 대해서 덜 허용적이었으며, 넷째, 성경험이 성행동 기준에 영향을 미쳐서 혼전 성행동에 대해 엄격한 기준을 가지고 있는 젊은이들도 성행동을 경험한 후에는 보다 허용적으로 되는 경향이 있었다(Bahr, 1989).

청년들이 이른 나이에 성관계를 갖는 이유는 크게 개인적인 요인과 가족환경적 요인, 그리고 사회적 요인으로 나누어 생각해 볼 수 있다(정옥분, 1998). 개인적 요인으로 혼전 성관계에 대해 사랑, 호기심, 성적 욕망, 남자친구를 붙잡아 두는 수단을 들 수 있으며, 부정적인 자아개념도 혼전 성관계와 관련이 있는데, 열등감이 많은 청년은 성을 통해 자신을 증명해 보이려 하나, 이러한 방법의 성행위는 오히려 자신에 대해 더 부정적인 느낌을 갖게 한다. 또한 자제력이 부족하거나 도덕성이 결여된 경우에도 혼전 성관계와 관련이 있는 것으로 보인다. 가족환경적 요인으로는 부모에 대한 반항의 의미로서 성관계를 갖기도 하고 혹은 부모로부터의 관심이나 애정결핍에 대한 보상으로 이른 나이에 성경험을 한다. 혼전 성관계는 또한 사회적으로 성 개방화와 밀접한 연관이 있다.

2) 혼전 성행동 관련 문제

혼전 성행동과 관련하여 몇 가지 점에 주목할 필요가 있다(Cox, 1998). 첫째, 혼전 성관계는 결혼한 부부들보다 성병에 감염될 가능성이 더 높다. 따라서 혼전 성행동을 할 때는 성병에 걸릴 가능성을 항상 염두에 둘 필요가 있다.

둘째, 혼전 성관계로 인하여 임신하는 비율이 점점 높아가고 있으며, 이는 대부분 원하지 않는 임신이다(Cox, 1999). 우리나라 대학생 중 1/4만이 성관계 시 항상 콘돔을 사용했고, 22.3%는 콘돔을 거의 또는 전혀 사용하지 않는다고 하였으며, 16%가 임신을 하거나 임신시켜 본

경험이 있다고 하여 혼전 성관계에서 원하지 않는 임신의 가능성이 높음을 알 수 있다. 원하지 않은 임신을 할 경우 낙태를 하든가 출산하여 기르는 방법이 있지만, 어떤 경우든 치러야 하는 대가는 크다.

셋째, 혼전 성관계를 가지면 두 사람의 관계가 배타적으로 되고 다른 대인관계로부터 고립될 가능성이 있다. 충분한 친밀감이 형성되기도 전에 두 사람이 성관계를 갖고, 성관계를 가졌다는 이유 때문에 혹은 임신 때문에 두 사람의 관계에 헌신하기로 결정할 경우 두 사람은 다른 대인관계를 멀리하고 둘만의 성관계에 몰입하면서 정서적 · 지적 · 사회적 측면의 관계를 무시할 가능성이 크다.

넷째, 혼전 성행동은 미래의 성행동의 질에 부정적인 영향을 미칠 수 있다. 혼전 성행동에 대한 의식이 보다 허용적으로 바뀌고 있는 추세이기는 하지만 바람직하지 않은 분위기에서 이루어지는 경우가 많다. 그리하여 혼전 성행동을 하는 사람들은 두려움, 갈등, 적대감이나 불안 같은 감정들을 경험하게 되는데, 성행위시에 경험한 이러한 부정적 정서들은 결혼 후 성생활에 좋지 않은 영향을 미칠 수 있다.

6. 피임과 낙태

1) 피임

피임에 대한 역사는 고대로 거슬러 올라간다. 고대 이집트에서는 여성의 경부에 악어의 마른 똥을 넣었다는 기록이 있고, 6세기 그리스에서는 노새의 자궁이나 고환을 먹었다는 기록이 있다. 17세기 유럽에서는 동물의 양피질을 이용한 콘돔을 사용하거나 성교 도중에 질외 사정하는 것을 피임의 방법으로 권장하기도 했다(McLaren, 1990).

(1) 피임에 대한 태도

역사적으로는 피임을 부정적으로 보았다. 왜냐하면 성관계는 아이 생산을 위해서 부부가 행하는 성행위라고 규정하여 피임은 인간의 번식 행위를 거부하는 것이기 때문에 피임하는 방법이나 피임에 관한 법률 등 피임을 제한하는 면을 강조해 왔다. 예를 들면, 미국에서는 1870년대에 앤소니 컴스톡(Anthony Comstock)이 여성에게 피임하는 방법을 우편물 등을 통해서 다른 사람에게 알려주는 것을 금했고, 피임 방법을 가르쳐 주는 사람을 처벌하려고 시도한 적도 있었다(Kreinen, 2002). 이 당시에 피임을 하려면 차라리 금욕할 것을 강조했다. 미국에 피임약이 도입된 것은 1960년대였다. 미국의 법원에서는 피임을 부부 사이의 사적인 것으로 간주하고 공권력이 개입하는 것을 반대했고, 1965년에 결혼한 부부 사이에서 피임하는 것을 금할 수 없다고 결정했다.

(2) 피임의 필요성

피임은 아이를 원치 않는 부부들에게 낙태를 예방할 수 있는 방법이다. 피임은 단지 아이를 원치 않는 부부뿐만 아니라 결혼은 했지만 경제적인 이유 등으로 아이 갖기를 미루는 사람들에게도 아주 편리한 방법이다. 임신이 부부에게 축복이 될 수 있지만, 산모를 위험하게 하는 상황에서 임신은 위험한 사건일 수도 있기 때문에 피임이 필요하다. 또한 피임은 전 세계의 인구증가를 통제하는 면에서도 필요한데 1950년대에 23억이었던 인구가 현재는 60억이고 이런 추세로 나간다면 2050년도에는 약 89억이 될 것이라고 추산하고 있다. 특히 경제적으로 어려운 제3국에서는 인구 통제와 가난을 극복하는 방법으로 피임의 중요성이 증가하고 있다.

(3) 성역할과 피임

피임은 문화적인 특징과 상관이 있는데 가부장적인 문화권에서 여성은 남편이 반대하면 피임하기 어렵다. 예를 들면, 일본은 1999년까지 여성에게는 피임약을 사용할 수 없었다. 그 이유는 여성이 피임을 하게 되면 출산을 통제할 수 있어서 여성의 지위가 상대적으로 높아질 것을 두려워했기 때문이다. 이러한 예를 프랑스에서도 찾아볼 수 있는데 프랑스 남자들은 피임 수단으로 남성들의 1% 미만이 정관수술을 하는데 이 수치는 영국의 16%, 네덜란드 11%, 벨기에 8%의 남성들이 정관수술을 하는 것에 비해서 아주 적은 수치이다. 즉 프랑스 남성들은 피임의 책임을 여성에게 미루는 것이다.

또한 피임은 종교적인 영향을 받는데 카톨릭은 공식적으로 여성의 피임을 금하고 있고, 보수적인 기독교 집단에서도 피임을 금하고 있다. 그럼에도 불구하고 70%의 카톨릭 신자들은 피임을 하고 있다고 한다 (Fehring & Schmidt, 2001). 이러한 어려움과 여성에 대한 차별적인 태도에도 불구하고 현재 전 세계의 약 60% 여성이 정기적으로 피임을 하고 있다.

(4) 피임에 대한 책임

우리나라의 남성들은 여성이 알아서 피임을 해야 한다는 생각을 많이 가지고 있다. 심지어 성관계 시에 성감이 좋지 않다는 이유로 콘돔 사용을 하지 않으려는 남성들이 많다. 원치 않는 임신은 낙태를 해야 하는 더 심각한 문제를 초래하기 때문에 피임은 여성뿐만이 아니고 남성의 공동책임이라는 인식을 분명히 할 필요가 있다.

(5) 피임의 방법

① 먹는 피임약

피임약은 기본적으로 약에 포함된 호르몬의 종류와 양에 따라 다른데, 혼합 피임약과 미니 피임약의 2가지가 있다.

ⓐ 혼합 피임약

에스트로겐과 프로게스테론을 여러 가지 형태로 혼합한 약이다. 피임약이 여성의 몸에서 어떻게 작용하는가를 아는 것이 중요한데, 즉 임신한 동안에는 다시 임신을 할 수 없듯이 피임약은 두뇌에 몸이 임신했다고 속이는 역할을 해서 난소가 난자를 생산하지 못하도록 한다. 정상적인 월경의 사이클은 여성의 몸에 에스트로겐의 수준이 낮으면 부신이 난포자극호르몬(follicle-stimulating hormone, FSH)을 방출하도록 하여 난소에서 난자가 성숙하도록 한다. 에스트로겐이 포함된 피임약은 난포자극 호르몬의 생산을 억제하고, 부신에서 프로게스테론은 황체형성 호르몬(luteinizing hormone, LH)의 생산을 억제해서 난자 방출을 방해한다. 여성은 월경을 정기적으로 하지만 그 안에서 난자는 없다.

ⓑ 미니필 피임약

프로게스테론 호르몬을 포함하지만 에스트로겐은 포함되어 있지 않다. 미니필은 매일 같이 복용하고 월경을 하는 동안에도 복용한다. 이 피임약은 경부의 점액을 부풀어 오르게 하고 산성을 증가시켜 정자가 자궁으로 통과하는 것을 방해한다. 또한 수정된 난자가 자궁 안에 착상하는 것을 방해한다.

피임약의 실패율은 종류에 따라 다르겠지만 약 0.5% 정도로 추정한다. 피임이 실패하는 경우는 피임약을 실수로 이틀 이상 복용하지 않은 경우에 생긴다.

장점은 규칙적으로 복용하면 피임은 거의 완벽하게 할 수 있다. 또한 피임약은 성생활이나 성적인 욕구 등에 부정적인 영향이 없다. 그리고 월경의 사이클을 규칙적으로 할 수 있도록 도와주기 때문에 여성들이 월경 시에 보일 수 있는 통증과 월경 전에 보이는 증상 등을 경감시켜 준다.

피임약의 단점은 피임약을 사용하기 위해서는 산부인과의 정기적인 검진이 필요하다. 그리고 부작용은 여성이 평소에 가지고 있는 증상들(당뇨, 고혈압, 편두통, 유선증, 자궁의 유성유종, 콜레스테롤 수치 등)을 악화시킬 수도 있다. 또한 혼합 피임약은 구토, 체중증가, 질의 분비물 증가, 두통, 유방의 통증, 현기증 등을 야기할 수도 있다. 특히 혈액 순환계통에 문제가 있는 여성들은 피임약을 사용하는 것이 좋지 않다. 피임약은 우울증과 민감한 감정 등을 유발할 수도 있고 여성의 신체에 호르몬 변화를 가져오며 호르몬 변화에 민감한 유방암과도 연관성이 있기 때문에 조심해야 한다(Hatcher, 2001).

성교 후 피임약(morning after pill)은 많은 양의 에스트로겐과 프로게스틴이라는 호르몬으로 구성되어 있다. 이 피임약은 난자의 생산을 방해하는 것이 아니고 수정된 난자가 자궁에 착상하는 것을 방해하는 역할을 한다. 엄밀한 의미에서는 낙태시키는 역할을 하지만, 65%의 여성들은 성교 후 피임약을 피임약으로 간주하고 약 20%의 여성들은 낙태로 여기는 경향이 있다(Goldberg & Elder, 1998). 또한 이 약은 속이 메스꺼움을 일으키는 부작용이 있어 강간을 당했다든지 아주 위급한 상황에서만 복용하는 것이 좋다. 이 약을 복용했다고 해서 100% 피임되는 것이 아니기 때문에 실패할 때에는 태아에 손상을 주어 신체적인 문제가 있는 아동을 만들어 낼 수도 있다.

② Norplant

노어플랜트란 6개의 성냥개비만한 실리콘 튜브 안에 프로게스틴이라는 호르몬을 주입한 것으로 여성의 팔 위쪽에 삽입을 한다. 미국에서는 약 100만 명의 여성들이 이 피임기구를 사용하고 있다. 이 기구는 미국의 식약청에서 허가를 받았지만 2002년을 기해 시판이 금지되었다. 그 이유는 예측할 수 없는 출혈 문제와 기타의 부작용 때문이다(Berger, 2002). 노어플랜트는 미량의 호르몬을 방

출해서 여성의 난소 공급을 방해한다. 한 번 시술해서 팔에 삽입하면 5년간 피임이 가능하기에 장기간 동안에 피임하면서 성생활을 걱정할 필요가 없어 여성들에게 편리하다.

③ 자궁 내 장치(Intrauterine devices, IUD)

IUD란 여러 가지 모양으로 자궁 내에 삽입하는 장치이다. 자궁 내의 장치는 그리스시대 이후로 많이 사용되어 왔다. 자궁 내 장치는 자궁 안에 플라스틱 줄을 실로 연결하여 장치가 제 위치에 있는지를 확인할 수 있도록 해 준다. 자궁 내의 장치는 미국에서는 약 200만 명, 전 세계적으로는 1억의 여성들이 사용하고 있다(Hatchter, 2001). 자궁 내 장치를 가장 많이 사용하는 국민들은 중국 여성들로서 기혼자 중의 거의 1/3이 사용하고 있다. 자궁 내 장치는 한 때 여성들에게 아주 인기가 있었지만, 자궁 내 장치가 자궁 안에서 염증을 일으킨다는 정보 때문에 급격히 감소하고 있다.

IDU를 자궁 안에 설치하면 자궁은 이물질이 자궁 안에 들어오기 때문에 항생물질을 생성하여 정자를 죽이고 수정된 난자가 자궁에 착상하는 것을 방해한다. IDU를 사용했을 경우에 실패할 확률은 약 2%이며 생리하는 동안에 외부로 방출될 수 있기 때문에 조심스럽게 살펴야 한다.

IDU의 장점은 성적인 욕구나 성감에 전혀 지장을 주지 않고 한 번 설치하면 오랫동안 신경을 쓸 필요가 없다. 그리고 IDU는 여성의 호르몬 생산에 아무런 방해를 하지 않고 피임효과도 아주 높은 편이다. IDU의 단점은 설치할 때 아프고 불규칙한 출혈과 질 경련 등을 유발할 수 있고 골반의 염증을 유발할 수 있으며 설치비용이 비싸다.

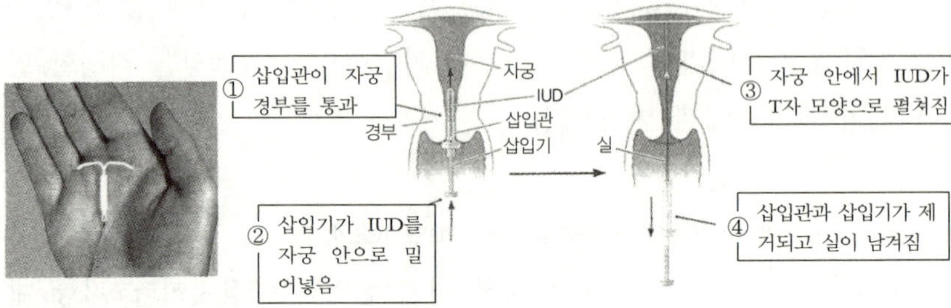

[그림 3-6] IUD 삽입

④ 살정제(spermicides)

살정제는 정자를 죽이는 화학물질로서 거품, 젤리, 크림, 좌약 등 여러 형태가 있다. 살정제는 성교 전에 경부 근처에 주사기 등을 통해서 주입한다. 그러나 좌약은 질 속에서 녹는 시간이 필요하기 때문에 성교 전 10~15분 전에는 넣어야 한다. 처음 사용하게 되면 약 20% 정도의 실패율이 있으나 정확하게 사용하고 성교 전에 정기적으로 사용하면 실패율이 아주 줄어든다.

살정제의 가장 큰 장점은 여성의 자연스러운 몸이나 생리적인 주기에 아무런 영향을 주지 않고 의사 처방 없이 수시로 구입해서 사용할 수 있다는 점도 장점이고, 정확하게 사용하거나 콘돔과 같이 병행해서 사용하면 아주 효과적이다. 그러나 살정제는 질이나 남성의 성기에 가려움증을 일으킬 수 있다.

⑤ 피임용 스펀지

피임용 스펀지는 그 자체에 살정제가 포함되어 있다. 이 스펀지를 질에 삽입하여 경부 근처로 밀어 넣고 성교를 하면 정자가 자궁으로 진입하는 것을 차단하고 스펀지에 저장되어있는 살정제가 정자를 죽이는 역할을 하게 된다. 그러나 이 제품은 미국에서는 식약청의 반대로 1995년부터 생산이 금지되어 있다. 요즘에는 인터넷에서 거래가 되고 있는데 이 제품을 사용하기 위해서는 우선 산부인과 의사의 조언이 필요하다. 스펀지가 부드럽기 때문에 사용하기가 수월하고 잘 사용하면 피임 성공률이 높지만 실패할 확률도 높다. 단점은 스펀지와 살정제가 가려움증을 일으킬 수도 있고 질 내부를 불편하게 할 수 있다는 것이다.

⑥ 콘돔

콘돔은 한 때 인기가 있었지만 피임약이나 IDU 등의 출현으로 그 인기를 잃기도 했다. 그러나 에이즈와 성병 등의 심각성, 먹는 피임약의 부작용이 문제가 되면서 다시 관심을 받게 되었다. 콘돔은 대체로 고무제품이지만, 요즘은 라텍스로도 만들어서 이들 제품은 더 얇고 수축성이 높으며 질기다. 콘돔을 늦게 착용하면 사정 전에 분비되는 쿠퍼액에 정자가 섞일 가능성이 있어 임신시킬 수도 있다.

장점으로는 콘돔의 구입과 사용의 편리성을 들 수 있다. 콘돔은 사용 후에도 쉽게 처리할 수 있고 여성이나 남성의 신체적인 호르몬이나 리듬에 아무런 영향을 주지 않으며 성병과 임신을 예방할 수 있다. 단점으로 남성들은 콘돔이 성감을 줄이고 자연스럽지 않다는 이유로 사용하지 않으려는 경향이 있다. 그러나 콘돔이 성감을 낮춘다는 남성들의 주장은 별로 근거가 없는데 자신의 성기가 여성의 질에 직접 닿지 않는다는 심리적인 이유 때문에 성감을 적게 느낀다고 생각하는 경우가 많다. 그리고 콘돔을 남성의 성기에 끼울 때는 성관계를 하는 도중 발기된 상태에서 사용해야 하기 때문에 성관계의 리듬에 영향을 줄 수도 있다. 그리고 사용 도중에 콘돔이 찢어질 수 있고 정액이 흘러나올 가능성이 있다는 점이다.

여성이 임신을 원하지 않는 경우에는 남성에게 콘돔 사용을 강하게 요구해야 한다. 여성은 자신의 몸을 성병과 임신으로부터 방지하기 위해서 자신의 권리를 주장해야 하며 남성은 자신이 약간 불편해도 사랑하는 여성을 위해서 콘돔을 사용해야 한다.

〈box 3-2〉 성교 시 콘돔 사용법

- 성관계를 가질 때마다 필히 사전에 사용할 것
- 처음 사용하거나 사용한 경험이 없는 사람들은 미리 연습을 해서 정확하게 사용하는 방법을 습득할 것
- 콘돔은 손톱, 날카로운 물건에 쉽게 상처 나고 찢어지기 때문에 조심스럽게 다룰 것
- 콘돔은 발기된 상태에서 남성의 성기에 씌울 것
- 포경인 남성은 귀두부의 포피를 뒤로 벗긴 후에 콘돔을 씌울 것
- 콘돔을 사용하기 전에는 콘돔을 말아서 그 안에 있는 공기를 다 뺄 것
- 살정제를 사용하는 경우에는 약간의 살정제를 콘돔의 끝 부분에 넣을 것
- 콘돔을 성기에 너무 꽉 끼게 하지 말 것. 끝 부분에는 정자가 배출되는 공간이 필요하다.
- 콘돔을 성기에 씌울 때는 콘돔 전체가 다 풀어져서 남성의 몸에 닿을 때까지 내릴 것
- 여성의 성기에 삽입하기 전에 여성의 성기에 충분한 분비물이 나온 후에 사용하고 분비물이 충분하지 않은 경우에는 젤리를 사용해서 삽입 시에 여성의 성기와 마찰이 많이 생기지 않도록 할 것
- 성교 중에 콘돔이 찢어지면 성관계를 중단하고 새 콘돔과 살정제를 사용해서 성교를 할 것
- 사정한 후에는 발기가 된 상태에서 콘돔의 고무링을 손으로 잡고 남성의 성기를 조심스럽게 질에서 뺄 것
- 성교 후에는 콘돔 안에 있는 정액이 밖으로 새어나가지 않도록 조심스럽게 제거하고 휴지에 싸서 버릴 것
- 사용한 콘돔에 상처나 정액이 샌 흔적이 있으면 즉시 살정제를 사용할 것

〈box 3-3〉 콘돔 관리법

콘돔을 조심스럽게 사용하면 거의 완벽한 피임이 가능하며 성병을 간단하게 예방할 수 있다.

- 콘돔 박스를 뜯거나 열 때에 가위나 바늘 등의 날카로운 기구는 사용하지 말 것
- 콘돔을 고무풍선처럼 불거나 잡아 늘린 후에 사용하지 말 것
- 유효기간이 지난 제품은 절대 사용하지 말 것
- 콘돔 포장이 파손된 제품이면 사용하지 말 것
- 콘돔을 사용하기 전에는 열지 말 것
- 콘돔을 절대로 두 번 이상 사용하지 말 것
- 콘돔을 휴대하고 다닐 경우에는 약간의 공간적인 여유가 있는 곳에 보관할 것
- 가능한 한 자판기의 콘돔은 사용하지 말 것. 열에 노출되어서 손상을 입을 가능성이 많기 때문에 약국에서 구입하는 것이 좋다.

⑦ 질 세척

질 세척 방법은 성교 후 주입기로 물이나 살정제를 질에 넣어 내부를 세척하는 방법이다. 물을 사용하는 것은 정자를 씻어내기 위하는 것이고 살정제는 정자를 죽이기 위한 것이다. 그러나 피임 방법으로 질 세척방법은 효과가 없다. 왜냐하면, 사정된 정자는 자궁이나 질 내부로 이동하기 때문에 질 세척으로 정자를 모두 제거할 수 없기 때문이다. 그리고 질을 세척하기 위해서 물을 주입하면 오히려 자궁 내로 정자를 흘려보내는 결과를 초래할 수도 있다.

⑧ 질외 사정

질외 사정이란 남성이 사정하기 직전에 자신의 성기를 여성의 질에서 빼내서 여성의 체외에 사정하는 방법이다. 질외 사정법은 실패율이 높다. 그 이유는 남성이 성기를 빼내는 타이밍을 맞추기 어렵고 정액이 질 입구에 묻을 수도 있기 때문이다. 따라서 안전한 피임 방법이 못 된다.

⑨ 월경 주기법

여성의 생리 주기가 28일이면 생리 시작하기 전 14일부터 배란기에 속한다. 이론상으로는 여성의 배란기에 성교를 피하면 임신이 되지 않는다. 예를 들면 정자가 여성의 몸속에서 72시간 동안 살아있을 수 있기 때문에, 배란기 3일 전에는 성교를 금하고 배란이 끝나도 미 수정된 난자는 약 48시간 이상은 여성의 체내에 있을 수 있기에 배란 후 48시간 내에 성교를 금하면 임신이 안 된다. 그러니까 15일째를 기준으로 2일간은 성교를 해서는 안 된다. 여성의 생리주기가 일정하다고 볼 때 새로운 주기가 시작되어서 10~17일 사이에 금욕을 하면 된다. 문제는 여성들의 생리가 항상 일정하지 않기 때문에 이 방법을 이용한 피임은 실패할 확률이 높다.

⑩ 기초 체온 이용법

여성은 배란기 전에 체온이 약간 떨어지는 현상이 있다. 그러다가 배란기 직전이나 배란기와 생리하기 전까지 프로게스테론이라는 호르몬의 생산이 증가하면서 체온이 상승한다. 이 기간에 성관계를 하지 않으면 피임을 할 수 있다. 체온을 이용한 피임법은 여성이 자신의 체온에 민감해야 하기 때문에 체온을 측정하기 위해서는 미세한 체온의 변화를 감지할 수 있는 전자체온기를 사용하는 것이 좋다.

그러나 여성 체온은 감염, 감기 등의 여러 요인으로 변화할 수 있기 때문에 실패할 확률이 높다. 따라서 이 방법은 주기법이나 다른 피임법과 함께 보조적인 수단으로 사용하면 좋다.

⑪ 경부 점액분비 감지법

여성은 생리가 끝나고 나면 질 내부가 건조하고 분비물이 거의 나오지 않는 상태가 한동안 지속된다. 이 상태에서는 임신될 가능성이 적다. 여성의 분비물이 진하거나 끈적끈적하고 냄새가 나는 기간은 배란기의 최고조에 달하기 때문에 성교를 피하는 것이 좋다. 그러나 이 피임 방법도 질의 분비물 변화를 감지하기가 쉽지 않기 때문에 다른 피임방법의 보조 방법으로 사용할 때만 효과적이다.

⑫ 불임수술 방법

ⓐ 남성의 정관절제 수술

남성의 정관절제 수술은 국소마취를 한 후에 약 15~20분 정도 수술을 하면 간단히 될 수 있는 피임방법이다. 즉 수술을 통해서 남성의 정자를 정낭으로 연결해 주는 수정관을 절단하고 묶어주는 방법이다.

우리나라 남성들은 정관수술을 하면 정력이 약해지고 오르가즘의 질이 떨어진다며 정관수술을 거부하는 경향이 많다. 그러나 정관수술을 한 남성들을 대상으로 한 연구에 의하면 정관수술이 성감, 성적인 욕구,

사정능력과 사정 시에 느끼는 오르가즘의 느낌에 전혀 변화를 주지 않았다(Rathus et al, 2005). 정관수술을 하면 고환에서 정자 생산은 계속되지만 성교 시에 외부로 방출이 되지 않을 뿐이다. 남성이 사정하는 정액 중에 약 1%가 정자로 구성되었기에 남성이 사정에 느끼는 성감은 변화가 없다. 생산된 정자는 평소에 소변으로 배출된다.

정관수술을 한 남성 중에는 수술 후에 여러 가지 이유로 인해서 정관을 다시 복원해서 임신을 시킬 가능이 있는가에 관심이 많다. 이론적으로 정관을 다시 연결하는 것은 가능하지만 실제로 정관 복원 수술은 거의 불가능하다. 그럼에도 불구하고 약 16~79%의 남성들이 정관 복원에 성공했다고 보고하지만(Hatcher, 2001), 복원하는 과정에서 사용하는 항생제 등의 문제점 때문에 정자가 손상되는 부작용이 많다. 그러기 때문에 정관수술을 할 때는 정관 복원에 대한 생각은 기대를 안 하는 편이 낫다.

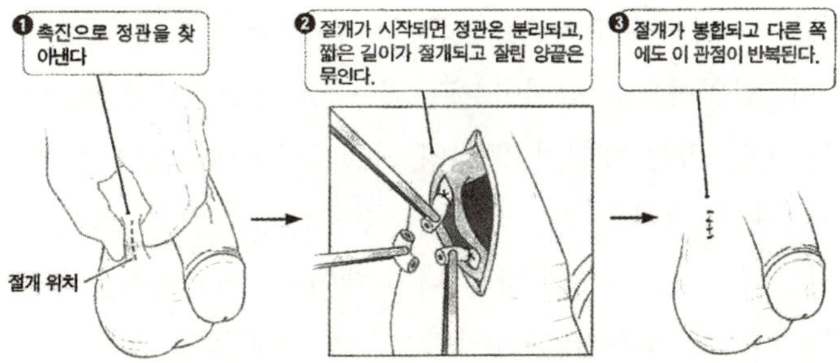

[그림 3-8] 정관절제술

ⓑ 여성의 불임수술

자신이 원하는 아이를 이미 낳은 주부들 중에서 불임수술을 하는 경우가 많다. 여성이 하는 불임수술은 나팔관을 절단하거나 그 부위를 묶는 수술이다. 이렇게 하면 난자나 정자가 나팔관을 통과해서 수정되는 것을 막아 주어 불임이 되는 것이다.

이러한 형태의 불임수술은 여성의 호르몬 변화나 성욕, 성감 등에 아무런 영향을 주지 않고 거의 100% 피임이 가능하다. 그러므로 부부가 임신에 대한 걱정 없이 성생활을 즐길 수 있다. 그러나 불임수술은 영구 피임되는 점이 단점일 수 있다. 예를 들어 자녀를 계획하는 대로 낳았지만 자녀에게 사고가 생긴 경우나 재혼을 해서 더 자녀를 갖고 싶어도 자녀를 다시 가질 수 없다. 불임수술은 대체로 남성보다는 여성에게 신체적인 부작용이 많기 때문에 남성이 하는 것이 좋다.

2) 낙태

(1) 낙태의 개념

일반적으로 낙태는 인공유산을 의미하는 뜻으로 사용되고 있는데, 이는 외부의 간섭에 의해서 일어난 경우와 외부 간섭 없이 자발적으로 일어난 경우의 두 가지로 구별할 수 있다. 즉, 유산(Abortion)이란 태아가 모체 외부에서 독립적으로 성장할 수 있는 상태에 이르기 전에 자연적으로나, 인위적으로 임신이 중단되는 것으로서 자궁 밖에서는 생존할 수 없는 살아 있는 태아가 모체의 자궁으로부터 축출됨을 의미한다.

그러나, 여기서는 인위적 임신 중절로서, 태아가 모체 외에서 생명을 유지할 수 없는 시기에 자궁 내의 태아를 죽여 임신을 중단시킬 목적으로 태아와 그 부속물들을 인위적으로 모체 외부에 배출시키는 모든 인위적 조작에 관한 것이다. 그러므로, 이러한 인공 유산은 인공적 방법을 사용하지 않고 병적 현상으로 유발되는 자연 유산(Natural Abortion)과는 엄격히 구별된다.

원치 않는 임신은 무지의 결과로 발생할 수도 있고, 종교상의 이유로 피임하지 못했을 경우에도 발생할 수 있다. 그러나 대부분의 원치 않는 임신은 피임법 사용의 실패와 관계가 깊다. 피임법을 꾸준하게 그리고 규칙적으로 이행하지 않는다면, 정상적인 부부는 원치 않는 아기를 갖게 될 것이다. 따라서 낙태를 해야 될 상황이나 원치 않는 자녀출산을 하지 않기 위해서는 안전하고 올바른 피임법에 주의를 해야 할 것이다.

Freud의 관점에서 보면, 피임을 하지 않고 성관계를 가져서 임신시킨다는 사실은 무의식적으로 임신에 대한 욕망을 드러내는 것으로, 피임의 실패를 우발적인 것이라기보다는 고의적인 행동으로 여긴다.

(2) 우리나라의 낙태 현황

우리나라에서 한 아기가 태어날 때 약 2.5명의 태아가 낙태로 죽어간다. 한 해에 60만 명이 태어나고 150만 명이 낙태 당한다. 이것은 세계 2위의 낙태율이다. 낙태 건수는 놀랄 만한 속도로 증가했다. 18세 이상 전체 성인여성의 38.8%가 낙태를 경험하고, 기혼여성의 낙태 경험률이 59.3%라는 것은 놀랄 만한 일이다.

대학생들을 대상으로 조사한 바에 의하면 연인과의 성관계를 통해 임신을 했을 때에 여학생 64.4%, 남학생 49.9%가 낙태를 할 수 있다고 응답했다. 이는 아무리 생명이 중요하고, 연인과의 사이에서 가진 아이라도 결혼을 하지 않은 상태에서는 낳을 수 없다는 뜻이다. 게다가 미혼모를 곱게 보지 않는 보수적인 한국사회의 모습이 여성들에게 더욱 낙태를 생각하게 만든다(스포츠조선, 2005. 5. 25).

낙태하는 가장 큰 이유는 피임 실패 즉 원하지 않는 임신이다. 많은 사람들이 낙태가 살인이라고 생각하면서도 상황에 따라서는 낙태를 허용해야 한다고 하는 이중적 사고를 가지고 있다. 우리나라는 그동안 인구조절 정책을 실시해서 불임수술과 낙태를 묵인했으며 음성적으로 장려한 정부의 정책 때문에 낙태를 하는 부부들이 죄책감을 느끼지 못한다.

(3) 낙태 방법

낙태를 간단히 생각하는 사람들이 있다. 낙태는 생명체를 죽이는 행위이다. 낙태를 고려하기 전에 생명의 소중함을 다시 한 번 생각해야 할 것이다. 낙태의 방법에는 여러 가지가 있다.

① 흡입기(vacuum aspiration)

낙태에 대한 시술로서 가장 많이 사용되고 있는 안전한 방법이다. 이 방법은 비교적 산모에 고통이 없고 수술비용이 저렴하다. 이 방법은 임신 초기에 실시하기 좋은 방법이고, 국부 마취를 한 상태에서 수술을 실시한다. 수술 방법은 경부를 열고 자궁에 흡입기를 삽입해서 태아를 흡입기를 통해서 빨아들인다.

② 소파수술(dilation and curettage)

일명 D & C라고 불리는 이 낙태방법은 이제는 많이 시술되고 있지 않다. 그러나 낙태 기술이 발달되기 전에 우리나라 여성들에게 많이 실시되었던 방법이다. 이 방법은 임신 8주에서 20주 사이에 실시되며, 기구를 통해서 자궁경부를 연 다음 기구를 자궁에 넣어서 자궁벽에 착상되어 있는 태아를 긁어서 밖으로 나오게 하는 방법이다. 소파수술은 마취상태에서 실시되며, 자궁의 감염, 상처 등의 부작용을 일으킬 가능성이 있다. 이 방법은 산모에 끼칠 수 있는 위험성 때문에 흡입기를 통한 방법으로 대치되었다.

③ 확장과 흡입방법(dilation and evacuation)

이 방법은 임신 제2기에 가장 많이 사용되는 방법이며, 흡입방법을 사용할 경우 산모에 위험을 줄 수 있는 가능성이 있으면 실시하는 방법이다. 즉, 자궁경부를 기구를 통해서 확장해서 흡입된 태아가 밖으로 쉽게 나오게 도와준다. 이 수술은 대체로 큰 병원에서 전신마취 상태에서 실시한다. 이 수술을 받은 여성들은 쉽게 마취에서 회복되고 고통을 못느낀다. 그러나 소수의 여성들은 과도한 출혈, 감염, 자궁벽의 손상 등의 부작용을 호소하기도 한다.

④ 유산 유도(inducing labor by intra-amniotic infusion)

임신 2기가 넘어서 낙태를 하는 경우에는 인공적으로 유산을 유도하는 방법이 있다. 즉 양막에 약을 투여해서 자궁의 수축을 일으켜서 24~48시간 안에 태아를 분만하게 하는 방법이다. 이 방법은 태아가 너무 성장해서 흡입방법이나 소파수술이 불가능한 경우에 실시한다. 수술 부작용과 산모에 끼치는 영향이 가장 크다. 즉, 자궁경부에 손상을 줄 수 있고, 과도한 출혈 등의 많은 문제를 야기할 수 있다. 이 방법으로 낙태하는 것은 태아를 살인한다는 비난을 면치 못한다. 그래서 이 방법은 산모가 위험하거나 태아에 아주 극단적인 이상이 있을 경우에만 제한해서 실시한다.

⑤ 제왕절개 수술(hysterotomy)

산모의 배와 자궁을 가르고 태아와 태반을 들어내는 수술을 말한다. 이 방법도 임신 3기에 산모의 생명을 살리기 위해서 필요한 경우에 실시한다. 이 방법은 아주 큰 수술에 해당하기 때문에 큰 병원에서 경험이 많은 산부인과 의사에 의해서 실시해야 한다.

(4) 낙태 후유증

낙태수술이란 인공적으로 유산을 시키는 임신중절수술이다. 이것은 태아의 상태나 산모의 상태가 의학적인 이유로 태아를 중절시키지 않으면 안 될 경우에 하게 되는데 정신적으로 육체적으로 후유증을 남기는 경우가 많으므로 매우 신중하게 선택해야 한다. 정신적으로 많은 죄책감과 공포를 느낄 수 있고 신체적으로도 자궁내막염, 나팔관염, 난소염, 질염 등을 앓을 수 있다. 낙태수술 후 치료를 제대로 받지 않아서 다음 임신이나 자궁에 문제를 발생하게 하는 경우가 많이 있다. 낙태수술이 꼭 이루어질 수밖에 없는 상황이라면 임신 3개월 이전에 해야 한다.

〈연구문제〉

1. 이성교제나 배우자 선택할 때 제일 중요한 조건은 무엇일까?
2. 데이트 할 때 꼭 해보고 싶은 것은 무엇인가?
3. 최상의 데이트 코스는 어디일까?
4. 혼전 성관계에 대해서 어떻게 생각하는가?
5. 혼전에 임신을 했다면 어떻게 할 것인가?
6. 피임 방법은 어떤 것이 가장 좋을까?
6. 남자친구가 콘돔 사용을 거부한다면 어떻게 할까?

제6장 | 결혼과 결혼생활

사회, 경제, 문화적 환경이 변화하고 결혼과 가족에 대한 가치관이 달라지고 있음에도 여전히 대다수의 남녀들은 결혼을 하고 가정을 이룬다. 대부분의 사람들에게 결혼 후의 삶은 결혼 전보다 시간적으로 더 길고, 남편과 아내 그리고 부모로서의 역할수행을 해야 하기 때문에 삶의 질에 커다란 영향을 미친다.

결혼은 남녀 두 사람의 결합이라는 개인적인 의미뿐만 아니라 가족과 사회가 유지되는 수단이라는 복합적인 의미를 가지고 있다. 결혼은 인간의 본능에 기초한 가장 자연스런 결합일 수도 있지만 하나의 제도이며 관례로서의 성격도 강하다. 자신의 선택에 따라 결혼을 늦추거나 아예 결혼을 하지 않으려는 사람들도 늘어나는 추세이나 대부분의 사회에서 결혼은 아직 공통된 보편적인 제도로 인식되고 있으며 대다수의 사람들이 결혼을 선택하고 성인으로 기능하기 위해 경험하는 통과의례의 하나로 받아들여지고 있다(정현숙 외, 2003).

즉 남녀 두 사람이 적령기에 달하여 이성교제를 하고, 사랑을 배우면서 서로 배우자로 선택하는 과정을 통해 인간관계의 참 의미를 깨닫고 주체적인 방식으로 결혼에 이르는 것이 바람직하다.

1. 결혼의 의의

결혼이란 성인 남녀가 그들이 거주하는 사회의 법률에 따라 정서적 관계와 서로에 대한 법적 책임, 공적인 의식을 갖는 하나의 합의이다. 결혼이란 합법성과 부모 됨을 주요 기능으로 하는 남편과 아내 역할을 맡은 개인들 간의 사회적으로 승인된 결합이다(Reiss, 1980). 결혼이란 서로 다른 성을 가진 두 사람의 성인이 정서적·법적으로 연합하여 동거하는 관계이다. 대부분의 결혼이 공적으로 발표되고 영속되리라는 희망으로 시작된다. 두 사람이 연합한 결과 태어난 자녀는 사회적·법적으로 합법성을 인정받는다(Knox, 1979).

인간은 결혼과 더불어 새로운 인생을 시작하기 때문에 결혼을 제2의 탄생이라고도 한다. 이제까지 성장하고 생활해왔던 자신의 원가족을 떠나 배우자와 함께 새로운 가족을 형성하며, 이와 더불어 사회적 역할과 지위를 획득하고 나아가 가족 내·외적 인간관계를 확대하는 계기가 되기 때문이다. 그러나 결혼이란 행복만이 보장되는 낙원이 아니고, 책임과 의무가 수반되는 냉혹한 현실이다. 따라서 생활 속의 여러 가지 현실문제와 부딪칠 때 배우자와 힘을 합쳐 서로 협조와 노력을 통해 극복해 나갈 때 결혼의 참다운 의의가 되살아나는 것이다. 즉 결혼의 의미란 요구와 의무의 균형 속에서 책임감 있는 역할을 수행하고, 이를 통하여 하나의 성숙한 인격체로 완성되어 가는 것이다.

1) 결혼의 의미

현대사회에 들어와 결혼을 함으로써 두 남녀의 사랑을 실현한다는 개인의 정서적 측면이 강조되고 있지만, 결혼은 결혼식이라는 공식적인 의례를 통해 두 사람이 부부라는 사실을 공개하고 승인을 받으며, 그가 속해있는 사회 문화적 규범에 따라 부부, 부모, 사위와 며느리와 같은 새로운 역할을 수행해야만 되는 사회적 측면이 더 강한 제도이다.

결혼이 갖는 의미는 개인의 가치관과 시대의 변화에 따라 달라지겠지만, 일반적으로 적절한 연령에 도달한 남녀가 상당히 지속적인 기간 동안 정서적, 성적, 사회적, 경제적으로 결합됨을 의미한다(정현숙 외, 1998). 이와 같은 결혼의 의미를 좀 더 구체적으로 살펴보면 다음과 같다.

(1) 결혼은 정서적 관계이다.

대부분의 사람들은 사랑하기 때문에 결혼을 원한다고 말한다. 이러한 동기는 결혼이 서로를 많이 보살피고, 함께 있음을 즐거워하며 영원히 삶을 함께 하고자 하는 두 사람이 추구하는 관계라는 사실을 반영한다. 그들은 연인, 친구, 동료, 그리고 경쟁적이고 때로는 비인간적인 세상에서 믿고 이야기할 수 있는 사람을 필요로 한다.

(2) 결혼은 성적인 일부일처의 관계이다.

결혼에서 서로에 대한 정서적 책임이란 각각의 배우자가 상대방에 대해 성적으로 정숙할 것을 의미하는 것으로 생각되어진다. 많은 남편과 아내가 결혼생활 동안 배우자 아닌 다른 사람과 성적 관계를 가지지만, 그들은 자신의 혼외관계를 배우자에게 숨긴다. 혼외 파트너를 용인할 수 있다고 동의하는 부부를 제외하고는 성적 정숙이 요구된다.

(3) 결혼은 법적인 책임의 관계이다.

결혼은 한 남성과 한 여성과 일정 범위의 나이, 결혼상의 지위(어느 당사자도 다른 사람과 결혼관계에 있지 않다는)를 가진 사람들만이 맺을 수 있는 법적인 약속이다.

혼인신고는 각 배우자에게 상대방의 재산을 공유할 수 있는 권리를 부여한다. 우리나라 가족법에서는 배우자가 사망 시 직계비속이 있다면 생존배우자는 그들과 공동상속하고 직계비속이 없으면 피상속인의 직계존속과 공동 상속하도록 하고 있다.

(4) 결혼은 자녀의 적출을 보장하는 관계이다.

혼인신고는 결혼하는 부부에게서 태어나는 자녀를 적출로 인정하고, 부모에게 자녀를 보살필 법적 책임을 부여한다. 개인들은 사랑, 즐거움, 그리고 생의 반려를 위해 결혼하지만 국가의 관점에서 볼 때, 결혼의 진정한 이유는 남녀가 가지게 될지도 모르는 자녀를 양육, 부양할 법적 의무를 지는 데에 있다. 우리 사회에서 자녀양육은 국가가 아닌 가족의 일차적 책임이다.

결혼은 아동이 적절한 보살핌과 보호를 받고 사회에서의 생산적 역할을 할 수 있도록 사회화되며 다른 사람들의 부담이 되지 않을 것을 보증하는 비교적 안정적인 단위이다. 따라서 자녀가 있을 때 재혼하려는 개인에게는 사회적 압력이 매우 크다. 이혼을 함에 있어서도 자녀에 대한 부모의 법적 의무는 자녀양육비 지불을 통해서 유지된다.

(5) 결혼은 공적 의식의 관계이다.

한 쌍의 법적인 결합에 앞서 결혼식을 통한 공적 의식이 이루어진다. 부모, 형제자매, 친구들에게 결혼계획에 대해 이야기하는 것은 파트너와의 약속을 확인하는 결혼궤도에 올려놓기 위한 사회적 및 경제적 지원을 도출하는 데 도움이 된다.

그러나 결혼의 의미는 시대적·역사적으로 변해왔다. 과거 결혼에서는 경제적 안정, 사회적 지위 획득, 자녀 출산 등 실용적인 필요성이 우선시되고 도덕률과 사회규범이 강조되었으나 오늘날에는 배우자 간의 애정이나 동반자의식, 공감, 인간적 성장, 행복감의 추구 등 개인적이고 정서적인 측면이 강조되고 있다.

2) 결혼의 동기

최근까지 현대 사회의 성인들이 갖고 있는 결혼에 대한 의식은 모든 남녀가 신체적으로 성장하고 일정한 교육을 받아 직장을 갖게 되고 결혼적령기가 되면 연애나 중매를 통해 으레 결혼을 해야 하는 것으로 간주되어 왔으며, 결혼을 인생의 당연한 한 절차로 생각하고 있었다. 그런데 결혼에 대한 가치관을 조사한 통계 〈표 6-1〉에 의하면 결혼은 마땅히 해야 하는 것이라기보다는 개인의 성향이나 가치관에 따라 선택할 수 있다는 것으로 해석된다. 이러한 경향은 여성에게서 훨씬 두드러지게 나타나고 있다.

〈표 6-1〉 결혼에 대한 의견

결혼에 대한 의견	남	여	합계
반드시 해야 한다	30.1	6.9	14.6
가급적 하는 것이 좋다	54.2	51.1	52.2
삶에 불편이 없으면 안 해도 좋다	8.5	21.0	16.8
반드시 필요는 없다	7.2	21.0	16.4

결혼이란 자연적으로 발생하는 현상도 아니고, 더욱이 인간의 타고난 본성도 아니다. 그것은 하나의 제도이고 관례이다. 또한 관습과 도덕, 태도, 이념, 이상의 총체이고 사회적·법률적 제한이 따르기도 한다. 결혼은 성적 결합 욕구의 표현이기도 하나, 그것만이 목적은 아니며 여러 가지 복합적인 동기에 의해서 이루어진다.

그렇다면 사람들은 왜 결혼을 하려는 것일까? 여기에는 여러 가지 이유가 있으나 결혼으로 모든 것이 만족스럽게 달성되는 것은 아니다. 그럼에도 불구하고 대부분의 사람들이 결혼하는 이유는 역시 결혼이 이러한 목적들을 이룰 수 있는 기능과 가능성을 가지고 있다고 믿기 때문이다. 각 개인마다 결혼하려는 동기에는 차이가 있지만 대다수 사람들의 결혼 동기는 개인적 욕구를 충족시키는 개인적 동기와 사회전체의 요구를 충족시키려는 사회적 동기로 크게 구분된다. 전자는 성적 만족, 정서적 안정, 자녀출산에 대한 욕구, 경제적 보장, 사회적 지위 획득 등의 동기를 말하며, 후자는 성적 통제, 사회구성원의 충원, 사회적 유대감의 증대 등의 동기를 말한다. 여기서는 결혼의 개인적 동기와 사회적 동기를 포함하여 대부분의 사람들이 왜 결혼을 하는가를 자세히 살펴보면 다음과 같다.

(1) 사랑의 실현

현대의 결혼 욕구 중 가장 강한 동기는 사랑하는 사람과 함께 살고 지내고 싶기 때문이다. 사랑의 실현을 위해서는 결혼이라는 관문을 통과해야 하며, 실제 결혼생활을 통해 성숙한 사랑을 이룩해 나간다.

(2) 성적 욕구 충족

결혼생활에서는 법적으로나 사회적으로 인정된 성적 욕구를 충족시킬 수 있다. 즉 사회가 기대한 성역할을 수행하게 하여 마음의 평화와 안정감을 갖게 해 준다.

(3) 경제적 안정유지

결혼을 함으로써 어느 정도 물질적 안정을 유지할 수 있다. 오늘날에는 맞벌이 가족이 증가하고 있는데 배우자 선정 시에도 빠른 시일 내에 경제적 안정을 추구할 직업을 가진 여성, 안정된 직장을 가진 남성을 좋은 조건으로 보는 것은 결혼의 동기 중 경제적 안정이 중요한 동기로 작용하기 때문이다.

(4) 정서적 안정유지

결혼은 개인에게 정서적·감정적 안정을 부여해준다. 결혼을 함으로써 생의 동반자로서 서로를 이해해 주고, 정서적 지원을 제공해주며 더 친밀한 일대일의 관계를 유지시켜 정서적 욕구 충족을 할 수 있다.

(5) 자녀출산의 기회

결혼은 자녀출산을 가능하게 하여 자기보존은 물론 종족을 계승해 주는 의미를 갖고 있다. 특히 우리사회에서는 자녀를 두어 가문을 계승하기 위해서 결혼을 하려는 사람도 있을 것이다. 또한 적절한 시기에 자녀를 갖고 싶은 욕구도 결혼을 결정하는 데 요인이 된다.

(6) 성인으로서의 신분 획득

결혼은 성년이 되는 중요한 단계이므로 누구나 독립된 신분을 인정받고 싶어 하므로 결혼을 한다. 결혼을 통하여 부모로부터 독립하고 독립된 신분을 획득할 수 있으므로 결혼을 하려는 욕구가 작용한다.

(7) 사회적 기대의 부합

결혼을 한다는 것은 어느 사회에서나 성인이 되는 신분을 부여하므로 사회에 적응하기 위해서는 결혼이 필요하게 된다. 특히 우리나라의 여성에게는 적령기에 결혼하기를 기대하는 것이 사회적 통념으로 되어 있으므로 결혼을 하지 않거나 못하는 사람은 사회적으로 은근한 압력을 느끼게 된다.

이상의 동기로 대부분 사람들은 결혼을 하지만 가장 근원적인 문제는 사랑하기 때문에 결혼을 한다. 그러나 때로는 부모의 압력이나 졸업 후의 전환 수단으로서, 사랑에 실패한 후, 외로움을 달래기 위해서, 임신을 하였기 때문에 결혼을 하는 예도 종종 있다. 이러한 동기로써 결혼을 하게 된다면 진정한 결혼 생활의 의미를 갖지 못한다. 왜냐하면 결혼의 행복은 서로 부족한 점을 보완해나가면서 살아갈 수 있는 사랑, 동료감, 안정감을 찾을 수 있는 관계를 유지시켜야 하기 때문이다.

3) 바람직하지 않은 결혼의 동기

결혼의 동기가 무엇인가에 따라 앞으로의 결혼생활의 성공 여부를 예측할 수 있다. Stinnett는 부정적인 동기에 의해 결혼해 받게 되는 불이익을 인식하는 것이 중요하다고 지적하면서, 악의, 복수심, 고독감으로부터의 도피, 불행한 가정환경으로부터의 탈피 및 혼전 임신 등의 부정적 동기에 의해 결혼하게 되면, 결혼생활이 불행해질 가능성이 매우 높다고 하였다.

(1) 현실도피

사람들은 종종 자기 부모가 답답하고 억압적이고 불행한 가정일 때 현실을 도피하기 위해 결혼하는 사람들이 있다. 사이가 좋지 않은 부모에 혐오감을 느끼며 그러한 상황을 벗어나기 위하여 결혼을 하려고 하는 것이다. 현재의 불행한 가정을 탈출하기 위하여 별로 원하지 않는 사람과 결혼을 결정하는 경우 성공적인 결혼이 되기 어렵다.

(2) 반발

사랑했던 파트너가 떠난 후 외로움을 달래기 위하여 또는 화가 나서 즉시 다른 사람과 결혼을 하는 경우가 있다. 이러한 황급한 남녀의 결합의 부부문제, 재정문제, 자녀문제 등 더 많은 문제를 야기할 수 있다.

(3) 지위 상승의 수단

젊은 남녀들 중에는 보다 나은 경제적 기반 위에서 제2의 인생을 출발하고자 결혼을 자신의 목표의 수단으로 삼는 사람이 있다. 그러나 두 사람 간의 사랑이 없는 결혼은 결국 매매혼과 다름이 없으며, 오래 지속되기 힘들다.

(4) 순간적인 열정

매력적인 사람과 사랑에 빠지기는 쉽지만 단기간에 만나 바로 결혼을 결정한다는 것은 상대방을 충분히 이해하지 않은 상태에서 출발하므로 갈등이 생기기 쉽다. 순간적인 열정만으로는 상호 이해의 기반이 약하다.

(5) 혼전 임신

교제하는 동안 결혼에 대한 구체적인 준비없이 성관계 후 임신을 하는 경우 상대방에 대하여 죄의식을 느끼고 결혼을 결심하는 사람이 있다. 그러나 결혼생활을 지속하면서 자신의 인생 목표가 좌절되거나 연기되는 경우 그에 대한 원망을 상대방에게 할 수 있으며 아직 미성숙한 상태에서 부모역할을 잘 수행하지 못하므로 문제가 발생하게 된다.

4) 결혼의 조건

(1) 혼인 연령

대부분의 사회에서는 결혼 적령기를 20대 전후반기로 삼아, 이 시기에 결혼을 하면 이상적이라 생각하고 있다. 이러한 기준은 사회에서 정한 것으로 만일 이러한 기준을 무시하고 결혼한다면 여러 사람의 주목이나 화젯거리가 될 수 있다. 예를 들면, 40대의 남자나 여자가 20대의 연하의 배우자와 결혼을 한다면 이야기거리가 된다.

그러나 사실상 결혼 연령은 결혼의 행복도와 밀접한 관련이 있다. 즉 남자 20세, 여자 18세 이전에 결혼을 하지 않는 것이 좋은데, 만약 이 시기에 결혼을 했다면 이혼 확률이 대단히 높다. 그 주원인은 정서적·신체적으로 미성숙하기 때문에 결혼 생활에 문제가 생겼을 때 이를 극복할 수 있는 능력이 부족하다. 이를테면 부모로서의 책임을 다하는데 미숙한 면이 있을뿐더러 선택한 배우자에 대해서도 후회를 하거나 쉽게 이혼을 결정하는 비율이 높다.

한편 고등교육을 요하고 있는 현대 사회에서는 만혼의 현상이 두드러지고 있는데, 만혼을 하면 초기에 안정된 기반 속에서 출발할 수 있지만, 자녀의 출산에 대한 어려움이 있다. 따라서 조혼이나 만혼에 결혼하는 것보다는 결혼 적령기라고 하는 시기에 결혼을 하는 것이 더 바람직할 것이다.

그러면 결혼 적령기는 몇 세일까? 하는 문제가 생긴다. 이러한 문제는 학자마다 다양하게 주장하고 있으나 최근에는 청년취업이 어려워지면서 학업기간의 연장, 안정된 직장생활 보장이 어려워져 결혼 연령이 점점 늦어지고 있다. 한편, 우리나라에서 법으로 규정하고 있는 호적상 결혼 연령은 남자 18세, 여자 16세 이상으로 되어 있다.

그러나 남자가 여자보다 반드시 연상이어야 한다는 데 대해서는 과학적 근거가 없다. 왜냐하면 이러한 연령 기준은 개인, 사회, 문화적 배경에 따라 차이가 있기 때문이다. 가장 이상적인 결혼의 적령기는 호적상의 연령뿐 아니라 생리적・사회적・정서적・지능적 연령들과의 조화가 얼마나 균형 잡힌 성숙을 이루고 있는가에 달려있다. 대체로 정상인의 신체적 기능은 20대 이르러 원숙되므로 결혼의 적령기는 20대에 남녀가 결혼생활에 쉽게 적응할 것이다.

(2) 정서적 성숙 조건

성공적 혼인을 위해 두 남녀는 호적상 결혼 연령에 도달하였을지라도 정서적으로 성숙해야 하며, 다음과 같은 조건을 갖추어야 한다.

① 지능의 성숙

자신의 연령에 알맞은 지능을 가지고 있을 뿐 아니라 일상생활에서 성숙된 사람답게 이용할 줄 알아야 한다. 즉 상황을 판단하는 데 개인의 상상이나 감정에 얽매이지 않고 합리적이고, 객관적으로 판단하고 해결할 줄 알아야 한다.

② 사회 조직 속에서 인간관계를 바로 알고 사회의 권위와 전통을 존중할 줄 알아야 한다. 그리고 사회생활을 원만히 하는 데 필요한 기본 지식을 습득해야 한다.

③ 자기 자신의 수용

자신의 장단점을 잘 알고, 자신의 행동에 대해 책임질 줄 알아야 한다. 또 자기의 실수에 대하여 남을 탓하지 않고 그것을 자기 생활에 유용한 방향으로 이용할 줄 알아야 한다.

④ 현실에 대한 인식

현실을 도피하거나 지나치게 과장되게 생각하는 신경질적 반응을 갖지 않고 항상 현실로부터 미래를 향해 진출하는 건전한 생활 태도를 갖추어야 한다. 또한 실패에 좌절하지 않고 현실 가능한 방법으로 접근하여 해결하려는 마음가짐을 가져야 할 것이다.

⑤ 독립성 여부

성숙한 사람은 부모로부터 경제적·정서적 독립을 해야 한다. 즉 자기의 생계를 유지할 수 있는 능력과 책임을 갖추고, 자신의 문제는 자신이 해결할 수 있는 독립성을 갖추어야 한다. 특히 부모에 대한 의타심은 어릴 때의 양육태도에 의존하는데, 성숙하지 못한 사람은 무슨 일이든지 부모의 힘을 빌리려고 한다.

⑥ 정서적 안정감

성숙한 사람은 남의 아첨, 칭찬, 비난 등에 동요되지 않는다. 즉 감정적으로 충분히 발달하여 남의 평가에 대하여 동요되지 않고 가볍게 받아넘길 줄 알아야 한다.

⑦ 자제력 여부

자기의 행동을 억제하거나 조정할 줄 알아야 한다. 장래를 위하여 현재의 고통을 참고 견딜 줄 알며, 원만한 인품을 가지고 다른 사람과도 타협할 줄 알아야 한다.

⑧ 성·결혼에 대한 긍정적 태도

성숙한 사람은 성에 대하여 공연한 공포감이나 혐오감을 갖지 않고 성에 대한 올바른 지식과 태도를 가지고 결혼 생활에 임할 준비를 갖추고 있어야 한다.

이상에서 열거한 성숙의 조건을 다 갖추고 결혼하는 사람은 드물다. 그러나 이상의 조건들은 연령과 더불어 결혼의 적령기에 필요조건이 된다. 즉 성숙한 상태에서 결혼을 하면 서로의 문제를 감싸주고, 또한 현실에 맞추어 긍정적으로 해결하려는 능력을 갖추어 서로의 관계를 유연하게 할 수 있다. 아무리 연령이 많아도 정서적으로 성숙하지 못하면 감정적으로 불안정하여 결혼생활에 불만이 쌓이고 분열이 생길 수 있다. 따라서 결혼의 적령기를 말할 때는 연령과 더불어 사회적 성숙을 기준으로 정하는 것이 바람직하다.

5) 결혼생활의 환상과 실제

우리가 흔히 생각하는 결혼과 결혼생활이라는 단어는 그 개념상 의미의 차이가 있다. 결혼이라는 단어는 미혼 남녀가 서로 만나 좋아하게 되고 사랑하여 많은 사람들의 축복 속에 일생의 단 한 번뿐인 화려한 결혼식을 올리는 상황에 초점이 맞추어져 있다. 즉 결혼이라는 단어는 사랑, 결혼식, 축복, 신혼여행, 인생의 새 출발 등과 같은 미혼남녀들을 흥분시키는 사건들을 연상시킨다. 그러나 결혼생활이라는 단어는 출산, 자녀양육, 맞벌이, 고부관계, 돈, 집 장만, 부부갈등 등과 같은 결혼의 현실적인 어려움도 연상시킨다. 이런 점으로 볼 때 결혼과 결혼생활은 분명히 의미의 차이보다는 실제적인 측면에서 다른 점이 많다.

이처럼 결혼과 결혼생활에는 많은 차이가 있음에도 불구하고 많은 미혼 남녀들은 결혼준비에는 신체적 · 심리적 · 경제적으로 신경을 기울이지만, 결혼생활 준비에는 전혀 주의를 기울이지 않는 것 같다. 그래서 철저한 결혼 준비를 하여 축복 받는 결혼식을 올린 부부라 할지라도 결혼생활이 본격적으로 시작되면 결혼에 대한 환상은 사라지고 현실적인 어려움에 부딪치게 된다.

결혼생활을 하면서 실망감에 빠지는 것은 결혼생활에 대한 잘못된 믿음 때문이다. 즉 결혼생활의 실체에 대한 인식부족이 원인이다. 특히,

많은 부부들이 일반적으로 가지고 있는 결혼생활에 대한 막연한 기대들이 실망감을 더 크게 한다. 결혼에 대한 잘못된 생각 몇 가지를 살펴보자.

첫째, 자신들의 결혼생활만큼은 다른 부부들과는 다를 것이라는 믿음이다. 가까운 주변에서 관찰할 수 있는 부부들이 사소한 의견 불일치, 시부모와의 갈등, 부부싸움, 자녀문제로 인한 고통 등으로 괴로워하는 것을 보면서도 자신들의 결혼생활에서는 그와 같은 일이 일어나지 않을 것이라는 잘못된 기대를 갖는다. 그러나 결혼생활에는 일반적으로 부딪치게 되는 공통된 도전들이 있기 마련이다. 그러므로 이런 일정한 사건들을 어떻게 대처해야 될 것인지에 대해 미리 구상하는 의식적인 노력이 필요하다.

둘째, 우리의 갈등은 심각한 것이 아니라는 믿음이다. 배우자의 사소한 문제에 대한 불평이나 불만을 정상적인 결혼생활에서 항상 있을 수 있는 가벼운 사건으로 생각한다. 그러나 모든 부부들의 결혼생활을 하나의 획일적인 기준을 가지고 평가할 수는 없다. 매일 밤늦게까지 남편을 기다려야만 하는 아내의 상황은 매우 고통스럽지만 다른 가정에서 남편의 늦은 귀가는 아내가 남편에게 구애받지 않고 자기 활동을 할 수 있는 시간적 여유를 주는 행동이 될 수 있다. 그러므로 모든 부부들은 나름대로의 사소한 일이 부부생활을 심각하게 할 수 있다는 생각을 가져야 한다.

셋째, 자신의 배우자가 결혼생활에 필요한 모든 것을 해결해 줄 것이라는 믿음이다. 사람들은 각자 서로에게 바라는 개인적 욕구를 지니고 있다. 부부는 항상 진지한 대화가 필요하다. 자신의 외로움과 우울함을 해결해 줄 수 있는 역할을 배우자가 해 줄 것으로 기대하기 쉬우나 배우자가 자신의 모든 욕구를 만족시켜 주기를 기대하는 것은 매우 비현실적이며 바람직하지 않다.

사람들이 세상사나 인생의 여러 사건에 대해서 개인적으로 가지고 있는 일정한 정신적인 틀을 스크립트(Script)라고 한다. Coleman(1988)

은 사람들이 결혼생활에 대해서 갖는 스크립트를 전통적인 것과 평등적인 것으로 구분하고 있다. 전통적 스크립트를 지니고 있는 사람들은 가정의 생계유지자 역할은 남편이 그리고 가사를 담당하는 역할은 아내가 해야 한다는 이분법적인 생각을 가지고 있다. 이와 반대로 평등주의적 스크립트를 갖는 사람들은 남편과 아내의 역할에 대해서 평등주의적인 견해를 갖게 되며 결혼생활에 있어서도 융통성 있는 부부 역할을 수행할 준비가 되어있다.

〈표 6-2〉 결혼생활에 대한 스크립트(script)

전통적 스크립트	평등적 스크립트
남편은 생계유지자, 아내는 가사와 자녀양육	남편과 아내는 생계유지, 가사, 자녀양육의 역할을 공동수행
전통적인 남성과 여성의 성 역할을 고집	성 역할을 융통성 있게 변화
남편은 일차적 의사결정자	의사결정은 남편과 아내가 공동으로
성행위는 남편에 의해 주도되고, 아내는 수동적으로 반응	부부의 성은 어느 한 쪽에서도 시작될 수 있으며 상호만족을 추구
남편은 강하고 말이 없으며, 아내는 정서적이고 모성적	부부는 서로 정서적 지원을 제공하며 감정을 공유
갈등해결은 남편이 주도	갈등은 부부 상호 해결
남편의 직장에 따라 주거를 결정	주거는 부부상호의 상황을 고려하여 결정
자아실현과 같은 개인적 성장은 남편에게만 중시된다.	개인적 성장은 부부 모두에게 중시

결혼생활에 대한 스크립트의 내용은 〈표 6-2〉와 같다. 시대가 변화함에 따라 결혼생활에 대한 전통적 스크립트가 평등주의적 스크립트로 변화해 가는 양상을 나타내고 있다. 그러나 이 두 스크립트 중 어떤 것이 더 좋은가는 개인의 가치판단에 따라 달라진다.

우리나라의 문화적 여건상 아들딸의 결혼 준비를 적극적으로 주도

했던 부모들도 그들의 결혼생활준비에는 주의를 기울이지 않는다.

미혼 남녀들은 결혼생활의 실체를 파악하고 스스로 결혼생활에 대한 철저한 계획을 세워야 한다. 우선, 혼전의 생활과 결혼 후의 생활은 여러 측면에서 다름을 인식하고, 결혼한 부부들은 성공적인 결혼을 위해 다음과 같은 변화들을 원만하게 달성해야 한다(Bowman & Spanier, 1978).

① 나의 생활에서 우리의 생활로
② 독신의 불완전한 성생활에서 공인된 부부간의 완전한 성생활로
③ 낭만적 사랑에서 현실적인 책임감 있는 태도와 능력으로
④ 개인적인 구매 패턴에서 배우자, 가족구성원 중심의 구매로
⑤ ~의 자녀라는 입장에서 ~의 배우자라는 입장으로
⑥ ~의 자녀라는 입장에서 ~의 며느리, 사위의 입장으로
⑦ 개인 습관에서 가족 중심의 습관으로

이와 같은 변화를 통해 출생가족의 한 가족구성원, 개성을 갖는 한 개인, 데이트 상대로서의 역할을 벗어나 결혼과 더불어 새로 가정을 형성하고 자녀를 낳아 기르는 생활을 하게 되는 생식가족(family of procreation)의 핵심적 구성원으로 부부로서 부모 역할의 수행에 대한 태도 인식과 행동이 변화해야 한다.

이와 같은 Bowman Spanier의 기술은 결혼생활 준비에 대한 일반적인 지침이라고 할 수 있다. 결혼을 앞둔 남녀들이나 결혼한 부부들은 미래의 결혼생활에 대해 실제적이고 구체적인 계획을 세워야 할 것이다.

정현숙 등(1998)에 의하면 결혼생활을 준비하는 데 몇 가지 고려해야 될 것들이 있다. 첫째, 부부의 직장에서의 일과 가족생활을 어떻게 하면 조화시킬 수 있느냐의 문제다. 남편이 홀벌이를 하든지 부부가 맞벌이를 하든지 간에 부부의 직장일의 근무시간, 근무지, 주요 업무, 지위 등은 부부의 성역할, 자녀양육, 가사분담, 심지어 부부의 성생활에도 막대한 영향을 미친다. 그러므로 부부는 일과 가정사를 확실히 구분지

을 수 있는 역할 분담의 기준을 분명하게 설정해 놓아야 한다. 부부의 가치관에 따라 다르겠지만, 남편 홀벌이인 경우는 생계유지는 남편이 맡고 가사와 자녀양육은 아내가 맡지만, 맞벌이인 경우는 자녀양육과 가사분담에 대한 부부 서로의 역할분담을 분명히 설정해야 한다. 부부들의 가사분담 유형은 다음의 다섯 가지로 구분된다.

① 부인 전문화형 : 부인이 전적으로 가사에 대한 책임을 지며, 남편은 단순하게 보조 역할을 하거나 비상시에 적극적으로 돕는다.

② 남편 전문화형 : 부인 전문화형과 반대되며, 남편이 전적으로 가사를 도맡아하며 아내는 보조자의 역할을 한다.

③ 유동형 : 부부가 상황에 맞추어 가사를 쉽게 바꾸어서 하거나 함께 공동으로 한다.

④ 제거형 : 아예 가사를 하지 않도록 가정생활을 조정하거나 고용인에게 맡긴다.

⑤ 자율형 : 부부가 서로 자신의 취향이나 필요에 따라 전개하여 가사를 책임진다.

둘째, 가족계획을 수립하고 자녀양육에 대한 부부 공동의 가치관을 형성해야 한다. 자녀를 가질 것이냐의 여부, 자녀를 갖는 시기는 언제로 할 것이며, 맞벌이의 경우 첫 자녀 출산 후의 부인의 직장 계속, 휴직, 사직여부, 일과 자녀양육이 상충될 경우, 탁아는 어떻게 할 것인지, 첫 자녀 출산을 지연시키는 경우 피임을 남편과 아내 중 누가 어떻게 주도적으로 실시할 것인가의 문제에 대해서 부부가 서로 합의해야 한다.

또한, 자녀양육에 대해 부모로서 기본적인 입장을 서로 상의할 필요가 있다. 부모가 자녀의 모든 행동에 대해서 어떤 유형의 통제 방식을 사용할 것인가가 자녀양육의 관건이라 할 수 있다.

Baumrind(1971)는 부모의 자녀에 대한 통제 유형을 통제의 강도와 형태에 따라 독재적 부모, 허용적 부모, 권위 있는 부모의 세 가지로 분류하고 있다.

독재적인 부모는 자녀에게 절대적 복종을 요구하며 자주 체벌을 사용한다. 자녀에게 기성세대의 가치관을 요구하고 자녀의 자율성을 제한하며 자녀와의 솔직한 대화도 부족하다. 이렇게 양육된 아이들은 독립심이 적으며 행동이 위축되고 사회의 규범에 순응하며 타인이 제시한 기준에 자신을 맞추려는 경향이 강하다.

허용적 부모는 자녀에게 체벌을 지양하고 긍정적이고 아량 있는 태도로 자녀의 행동과 태도를 통제한다. 이런 부모는 아이에게 과잉애정과 과잉보호를 제공함으로써 자율이 아니라 아이 스스로 판단하는 주관성이 결여될 위험성이 있다. 이런 아이들은 자율성과 독립심이 부족하고 학습에 대한 의지가 약한 아이로 성장하기 쉽다.

권위 있는 부모는 자녀의 자율성을 인정하며 합리성과 논리적 사고에 근거하여 자녀를 통제한다. 권위 있는 부모들은 독재적인 부모처럼 부모의 일방적인 가치관을 강요하거나 체벌을 사용하지 않는다. 따라서 자녀들은 자율적이고 자긍심이 강하며 자기 통제력이 강한 아이로 성장하는 경향이 있다. 물론 자녀양육의 상황이 매우 다양함을 고려한다면 경우에 따라서는 독재적인 부모나 허용적인 부모가 아이에게 더 좋은 효과를 가져오는 경우도 있을 것이다. 그러나 일반적으로 권위 있는 부모 통제 방식이 자녀의 바람직한 성장에 효과적이다. 권위 있는 통제방식을 사용하는 것도 중요하지만 부부간 서로 일치되는 양식으로 자녀를 일관성 있게 양육하는 것이 필요하다. 그러므로 부부간에 자녀양육에 대해 일반적 통제 양식을 서로 심도 있는 대화로 조정하는 것이 요구된다.

셋째, 인생의 발달주기에 따른 재정계획을 수립하는 것이 요구된다. 한 가족의 구성원들은 생산과 소비의 주체가 된다. 결혼생활에는 부부의 수입형태에 따라 누가 지출관리를 주도하느냐, 저축률의 결정, 남편과 아내의 용돈 액수, 탁아비의 결정, 자동차 구입과 집 장만에 대한 구입결정권과 그 시기, 여행지의 결정과 비용마련 방식 등 가계와 관계된 경제적 의사결정 등 경제활동은 부부생활이 끝날 때까지 매우 장기적으로 진행된다.

이처럼 가계운용은 부부의 결혼생활의 질에 막대한 영향을 미친다. 그러나 재정계획을 수립할 때 많은 부부들이 자신들의 가족생활주기에 따라 변화되는 적절한 가계운용에 대해서는 주의를 기울이지 않는 편이다.

2. 결혼과 결혼생활의 변화

미혼남녀들의 이성교제, 배우자 선택에 대한 가치관이나 기대가 변화됨에 따라 젊은 세대들의 결혼생활에 있어서도 많은 변화를 가져왔다. 즉 혼인의 형태, 혼인 연령, 자녀를 갖느냐의 여부, 맞벌이에 따른 부부 역할, 자녀교육에 대한 열의와 기대, 노후생활에 대한 대비, 이혼 결정에 대한 심리적 부담, 재혼 등에 대한 태도와 가치관이 많이 달라지고 있다. 현대 사회에 들어와 뚜렷한 특징을 보이는 몇 가지 사항들을 살펴보면 다음과 같다.

첫째, 성역할이 변화되고 있다. 여성들의 교육수준이 높아지고 사회 진출이 증가하면서 여권이 향상됨에 따라, 과거 전통적인 남성성(masculinity)과 여성성(feminity)에 대한 개념이 변화되고 있다. 이는 결혼한 부부들에게 있어서도 남편은 한 가정의 생계부양자의 역할 그리고 아내는 가사와 자녀양육의 역할을 수행해야 된다는 전통적 의식을 변화시키고 있다. 또한 결혼해서도 남편이 가사와 자녀양육 활동에 참여, 부부 맞벌이, 아내의 가계의사결정권 향상, 수입을 부부 각자가 관리하고 지출하는 부부별산제의 확대 등을 가져오고 있다. 성역할의 변화는 이성교제의 상황을 변화시키며, 직업을 구하는 데 있어서도 남녀에게 고유한 직업 영역이 파괴되고 있다.

둘째, 배우자 선택의 조건과 결정권이 변화되고 있다. 연애결혼이 증가함에 따라 배우자를 선택하는 기준들도 개인의 취향과 의사가 잘 반영되고 있으며, 배우자에 대한 최종적인 선택권도 점차적으로 결혼당사자가 자율적으로 결정하는 추세로 변화되어 가고 있다.

셋째, 남녀 모두 초혼 연령이 점점 높아지고 있다. 현대사회의 남녀들은 교육기간의 연장, 결혼생활에 따른 심리적·경제적 부담, 여성의 취업 확대로 인한 경제적 능력의 신장과 자아실현에 대한 강한 동기, 남녀의 성불균형에 따른 배우자 선택의 제한 등과 같은 원인으로 결혼적령기에 이른 남녀들이 쉽게 결혼을 결정하기 어려운 상황에 처해 있다.

이와 같이 남녀 모두 늦게 결혼하는 경향은 남녀 모두가 사회경제적·심리적 성숙을 기할 수 있는 시간적 여유를 확보할 수 있다는 장점이 있다. 그러나 이성교제 기간이 길어진 데 따르는 남녀 커플의 심리적·시간적·경제적 에너지가 비효율적으로 소모되고 독신에 따른 외로움, 결혼이 늦어져 자연 초산 연령이 높아져 아내의 출산 능력과 자녀양육에 부정적 영향을 끼친다.

〈표 6-3〉 성별 평균 초혼연령

(단위 : 세)

	1990	1995	2000	2004
남성	27.8	28.4	29.3	30.6
여성	24.8	25.4	26.5	27.5
차이	3.0	3.0	2.8	3.1

넷째, 여성의 경제활동이 계속 증가하고 있다. 산업구조의 변화와 여성 학력의 증가로 인해 여성의 취업이 점점 확대되고 있다. 여성은 경제활동에 참가함으로써 자신의 주관적인 생각으로 독립적 행동을 할 수 있게 되었고 남녀 간의 실질적인 권력관계에 있어서 동등권을 행사할 가능성이 높아졌다. 여성들의 경제적 능력은 혼전의 이성교제, 독신, 결혼

생활, 이혼결정, 재혼의 여부를 결정하는 데 직·간접적인 영향을 발휘함으로써 남녀의 역할을 변화시키는 중요한 요인으로 작용하고 있다.

〈표 6-4〉 여성의 경제활동 참가율

연도	비율(%)	연도	비율(%)
1980	42.8	2000	50.1
1990	47.0	2005	48.8

자료 : 통계청(2005) 통계로 보는 여성의 삶

다섯째, 결혼한 부부들의 평균 자녀수가 점점 감소하고 있다. 출산율 감소의 원인으로는 남녀의 혼인 연령이 높아지는 데 따른 여성의 출산력 약화, 자녀출산과 양육에 드는 경제적·심리적·신체적 부담에 대한 두려움, 자녀보다는 부부 각자의 인생에 대해 더 높은 가치를 부여하는 것, 노후생활을 자녀에게 의존하는 경향성의 감소, 다양한 피임법과 적극적인 가족계획 등을 들 수 있다.

〈표 6-5〉 출산력 추이

	1970	1983	1990	2000	2003
출생아 수(천명)	1007	778	659	637	493
조 출생률(%)	31.2	19.5	15.4	13.4	10.2
합계 출산율(명)	4.53	2.08	1.59	1.47	1.19

자료 : 통계청(2004) 2003 인구동태통계연보

이 같은 출산율의 감소는 부부가 갖는 제반 능력을 부부 공동의 생활, 각자의 관심 영역에 대한 지속적 활동, 여성의 취업활동과 자아실현에 투자할 수 있다는 점에서 부부의 결혼생활을 원만하게 만드는 긍정적인 요인으로 작용하고 있다. 또한 부부가 부모로서의 역할과 의무는 과거에 비해 일찍 끝나고 평균수명의 연장으로 인해 노후생활이 길어지고 있다. 따라서 길어진 노후생활을 생동감 있고 적절한 긴장을 유지하면서 보낼 수 있는 대비책이 필요하다.

여섯째, 이혼율이 계속 증가하고 있다. 최근 이혼이 계속 늘어나는 것은 자기 중심적인 삶의 지향 등 가치관의 변화와 부부간 성격차이 등에 의한 것으로 풀이된다. 결혼한 지 5년 미만인 부부의 이혼율은 줄어드는 반면, 20년 이상인 부부의 이혼이 증가하고 있다. 이와 같은 경향은 사회환경의 변화와 현대 부부의 자녀 수 감소, 여성의 경제능력 향상, 이혼에 대한 사회적 인식의 변화로 그동안 참고 살아왔던 여성들이 더 이상 참지 않고 이혼하는 경향을 보인다.

〈표 6-6〉 연도별 혼인 및 이혼 통계 현황

(단위 : 건수, 인구 천 명당 건수)

연도	혼인건수	조혼인율	이혼건수	조이혼율
1970	295137	9.2	11615	0.4
1980	403031	10.6	23662	0.6
1990	399312	9.3	45694	1.1
2000	334030	7.0	119982	2.5
2004	310944	6.4	139365	2.9

주 : 조혼인율=해당연도 혼인건수÷해당연도 주민등록연앙인구×1000
조이혼율=해당연도 이혼건수÷해당연도 주민등록연앙인구×1000
자료 : 통계청(2004), 인구동태통계연보

과거보다 남편들은 변화가 적은 데 비해 아내들은 상대적으로 많이 변화되었는데 부부생활을 잘 적응하기 위해서는 여성들의 의식변화에 대한 남성들의 높은 인식이 요구된다고 하겠다.

3. 법제도로서의 결혼

현대 사회에서는 개인의 권리를 옹호하고 사회의 질서를 유지하기 위하여 결혼을 법적으로 통제하고 있다. 예를 들어 중혼, 근친상간 등을 금함으로써 사회의 성 질서를 통제하기도 하고, 또한 재산상속권, 혼인 외 출생아 등의 여러 문제를 해결하기 위해서도 법적인 보호는 반드시 필요하게 된다.

1) 혼인성립의 실질적 요건

우리나라 법률에서는 남자 만 18세, 여자 만 16세에 달하면 혼인할 수 있으며, 그밖에도 법적 조건이 갖추면 혼인이 성립된다고 규정하고 있다. 단 미성년자, 금치산자가 혼인할 때는 부모의 동의를 얻어야 하며, 부모 중 일방이 동의권을 행사할 수 없을 때에는 다른 일방의 동의를 얻어야 하고, 부모가 모두 동의권을 행사할 수 없을 때에는 후견인의 동의를 얻어야 한다. 부모 혹은 후견인이 없거나 동의할 수 없을 때에는 친족회의 동의를 얻어 혼인할 수 있다. 또한 배우자가 있는 자는 다시 혼인하지 못한다. 결혼하는 당사자 간에 결혼할 의사가 있어야 한다는 것은 두말할 것도 없지만, 부모가 강압적으로 자녀의 혼인을 성립시키는 경우처럼 당사자 간에 혼인의 합의가 없을 때에는 혼인무효의 요건이 된다.

2) 혼인 신고

현대사회에서는 결혼의 사회적 승인과 함께 법적 승인을 거쳐야 한다. 우리 사회에서는 혼인 신고를 마쳐야만 비로소 완전한 혼인이 성립되며 결혼식을 거행하지 않아도 혼인 신고를 함으로써 법적 부부로 인정받을 수 있다. 결혼식을 거행하고 결혼생활을 계속하였고, 친구와 이웃사람들이 그들을 부부임을 인정하다 할지라도, 혼인신고를 하지 않아 불이익을 당하는 경우도 있다. 혼인신고는 당사자 쌍방과 성인 증인(證人) 2인이 연서하고 혼인신고서를 남편의 본적지 또는 주소지에서 신고하여야 한다.

4. 의례로서의 결혼

1) 결혼의례의 의미

결혼은 인류의 역사 속에서 이루어져 왔고 앞으로도 대부분의 사람들이 결혼하도록 자극 받을 것이다. 어떻게 결혼의사를 나타내고 가족의 인정을 받을 것이며, 나아가 행복한 사건으로 결혼을 창출해 낼 수 있는가? 라는 고민에서 결혼의례가 만들어진 것이다. 의례(儀禮)란 형식을 갖춘 예의로서, 특히 가정의례는 출생·혼인·사망 등과 관련해서 가족을 중심으로 행하게 되는 일련의 의식절차를 뜻한다. 관혼상제(冠婚喪祭)로 가정의례의 범주에 포함되었던 혼례는 개인적인 동기뿐만 아니라 사회적 유대감을 증대시키고 종족계승을 가능케 한다는 사회적 동기도 있기 때문에 그 어느 의례보다 의미와 비중이 크다고 볼 수 있다.

우리나라는 광복 후부터 전통적인 대가족제도가 무너지면서 죽은 조상에 대한 제례는 경시되고 산 사람을 위한 혼례와 회갑례 등을 보다 중시하게 되었다. 1960년대에 이르러 산업화, 도시화가 촉진되자 혼례를 대행하는 예식장 등 전문직업이 발전하여 의례는 가정에서 벗어나 대행업자에게 의존하게 되었다. 또한 경제발전과 함께 혼례에 사치와 호화가 더해져 그 폐단이 사회문제로 대두되기도 하였다(최외선 외, 2003).

결혼은 개인 남녀의 결합이지만 개인적인 것만은 아니며, 사회적·법적·도덕적 의식이기도 하다. 따라서 결혼은 관습이나 법에 의해 승인 받아야 한다는 사회적 함의가 있다. 즉 결혼식을 통하여 가족과 친지, 이웃들에게 부부가 된다는 것을 공고하며, 혼인신고를 통하여 법적으로 공인 받는 절차가 필요하다.

결혼식이란 부부가 되었음을 선포하는 공적인 발표이며, 상징적인 의의를 지닌 의식이다. 즉 가정생활을 영위하는 첫 출발이며, 부부의 의무와 권리 및 재산관계 등 법률상 필요한 일을 공개하고 널리 알리는 사무적인 의미를 지닌 상징적인 의식이기도 하다. 그리고 결혼식을 가족 및 친지, 이웃에게 부부가 됨을 승인 받는 의식이기 때문에 개인에게는 물론, 가족과 사회에서도 매우 의미 있는 중요한 행사이다. 결혼예식을 치름으로써 새로운 가족이 생겨나고 사회로부터 승인을 받음과 동시에 한 남편으로서 부인으로서 책임과 의무를 부여받는다. 따라서 결혼식은 공식적으로 대표할 수 있는 증인에 의해서 엄숙히 거행되는 것이 상례이다. 또한 결혼식은 그 사회의 가치관과 이념 등을 반영해 사회가 만들어 놓은 문화적 의식이기 때문에 결혼 의식과 절차는 다양하다. 그러나 결혼 예식의 근본적인 목적과 기능은 비슷하며 다음과 같은 특권적인 관계를 승인한다.

첫째, 부부만의 배타적인 성관계를 공인함으로써 사회의 도덕수준을 높여 준다. 둘째, 결혼하여 출생하는 자녀의 합법성을 인정한다. 즉 생리적인 부모뿐만 아니라 사회적인 부모의 권리를 확인하고 자녀들에게 책임 있는 부양은 물론, 유산 상속 등을 원만히 하도록 한다. 셋째, 그 가정의 재산권을 보호하며 재산의 소유와 상속에 대한 문제를 적절히 하도록 해 준다. 넷째, 결혼당사자의 권리를 보장하고 중혼이나 부적격자의 결혼으로부터 보호해 준다.

이상에서 열거된 바와 같이 결혼 예식은 예로부터 인륜지 대사의 하나로 매우 중요하게 여겨졌다. 가문과 가문의 결속, 가계계승, 자녀의 성인 지위 획득이 이루어졌고, 관습주의 결혼 관행인 관계로 혼인식은 주로 공표의 기능을 수행해야 했다.

그러나 서구 문화의 유입으로 현대의 결혼 예식은 각 지방색의 풍습과 외국의 혼례 풍습까지 섞이게 되어 복잡한 형식으로 나타나고 있다. 이에 덧붙여 물질적 풍요, 동등의식, 상업주의가 맞물려서 본래의 혼례 의미나 엄숙한 통과의례라는 인식보다는 과시적이고 외형적인 행사로 변형되었다. 이러한 사회적 움직임이 한국 문화에 접목되어 결국 예식장이 출현하게 되었다. 이에 따라 현대의 결혼 예식은 전통 혼례의 좋은 의미는 사라지고 혼례 형식과 서구 결혼식에 접목된 형태로 나타나고 있는 것이 특징이다. 예컨대, 청홍백색의 혼례복은 여성의 순결을 상징하는 흰 웨딩드레스로 바뀌었고, 동등했던 신랑 신부의 입장도 신부가 아버지에 의해 신랑 손에 넘겨지는 형식을 통해 여성의 종속성이 강화된 모습으로 나타나고 있다. 더욱이 피로연과 답례품, 청첩장 돌리기, 폐백의 형식화 등은 현대 결혼 예식의 필수요인이 되었다.

결혼식의 절차를 살펴보면 대체로 개식, 신랑입장, 신부입장, 신랑 신부 맞절, 신랑신부 서약, 예물증정, 성혼 선언, 주례사, 신랑 신부 내빈께 인사, 신랑신부 행진, 폐식으로 약 20분 안에 끝난다. 기념 촬영이 끝나면 시랑 신부는 폐백실에서 폐백을 드린 후 다시 신혼여행복을 갈아입고, 피로연 장소로 옮겨 하객들에게 인사를 올리고 신혼여행지로 행함으로 결혼 예식은 끝이 난다.

이상의 현대 결혼식에서 지적해야 할 문제점으로는 잘못된 전통 혼례 형식의 전수와 서구식 결혼 풍습의 접목이라 할 수 있다. 예를 들면, 함들일 때 함 값 결정, 신부측의 꽃값 흥정, 부케 던지기, 복잡한 폐백 절차, 과다한 호화혼수, 여성의 종속성을 나타내는 혼인 절차 등을 들 수 있는데, 이러한 문제점들은 즐거워야 할 신혼부부에게 과도한 정신적 · 경제적 부담이 되고 있다.

결혼식은 앞으로 함께 살아갈 신혼부부를 위한 것이니 의식 있는 젊은이들은 자신의 경제규모에 맞도록 결혼식을 설계하여 되도록 절약하여 신혼살림에 보탬이 되도록 해야 한다.

2) 결혼준비

결혼식은 일생 중 한 번밖에 없는 중요한 행사이므로 누구나 의미 있고 행복한 의식이 되도록 정성껏 준비하고자 한다. 그러나 최근에는 점차 예식의 규모가 커져 낭비가 심하고 부담이 되기도 한다. 특히 결혼식과 결혼생활을 위해 준비하는 함들이나 혼수에서도 잘못된 풍습이나 과소비가 나타나기도 한다. 의식 있는 예비부부들은 잘못된 관행을 근절하고 결혼준비로 예비부부교육을 받음으로써 결혼을 뜻 있게 준비할 수 있을 것이다.

(1) 함들이

함들이 행사는 점차 감소하는 추세이나 아직도 결혼하는 사람의 절반정도는 함들이를 하고 있다. 현대에 와서는 함들이는 얼굴에 오징어를 쓴 함진아비, 말을 끄는 마부, 청사초롱을 든 사람들이 등장하는 신랑친구들의 놀이마당 형태로 행해지고 있다. 함들이 행사는 우리의 전통이 살아남아 결혼하는 당사자뿐만 아니라 동네에 즐거운 잔치 분위기를 돋워 주는 행사이다. 그러나 오늘날의 함들이는 함에 사치스런 예물들을 담아 주변 사람들에게 자랑하는 과시적·과소비적 행사가 되거나, 함 팔기라고 하여 함 값을 놓고 실랑이를 벌이는 함팔이 행사로 변질되어 행해지는 경우가 많아 함들이가 그 본래의 목적에서 벗어나 있다. 또한 주택의 형태도 도시에서는 아파트에 거주하는 사람들이 많아지면서 저녁 늦게 소란스러운 함들이 하는 것을 좋아하지 않게 되었다. 함들이 행사가 이웃에게 피해를 주거나 지나친 함값 실랑이로 신부에게 부담이 되지 않도록 해야 할 것이다.

(2) 혼수

결혼식은 예전부터 관혼상제로 일생 중 한 번 밖에 없는 중요한 행사이기 때문에 대부분의 사람들은 본인과 주위 사람들에게 뜻 있고 인상적인 의식이 되도록 하기 위해 많은 관심을 쏟아왔다. 그러나 근래에 와서는 그 결혼 예식의 규모는 점차 커지기 시작하여 지나친 낭비를 초래하여 인생의 첫 출발을 내디디려는 신혼부부에게 많은 경제적 · 정신적 부담을 안겨 주었다. 예단 · 예물, 혼수는 급격히 가짓수가 늘어나고 고가의 물건들이 등장하기 시작하였다. 최근 결혼을 앞둔 많은 젊은이들이 과다한 호화혼수와 시댁에 대한 과도한 예단과 예물 준비 등 허례허식으로 사회적 물의를 일으키는 경우가 많다.

결혼정보회사가 2007년 결혼한 남성과 여성을 대상으로 결혼비용을 조사한 결과 총 결혼 비용은 평균 1억 7245만 원이었다. 이 중 신혼집을 마련하는 데 1억 2000만 원 정도가 들었으며 가전 · 가구 등 혼수를 마련하는 데는 1338만원이 들었다. 결혼을 준비하는 이들은 건전한 혼인의식을 가지고, 허례허식, 과소비를 근절하고 근검하고 성숙한 자세를 가져야 할 것이다.

(3) 결혼 준비 교육

결혼 준비 교육이란 결혼을 약속한 남녀가 앞으로의 결혼생활이 일어날 어려움에 대비하고 행복한 부부생활을 할 수 있도록 하기 위한 학습이다. 결혼 전에 상상하는 결혼과 실제 결혼생활은 차이가 있을 수 있다. 따라서 비현실적인 생각을 깨닫고, 결혼이란 두 사람의 노력에 따라 행복이 좌우된다는 것을 인식하기 위해 결혼 준비교육이 필요하다.

결혼 준비 교육의 목표는 결혼 전의 남녀가 그들의 관계를 평가하고 성공적인 결혼생활을 준비하도록 하는 것이다. 교육은 일반적으로 종교단체, 여성단체, 평생교육기관, 건강가정지원센터 등에서 이루어지고 있으며, 대학의 교양강좌로도 행해지고 있다. 주된 교육내용은 서로에 대한 이해증진(성장과정에 대해 나누기, 성격의 이해, 남녀의 차이와 그 배경 이해), 친밀감 발달(올바른 성 이해, 애정의 표현, 공유의 감정 도달), 의사소통 능력의 향상(적극적인 경청과 명확히 말하기), 생활문제 해결 능력의 향상(재정, 친 · 인척관계, 가사노동, 육아, 정서적 행동

등에 야기되는 갈등에 대처하기), 가족가치의 인식(사랑, 헌신, 배려 등과 같은 가족가치를 인식하고 내 속의 잠재력 찾기) 등이다.

결혼 전에 결혼 준비로 예비부부가 함께 결혼 준비 교육을 받는 것이 결혼 생활 적응에 많은 도움이 될 수 있으므로 적극적으로 참여하는 것이 좋다.

3) 신혼여행

결혼식을 마치면 일반적으로 신혼여행을 가게 된다. 신혼여행은 서구사회에서 오랜 전통을 지닌 행사 중의 하나이다. 신혼여행이란 두 사람의 애정이 만월과 같다는 비유로 허니문이라는 말을 사용한다. 신혼여행의 기능은 두 사람이 앞으로 공동생활을 하게 될 때의 적응을 용이하게 해줄 수 있는 기회를 마련해준다. 독신생활에서 갑자기 공동생활을 하는 것보다는 며칠간의 여행기간을 통해 생활의 경험을 쌓음으로써, 새로운 생활을 용이하게 받아들이도록 하는 데 그 목적이 있다. 또한 지금까지 각자의 생활을 마무리할 기회를 주며, 정신적・신체적인 친숙과 성적 경험을 갖도록 하는 기능이 있어 이를 통해 각각의 역할을 인식하고, 애정을 바탕으로 동료의식을 형성해 나가도록 해야 한다.

두 사람에게 있어 신혼여행은 나의 생활에서 우리의 생활로, 독립의 사고에서 의존적・협력적 사고로, 독신의 성생활에서 결혼생활을 위한 성생활로, 낭만적인 사랑에서 현실과 관련된 책임감 있는 태도와 능력으로, 독신의 관습에서 가족 중심의 관습으로, 개인을 위한 소비에서 가족을 위한 소비방법으로, 자녀의 입장에서 부부의 입장으로, 자기 가족만의 관계에서 시가・처가와의 새로운 관계로, 상대방의 외모나 일시적인 매혹에서 즐거움과 신뢰의 부부관계로 바꾸어야 할 교량적 역할을 해 준다.

그러므로 이러한 역할을 수행하고 적응하기 위해서는 편안하고 한적한 곳으로 신혼여행을 가는 것이 좋다. 신혼여행 장소로는 두 사람이 가고 싶은 곳으로 정하되 교통편, 숙박시설, 기후 등을 고려하여 즐겁고 추억을 만들 수 있는 곳으로 정하면 좋다. 장소 선정 시 고려할 사항은 다음과 같다.

① 두 사람만의 사생활을 보장받도록 하는 것이 좋다. 그러므로 가능하면 아무도 모르는 곳으로 가는 계획도 권장할 만하다.

② 신혼여행은 피로나 정신적 긴장에서 벗어날 수 있어야 하고, 무리한 여정은 피해야 한다. 그리고 비싼 비용으로 지나친 부담을 주는 것도 미래의 생활을 위해 바람직하지 못하다.

③ 여행 중에 생활은 서로 즐길 수 있는 것이어야 한다. 아름다운 곳의 관광이 두 사람간의 갈등을 무마시킬 수 있으며, 서로 즐길 수 있고, 긴장을 해소할 수 있는 환경을 만드는 것이 좋다.

④ 신혼여행을 성적 충족의 기간으로 생각하여 실망하는 경우도 있으나, 신혼여행 기간은 성생활의 시작이므로, 결코 완전할 수 없음을 이해해야 한다. 서로 만족을 얻고 완전해지기까지는 경험과 시간이 필요하다. 그러므로 신혼여행 시는 성생활보다는 서로 협동하고 자기중심적 사고에서 벗어나 이해하는 분위기를 만드는 것을 우선시해야 한다.

5. 결혼 생활의 적응

인간은 누구나 자기의 결혼이 성공적이기를 바라고 행복하기를 원한다. 그리하여 누구나 최선을 다하여 생활하지만 개인의 불충분한 지식, 불안정한 정서, 미성숙한 인성이나 결혼에 대한 지나친 기대 등이 불안을 초래하는 일이 많다. 그렇다면 우리가 바라는 성공적 결혼, 행복한 결혼이란 무엇인가?

1) 성공적인 결혼

성공적인 결혼이란 개인의 만족에까지 도달할 수 있도록 두 사람 상호간에 역동적이고 발전적인 관계가 이룩되고 있는 결혼을 말한다. 성공적인 결혼의 필수적인 요소는 상대방의 성격, 특성 등을 이해하고 서로 조화를 이루려고 노력하는 자세에 있다. 상대방의 능력, 자유, 자존심을 존중하고 그의 목표에 도달할 수 있도록 용기를 주며, 격려하고 수용해주어야 한다. 상대방의 모든 행동을 무시하거나 방해하거나 거부하는 태도는 두 사람의 관계를 저해하는 요소이다.

또한 성공적인 결혼은 법률적 요소를 충족시켜야 한다. 즉 사회적 기대나 그 사회의 문화, 도덕, 윤리의 규범 안에서 허용되는 결혼이어야 한다.

성공적인 결혼이 반드시 행복하고 이성적이며 만족스럽고, 완전한 것이 아니다. 다만 이것이 외적인 측면뿐만 아니라 내적인 개인의 욕구를 만족시켜 줄 수 있을 때 비로소 완벽한 것이 될 수 있다. 내적 요인이란 두 사람의 인성특성, 적응능력을 말하며, 외적요인은 사회적·경제적·가족 여건을 들 수 있다.

성공적 결혼의 기준은 사회의 요구와 기대에 어긋나지 않게 이루어진 결혼, 당사자 자신이 원하고 기대했던 사람과의 결혼, 양가의 가족들이 긍정하는 결혼, 경제적 능력이 있고 이에 잘 적응할 수 있는 성숙된 배우자이다. 또한 결혼생활의 성공요인으로는 첫째, 부부의 공동관심이 가정, 자녀, 사랑 및 종교와 같은 문제에 있을 때 그들의 결혼은 돈, 명예, 향락, 오락 등에 관심을 둔 부부보다 안정되고 성공적이다. 둘째, 부모들의 결혼생활이 행복할 때 자녀들의 결혼생활이 행복하게 될 가능성이 많다. 행복한 가정과 부모 밑에서 자란 사람일수록 자기들의 생활을 행복하게 꾸려나갈 소질을 갖고 있다. 셋째, 결혼 전 교제기간이 길었던 사람들이 행복하게 적응할 수 있다. 갑작스런 기분이나 일시적인 충동으로 이루어진 결혼일수록 지속성이 낮다. 넷째, 교육·직업·생활정도·취미가 비슷할 때에 적응이 용이하기 때문에 비슷한 사회적 · 문화적 배경을 지닌 배우자 간의 결혼이 성공적일 가능성이 높다.

2) 행복한 결혼

일반적으로 성공적인 결혼과 행복한 결혼을 혼동하여 사용할 때가 많다. 행복이란 주관적이고 단편적이며 순간적이기 때문에 일반화시켜 설명하기가 어렵다. 행복이란 오래 지속되는 감정이 아니므로 결혼에 있어서는 여러 가지 요인이 작용하여 어떤 일면이나 일부에서 행복을 느낄 수 있지만, 전적으로 행복한 결혼이란 표현은 쓰기 어렵다.

성공적인 결혼은 행복할 가능성이 높지만, 행복한 결혼이 반드시 성공적일 수는 없다. 왜냐하면, 결혼한 두 사람의 조건이 앞서 제시된 성공적인 결혼의 조건에 따라가지 못하는 경우라도 당사자들은 서로 행복할 수 있기 때문이다. 즉 행복이란 어디까지나 주관적이기 때문에 결혼의 행복여부는 쉽게 판단할 수 없는 것이다.

이처럼 행복이란 단편적이고 주관적인 데 반하여, 결혼은 오랜 기간의 생활이고 여러 가지 많은 요인이 작용하므로, 결혼생활의 행복이란 단순한 행복감으로 표현할 수 있다. 행복감을 가진 사람은 우선 기분 좋은 상태의 감정을 가진다. 완전히 긴장을 풀고 자유롭고 편안하며 불편이 없는 상태로 모든 것을 완화시킬 수 있다. 또한 행복감을 가진 사람은 매일의 생활에서 충실하고 책임감 있게 행동하며, 그의 생애에 대한 계획을 단계적으로 실현하고 아울러 자아발전의 욕구를 가지고 그 방향으로 전진해 나간다. 더불어, 생을 긍정적으로 즐겁게 받아들이고 생활을 즐겁게 보낼 줄 알며, 쓸데없는 불평이나 불만으로 시간을 헛되이 낭비하지 않는다.

결혼생활에서 행복감이란 개인의 충동, 습관, 희망 등이 적절하게 방출되어 자기발견, 자기실현을 위해 안정감을 가지고 충실하게 생활할 수 있는 심리상태를 말한다. 이렇듯 결혼생활의 성공이나 행복은 그대로 얻어지는 획득물이 아니라 끊임없는 자기노력, 수행, 투쟁으로 만들어지는 생성물이다. 따라서 결혼의 성공·행복은 자기노력 여하에 달린 것이다.

결혼은 많은 차이를 지닌 두 사람의 만남이므로 부부 각자가 가지고 있는 내부적 요인에 의해 영향을 받지만, 그 외에도 부부를 둘러싸고 있는 다양한 여건들에 이해 영향을 받기도 한다. 행복한 결혼이란 외적으로 볼 때 배우자 한 사람의 죽음으로 인해 종료되며, 내적으로 볼 때는 배우자 모두가 만족을 느껴야 하고, 자신의 충동, 습관, 희망, 기대 등이 적절히 방출되어 자기발전이나 자아실현이 충실하게 이루어지는 것이다. 또한 사회적 기대나 그 사회의 문화, 도덕, 윤리의 규범 안에서 허용되는 결혼의 경우, 양가와의 관계가 원만한 경우 행복한 결혼을 이룰 가능성이 높다.

행복한 결혼생활이란 부부들의 끊임없는 노력으로 이루어지므로 다음과 같은 여건을 고려해야 한다.

① 부부가 인내심을 가질 때
② 문제가 되는 부부간의 차이점과 갈등이 적을 때
③ 부부가 중요한 문제에 대해 생각이 일치할 때
④ 개인의 성장발달이 촉진될 때
⑤ 부부가 공동으로 행복감을 느낄 때
⑥ 사회의 기대와 욕구에 맞는 결혼일 때
⑦ 당사자 자신들이 원하고 기대했던 배우자를 선택했을 때
⑧ 양가의 가족들이 당사자의 결혼을 긍정적으로 인정했을 때
⑨ 부부가 현대 사회에서 살아갈 수 있는 경제적 능력과 잘 적응할 수 있는 성품을 소지했을 때

이상의 조건들은 일시에 갖추어지지 않는다. 그러나 다음과 같이 부부가 함께 도움을 주고받을 수 있는 분위기를 조성함으로써 행복한 결혼에 도달할 수 있다.

① 부부는 둘 사이의 관계에서 행복을 느끼도록 한다.

② 부부는 기본적으로 감정적 욕구를 서로 충족시켜 준다.

③ 부부는 상대의 생을 풍요롭게 해 준다.

④ 부부는 상대의 인성개발을 촉진하고 앞으로 나아갈 방향에 도움을 줄 수 있는 가정환경을 조성한다.

⑤ 상대방의 자아를 존중하여 상대방을 편안하게 함으로써 상호간에 감정적 부양을 한다.

⑥ 부부는 상대방을 깊이 이해하고 받아들인다.

⑦ 서로의 행복과 복지를 위해 상호간에 관심을 갖고 존경하며 상대방이 필요로 하는 욕구 충족에 자발적인 도움을 주는 관계를 지속시킨다.

3) 결혼생활 만족

결혼만족도란 결혼 생활의 행복-불행, 만족-불만족 정도에 대한 주관적인 평가로서 한 개인이 가지고 있는 결혼 생활에 대한 기대와 실제가 일치하는 정도에 따라 달라지게 된다. 결혼만족도가 높다는 것은 부부가 결혼생활이 자신에게 의미 있고, 결혼생활을 통해 생의 목표를 성취할 수 있으며, 결혼생활에 잘 적응하여 어려움을 느끼지 않고 자신의 욕구를 충족시켰다고 지각하는 것을 의미한다.

부부의 결혼만족도는 결혼 생활 전반에 걸친 여러 가지 복합적인 요인에 의해 영향을 받는다. 결혼 생활의 질에 관하여 Lewis와 Spanier(1979)는 부부관계에서의 주관적 지각과 평가의 결과로 파악하고, 결혼생활의 질에 영향을 미치는 요인은 결혼 전 요인, 사회·경제적 요인, 상호작용 요인 등의 3가지로 제시하였다.

〈표 6-7〉 결혼 생활의 질에 영향을 미치는 요인

		구체적 내용	결과
결혼 전 요인		• 동질혼 : 인종, 사회 · 경제적 지위, 종교, 지능 등에서 유사한 부부관계 • 자원 : 학력, 사회적 지위, 성숙된 연령, 상호관계의 기술, 긍정적 자아개념, 정신적 · 신체적 건강 • 부모의 결혼생활 : 부모의 부부 생활 원만, 부모-자녀관계가 원만 • 가족의 지지 및 인정; 자신의 결혼에 대한 부모나 친지들의 수용과 인정 • 사회 · 경제적 요인 : 경제적 지위 자체보다는 그 적절성에 대한 개인적 지각	사회적, 개인적 자원
결혼 후 요인	사회 · 경제적 요인	• 부인의 취업 : 부인의 취업 동기, 부부의 직업관, 사회 · 경제적 지위, 자녀수 등의 복합적 요인이 작용, 부인의 직업만족, 남편으로부터의 인정, 경제적 동기보다는 일에 대한 성취도 • 가족원의 구성 : 부부 이외의 동거인 여부, 원하는 수의 자녀 유무 • 지역사회 참여 : 부부 공통의 친구, 지역사회 참여도, 친척 · 친구들의 결혼 인정	생활양식에 대한 만족
	상호 작용 요인	• 긍정적 견해 : 상호 유사성, 가치관 공통, 상호 매력, 상대에 대한 긍정적 견해 • 정서적 만족 : 정서적 지원, 만족스러운 성장, 상대 배우자의 개인적 성장 지원, 이상적 배우자상과 배우자가 일치, 부부로서의 정체감 • 의사소통 : 솔직 · 명확한 표현, 직접적 의사소통, 상징적 표현 사용 • 역할의 적합성 : 상호보완, 공동의 역할 수행, 역할 기대일치, 적절한 역할수행 • 상호작용 : 상호작용의 양, 동료적 상호작용, 여가활동, 신체 접촉	배우자로부터 받는 보상감

자료 : 가족 · 환경연구회, 1991

대부분의 연구에서 부인보다는 남편의 결혼만족도가 높고, 교육수준이 높을수록, 가족의 소득이 높을수록 결혼만족도가 높다고 하였다. 가족주기별로 볼 때 결혼만족도는 횡단적 연구결과 U자형 관계를 갖는 것으로 나타났다. 즉 신혼기에 높았던 만족도는 자녀 출산 단계에서부터 낮아지며 자녀가 10대인 단계에서 더욱 낮아지다가 자녀 독립이후에 만족도가 증가한다고 하였다(최규련, 1994).

그러나 만족에 대해 객관적인 변인들의 영향력보다는 주관적 변인들의 영향력이 더 크며, 최근에는 교육 수준이나 월 평균 가계소득과 같은 일반적인 변수보다는 점차로 애정·의사소통과 같은 대인적 자원에 속하는 변인이 가정생활만족에 더 영향을 미친다는 연구를 볼 때, 결혼 만족도 역시 부부 및 결혼 생활의 외적 상황을 설명하는 요인들보다는 부부 각자의 가치관이나 태도, 부부가 결혼 생활을 통해 형성하고 지각하는 관계적 요인들이 더 큰 영향을 미치는 것 같다.

따라서 부부는 자신들이 설계한 행복한 결혼을 위해 결혼 후 발견한 차이를 극복하고 어떻게 결혼 생활에 적응할 것인가에 관심을 가져야 하며, 외적인 상황에 대한 조정보다는 행복한 결혼 생활을 유지하기 위해 필요한 개인의 심리적 자원과 부부의 관계적 자원을 개발하는 데 끊임없이 노력해야 할 것이다.

〈연구문제〉

1. 나는 무엇 때문에 결혼을 하려는 것일까?
2. 결혼을 하면 얻는 것과 잃는 것은 무엇일까?
3. 부모가 반대하는 결혼은 해야 할까?

제7장 | 임신과 출산

1. 자녀 출산

1) 부부가 자녀를 갖는 이유

모든 결혼한 부부들은 결혼생활의 어느 시기에 도달하게 되면 부모가 될 것으로 기대한다. 그러나 이제 막 결혼한 부부들, 즉 자녀를 갖고자 하는 예비 부모들은 남녀 모두 아버지나 어머니 역할을 연습한 일이 없기 때문에 부모로의 이동과정에서 많은 심리적 갈등이나 어려움을 경험한다. 특히, 여성의 경우에는 삶에 커다란 변화를 가져오는 중요한 사건이 임신과 출산이기 때문에 더 큰 갈등을 겪는다.

요즈음에는 자녀출산을 선택의 문제로 보아 어떤 부부들은 자연스럽게 자녀를 출산하고, 어떤 부부들은 출산을 미루기도 하며 아예 낳을 계획이 없는 부부들도 있다.

결혼한 부부들이 자녀를 갖는 이유는 다양하다. 하지만 공통적으로 자녀는 부모에게 성인의 지위를 부여하는 역할을 하고 남편과 아내, 아버지와 어머니로서의 정체감을 확립하게 해 준다.

(1) 문화적 규준

결혼한 부부들은 사회적, 문화적 규준의 영향을 받는다. 전통적으로 결혼한 부부들은 자녀를 출산하고 그 사회집단의 미래에 기여하도록 사회적, 문화적 압력을 받게 된다. 특히 손자녀를 바라는 부모들이나 이미 자녀를 가지고 있는 친구들과 대중매체의 영향에 의해서 압력을 받기도 한다. 어쨌든 사회는 부모가 되기를 원하는 사람들을 정상적 부부들로 여기고 있다. 특히 여성에게는 자녀출산을 여성의 개인적 이상으로 삼도록 만드는, 사회적 압력이 가해지고 있다. 최근에는 이러한 사회적 압력의 강도가 과거에 비교해서 현저히 감소되었지만 완전히 사라지지는 않고 있다.

(2) 자녀로부터 받는 보상

자녀의 출산은 결혼한 부부의 인생에서 중요한 전환기 역할을 한다. 부부는 사랑의 결실인 자녀를 출산하고 양육하여 잘 적응하는 아동을 지켜보는 행복을 경험한다. 어떤 경우에서는 자녀의 출산이나 자녀의 양육이 불행한 부부관계를 개선시키는 하나의 수단이 되기도 한다.

(3) 노후 생활의 지원

선진국처럼 사회보장제도와 연금제도가 확립되어 있는 나라들과는 달리 우리나라는 노인복지제도가 정착되지 못해 자녀들이 노부모를 부양하지 않을 수 없다. 따라서 자녀출산이 자신들의 노후를 보장받기 위한 이유 중의 하나가 된다. 대부분의 부모들이 자녀에게 짐이 되기를 원치 않으나 노화로 기력이 쇠퇴하거나 질병에 시달리게 되면 독립적 생활이 불가능하기 때문이다.

(4) 가계의 영속성 유지

우리나라의 자녀에 대한 전통적인 가치관은 아직도 가족 기능을 가계의 영속성 유지로 보고 있다. 즉 인생을 살면서 자녀를 출산하고 양육해서 자신들이 이 세상을 살고 간 흔적을 남기고 가야 한다는 것이다. 따라서 가계의 존속을 위한 자녀출산은 중요한 의미를 갖고 있다. 자녀출산은 세대가 거듭되는 속에서 후세대에게 기억되고 불멸성을 확립하는 하나의 방법이 된다.

(5) 우연적인 임신

계획되지 않은 임신이나 피임의 실패로 인해 임신한 경우에 낙태를 할 수 없어 자녀를 출산하기도 한다. 그러나 부부관계에서가 아닌 성폭력이나 바람직하지 않은 이성교제로 인한 출산은 심각한 사회문제가 되고 있다.

2) 자녀 출산의 지연

대부분의 성인은 결혼하면 부모가 되고, 또 부모가 되기를 소망한다. 그러나 아기를 갖는다는 것은 흥분과 긴장, 갈등을 함께 얻는 것이다. 심리적인 기쁨이나 감격과 동시에 육아를 위한 물질적, 시간적, 심리적 소비가 요구되기 때문에 개인에 따라서는 이런 문제를 앞세워 자녀출산의 시기를 조절하는 가족계획을 세우기도 한다.

우리나라를 포함해서 세계 여러 나라들의 초혼 연령이 늦어지고 있고 따라서 출산을 연기하는 여성들도 늘어나고 있는 추세이다. 여성들의 자녀출산이 늦어지면 늦어질수록 자녀를 더 적게 갖는 경향을 보이기도 하는데, 특히 여성 취업이 많은 나라일수록 자녀출산의 연기는 보편화되어 가고 있다. 자녀출산의 연기는 그들의 건강이나 직업적 성취가 이루어질 때까지 또는 경제적으로 안정을 이룰 수 있고 아동을 돌보고 양육할 수 있는 상황이 조성될 때까지 미뤄진다.

특히, 우리나라는 IMF 경제위기를 맞아 출산을 미루는 부부들이 크게 늘어났다. 아이 양육비 감당의 어려움과 임신에 따라 여성이 해고 0순위 대상이 될지도 모른다는 불안 및 현실적 위기감이 그 원인이었다. 이 사실만으로도 경제 위기가 사회를 유지하는 첫째 전제인 출산율에 영향을 준다고 할 수 있다.

과거에는 35세 이상의 여성들이 아기를 출산하는 것을 노산이라고 하여 아기나 산모 모두에게 위험하다고 가능하면 출산 시기를 앞당겨 왔다. 그러나 최근 의학의 발달로 보다 안정된 출산이 가능해짐에 따라 노산이라도 안전한 임신과 자녀출산을 할 수 있게 되었다. 그러나 국제산부인과학회가 정한 고위험 임신군에 속해 있는 35세 이상의 임신은 임신 적응력이 떨어지기 때문에 특별한 관리가 필요하다.

자녀를 갖지 않기로 결정하는 것이 좋은지 나쁜지를 평가하기 이전에 한 개인의 입장에서 자녀를 출산할 것인지 그리고 언제, 얼마나 자주 출산한 것인가를 결정하는 것 자체가 그리 간단한 문제가 아니다. 부부는 원하지 않는다면 자녀를 갖지 않을 수도 있다. 무자녀인 경우에 부부생활이 보다 편리하고 자유롭기 때문에 무조건 나쁘다고 말할 수는 없다.

아기 갖기를 소망하는 여성들과 선택적으로 무자녀인 여성들에 관한 연구 결과를 보면 아이 갖기를 소망하는 여성들은 지극히 여성적 성향을 지니고 있었고, 네 명 이상의 가족 속에서 성장하였으며 어머니의 사랑에 대해 긍정적인 기억을 가지고 있는 사람들이 많았다(Gerson, 1980).

반면에 선택적으로 무자녀인 여성들은 자율적이고 성취 지향적이었으며 보다 더 개인주의적 성향을 지니고 있었다. 또한 청년기 동안 가족으로부터 독립하기 위하여 더 많은 노력을 기울였고, 직업적 성공을 중요시하고 여성해방운동에 관심이 많았으며, 어머니가 된다는 것의 어려움을 더 많이 알고 있었다. 또 이들은 대체적으로 자신들이 훌륭한 부모가 될 수 없다고 진단하고 자녀를 갖지 않는 것이 최선의 선택이라고 미리 결정한 사람들이다. 그리고 주위의 친척이나 친구들이 자녀양육의 어려움을 겪는 것을 간접적으로 체험함으로써 부모 역할을 성공적으로 수행할 수 있을 때까지 자녀출산을 연기하는 사람들도 있다.

이러한 세태의 반영으로 최근에는 결혼과 출산을 필수사항이 아닌 선택사항으로 받아들이는 여성이 크게 늘고 있다. 미혼 여성을 대상으로 조사한 결과 73%가 결혼을 꼭 해야 한다고 생각하지 않는다고 답했으며, 56%는 결혼 후 자녀가 없어도 괜찮다고 응답했다. 그 이유는 자신의 일에 방해가 되고 경제력이 있으면 혼자 살아도 충분하며 결혼제도에 대한 부담 등으로 나타났다(조선일보, 2004. 5. 6).

3) 불임

남편이나 아내, 어느 한 쪽의 신체적 결함이나 부부간에 이상이 없는 면역적 이상 및 원인불명으로 인해 자녀를 갖지 못하는 불임부부가 있다. 부부가 일 년 동안 부부생활을 정상적으로 계속해 왔는데도 불구하고 임신이 안 되는 경우를 불임이라고 한다.

한국의 가임 연령 부부의 10~15%가 불임이라는 진단을 받는다고 한다(송찬호, 1990). 여성원인을 살펴보면 무배란증이나 배란장애를 보이는 난소인자, 자궁경부인자, 자궁인자, 난관인자, 복막인자가 있으며, 남성 원인은 남성의 정자의 소견에 따라 무정자증, 희소정자증, 무력정자증, 기형정자증과 같은 남성인자가 있다.

직업을 갖는 여성들이 늘고, 그에 따른 만혼 추세, 환경오염이나 약물남용으로 정자가 줄고, 개방적 성생활로 성접촉성 질환과 임신중절로 인한 불임부부가 크게 증가하고 있다. 이들 대부분의 불임부부들은 거부당하고 버림받았다는 부정적 정서를 경험하지만 부부가 함께 인내하고 용기를 북돋우며 서로에게 헌신적일 때 정서적 어려움을 극복할 수 있다(Larkin, 1985). 현대에 들어와서 불임의 원인은 더 다양해지고 복잡해진 반면에 불임치료의 발전으로 많은 불임 원인들을 해결할 수 있게 되었다. 특히, 시험관 아기의 등장은 불임치료에서 주도적인 역할을 하고 있으며 아기 갖기를 원하는 부부들에게 꿈과 희망을 주었다.

대부분의 사람은 결혼을 전후로 자신의 아이를 갖고 싶어 한다. 아이를 원하는 부부는 피임을 중단하고 최소한 임신이 가능하다고 여기는 시기에 성관계를 가진다. 그리고 부인은 다음 달에 월경이 나타나는가를 기다린다. 만약 몇 개월이 지나도 계속 월경이 중단되지 않으면 부부는 자신들의 수태능력에 대한 불안을 느끼게 된다. 그렇지만 임신의 성공은 확률적으로 그리 높지 않으므로 임신을 원하는 부부는 전문가의 도움을 받기 전에 최소한 1년 정도는 노력해야 한다.

만약 자신들이 아이를 가질 수 없다고 판명되면 부부는 놀라면서 이를 부정하거나 강박관념에 사로잡혀 분노, 고립감, 죄의식, 비애감 등을 경험하게 된다. 또 임신에 성공하지 못하면 부부가 서로를 의심하는 등 부부생활의 긴장이 초래된다. 이들이 아이를 가질 수 없는 이유가 자신들의 문제였음을 인정한 후에는 성생활의 기쁨을 얻기가 쉽지 않다.

불임의 원인을 통계적으로 분석할 때 전체의 40%는 남성, 다른 40%는 여성 그리고 나머지 20%는 남녀의 복합적인 문제였다. 여자가 원인이 되는 예로는 주로 난자세포가 제대로 성숙하지 못하거나 난자세포를 성숙시켜도 양질이 아니거나 나팔관에 이상이 있거나 임질 감염, 낙태수술 때문에 골반에 염증이 생기거나 자궁 환경이 약하거나 식이요법에서 옥소나 엽산이 결핍된 경우 등이다. 또 과거에 사용한 피임법이 불임에 영향을 미치는 경우도 있다. 생리주기가 불규칙하던 여성이 피임약을 복용하다가 임신을 위해 복용을 중단하면 배란현상이 상당한 기간 동안 재개되지 않기도 한다.

여성이 문제가 되는 불임원인 중 가장 흔한 것이 전체의 40%를 차지하는 나팔관 폐쇄이다. 외상이나 염증, 자궁내막증 등으로 나팔관이 폐쇄되어 불임이 발생할 경우 막힌 나팔관을 뚫어주는 나팔관 성형수술을 시행하게 된다. 또 정상보다 체액 성분의 산성 농도가 약간이라도 더 높은 여성들은 정자세포를 맞이할 준비가 부족할 뿐만 아니라 생리주기도 불규칙할 가능성이 높다. 결국 이 상태에서는 배란도 잘 되지 않아서 불임이 될 확률이 높다.

남성의 원인으로는 정액의 양이 충분하지 않다거나 양질의 정액이 아닌 경우가 대부분이다. 정액의 문제는 성인기에 이하선염, 심한 감영, 열병, 전립선염, 생식기에 감염된 질병, 약물, 술, 영양부족, 내분비선 이상, 환경문제 등이다. 이하선염은 뇌하수체에 영향을 미쳐 성호르몬 분비과정이 제대로 이루어지지 않는다. 이 중에서 가장 흔한 남성들의 원인은 고환의 온도와 관계가 깊다.

남성의 신체부위 중 온도를 가장 낮게 유지해야 하는 곳은 고환이다. 고환 부위에 땀샘이 가장 많이 존재하는 이유는 고환의 온도를 낮추기 위해서이다. 고환에서 정자세포 생성은 정상 체온보다 낮아야 가능하다. 그러므로 냉수욕 실시는 고환 부위의 온도를 낮추므로 건강한 정자세포 형성에 바람직하다. 반면에 사우나 시설 등에서 너무 오래 머물게 되면 고환 기능이 약해질 수 있으며, 고환이 의복에 의해 신체와 매우 밀착되어 있을수록 정자세포의 생성이 원만하지 못하다. 이러한 이유로 남성들에게는 느슨한 바지나 속옷을 권장한다.

문명의 발달과 함께 변하고 있는 환경이 남성들의 정자세포를 제대로 생성하지 못하게 한다. 실험실에서 정액의 표본을 통하여 정상적인 정자세포의 수와 비율을 계산할 수 있다. 보통 정상인의 정액에서도 거의 20% 정도의 정자세포들이 구조적으로 기형이거나 움직이지 못한다. 정자세포 수가 충분해야 정상적인 수정능력이 있는데 정자세포 수는 유해 물질 노출이 증가하여 고환에 영향을 주면서 줄어들었다.

2. 임신

임신과 출산은 어머니의 신체적 외모를 변화시킬 뿐만 아니라 남편-아내관계의 본질을 변화시킨다. 모체의 자궁에 착상된 태아는 호르몬의 분비와 태반을 통한 영양분의 공급과 배설로 정상적으로 발달하고 심장박동이 시작되면 임신이 되었다고 말한다.

임신이라는 것은 인간의 종족보존과 자손의 번식을 위한 첫 번째 과정이라고 말할 수 있으며 남성과 여성에게서 가장 중요한 기능이라 할 수 있다. 사람의 임신 기간을 개인에 따라 약간의 차이가 있기는 해도 대개 약 40주이다. 임신기간은 여성이 임신하기 이전에 마지막으로 시작한 생리의 첫날부터 시작하여 280일에 해당되는 기간으로 계산하며 마지막 날이 출산예정일이 된다. 임신 중인 부부들은 새로 태어날 새로운 생명에 대한 희망이나 계획과 함께 출산과정의 복잡성과 있을 수 있는 태아이상의 발생에 대한 공포를 경험하기도 한다.

1) 수정

수정(fertilization)이란 남성의 정자와 여성의 난자의 결합을 의미하는 것으로서 수정되는 순간부터 생명은 시작된다. 정자와 난자의 결합으로 생성된 접합자(zygote)는 부모로부터 받은 유전정보를 지니고 빠른 속도로 성장해 나가며, 수정의 순간에 인간 생명체는 성의 구분, 유전적 특성과 정상성 여부 등 전 생애에 큰 영향을 미치는 여러 가지 발달적 특성을 갖게 된다.

정상적인 부부관계에 의해 정자가 질 속에서 사정되면 남성의 정자는 분당 2mm의 속력으로 질과 자궁을 통과하여 나팔관으로 들어가는데, 난자와 정자의 결합은 나팔관으로 올라온 정자가 난소에서 내려오고 있던 난자와 만나 가능해진다. 정자와 만나 수정된 접합자는 24시간 이내에 나팔관을 통과하여 자궁으로 여행한다. 엄밀한 의미에서 수정이란 정자의 세포핵과 난자의 세포핵의 결합을 의미하는데, 단지 한 개의 정자만이 난자의 세포질을 통과하여 세포핵과 접촉할 수 있다.

남성이 사정한 정액 성분의 약 10%는 정자세포들이다. 정자세포의 크기는 0.05mm정도로 사람의 세포 중 가장 작아 육안으로 관찰이 거의 불가능하며 1회의 사정에서 거의 3억 마리 정도의 정자세포를 배출할 수 있다. 정자세포들은 사정의 순간부터 질 경부 입구에는 90초 정도, 그리고 나팔관에는 1~2시간 이내에 도달할 수 있다.

일반적으로 경부 점막은 두꺼워서 정자세포들이 쉽게 침입할 수 없지만 배란기에는 그 점막이 엷어져 정자세포들이 쉽게 통과한다. 질 분비액의 성분 중 산성 물질은 정자 세포들의 움직임을 둔하게 할 뿐만 아니라 이들을 죽이는 역할을 한다. 그러나 경부 점막 부위의 성분은 알칼리성 농도가 높은 편으로 산성인 질 속의 환경에서 건강한 정자세포를 보호하는 역할을 한다. 결함이 있는 정자세포는 알칼리성 성분의 보호를 받지 못하므로 산성 성분에 쉽게 노출되어 제거된다. 자궁경관(cervical canal)에 도달할 때까지 생존한 정자세포들은 알칼리성 물질의 보호를 받는 세포들인데 1회에 사정된 정자세포들 중 자궁의 상부까지 도달하는 수는 불과 4~5만 마리 정도이다.

만약 난소에서 배출된 난자세포가 아직 나팔관에 도달하지 않았다면 정자세포들은 양쪽 나팔관으로 이동해야 하는데 그곳까지 가서 생존하는 정자세포의 수는 4천 마리 정도에 불과하다. 난자세포가 아직 성숙하지 않았다면 난소 근처에서 정자세포들은 2~3일 정도 기다려야 하는데 그동안 정자세포의 수는 더욱 줄어든다. 보통 젊은 남성의 정자세포는 거의 1주일 정도까지 생존하여 난자세포를 기다릴 수 있다.

성숙한 여성은 양쪽 난소에서 번갈아 매달 하나의 난자세포를 배출한다. 모든 동물의 경우를 보더라도 수컷이 정자세포를 생성하는 과정보다도 암컷이 난자세포를 생성하는 과정이 더 어렵다. 정자세포의 세포막에는 난자세포에 다가가는 데 도움이 되는 화학물질이 들어있으며 난자세포에 다가갔더라도 난자세포막에는 이를 보호하는 물질이 있어 침투가 어렵다. 그렇지만 정자세포들은 서로 협동하여 이러한 보호세포들을 제거하고 막을 뚫는 일을 해야 한다. 정자세포들은 자신의 머리 부분을 막에 부딪치면서 강한 효소(hyaluronidase)를 방출하는데 이로 말미암아 보호세포들이 분산되면서 보호막이 약해진다. 이러한 과정에서 난자세포를 둘러싸고 있는 어느 한 부분이라도 뚫리면 주변에 있던 한 정자세포가 난자세포 안으로 들어가게 된다. 흔히 가장 먼저 난자세포 주변에 도착한 정자세포라고 생각하는데 그렇지 않다. 난자세포 주변에 도착한 정자세포들 중 보호막이 뚫린 상태에서 가장 먼저 들어간 정자세포다.

난자세포는 외부에서 그 정자세포가 들어오자마자 다른 정자세포들이

들어올 수 없게 안쪽에 벽을 형성한다. 이와 같이 정자세포를 받아들인 난자세포를 수정란(zygote or fertilized egg)이라고 부른다. 만약 난자세포가 어떤 정자세포와도 결합하지 못한 경우 나중에 자궁으로 내려와 파괴되어 배출되는 월경현상으로 이어진다. 수정란이 자궁으로 이동하여 자리를 잡으면서 뿌리를 뻗기 시작하는 것을 착상(conception)이라고 한다.

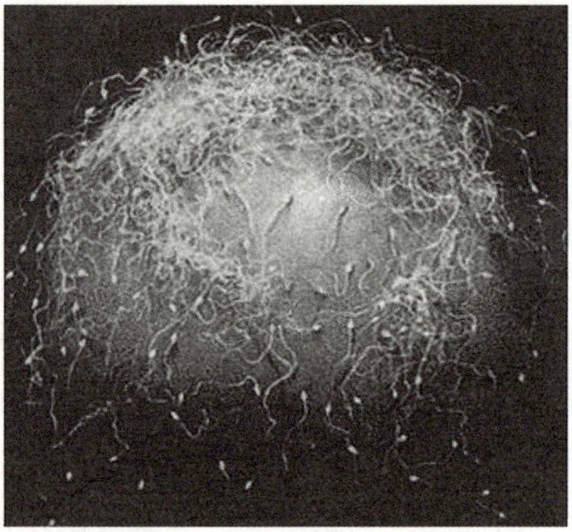

[그림 7-1] 난자 주변의 정자세포

하지만 정자세포와 난자세포가 성공적으로 결합했다 하더라도 모든 결합이 복잡한 과정을 거치면서 생명체로 발달하지는 않는다. 수정란이 자궁에서 뿌리를 내리지 못해 착상에 실패하는 경우도 있으며 정자나 난자세포의 결함이나 결합 이후에 결함이 발생하여 모체 내에서 거부당하는 경우도 흔하다. 거부된 수정란의 흔적은 임신초기에 몸 밖으로 배출되지만 여성은 이를 알아차리지 못하는 경우가 많다.

여성이 피임을 하지 않은 상태에서 1년 동안 성관계를 지속적으로 가진다면 임신될 확률이 80~90% 정도이다. 만약 부부가 주 2~3회씩 정기적으로 성관계를 가질 경우 평균 4~6개월 정도 지나야 임신에 성공한다는 계산이다. 임신의 어려움을 보다 구체적인 수치로 표현하면 일단 정자세포와 난자세포가 만나도 정상적인 생명으로 태어날 확률은 30% 정도에 불과하다. 산술적으로 100개의 난자세포가 정자세포를 만났다고 가정하고 그 난자의 수로 생존율을 따져볼 수 있다. 우선 100개의 난자세포 중 84개만이 정자세포를 받아들여 수정란을 형성하며 착상까지 성공한 경우는 69개, 착상 후 1주일 정도까지 생존한 경우는 42개, 7주일까지 생존한 난자는 37개 그리고 출생 시까지 생존한 경우는 31개에 불과하다.

2) 태내발달 단계

수정 후부터 약 280일 동안 태아는 어머니의 체내에서 자라게 되는데, 이 기간 동안 태아의 신체기관이 형성되고, 기능이 시작되며, 기관의 크기와 무게가 급속히 증가한다. 태내발달은 어머니의 체내에서 이루어지지만, 다른 어느 시기 못지않게 환경의 영향을 받으며 그 영향 또한 치명적일 수 있다. 태아의 발달에 영향을 미치는 환경적 요인들을 이해하는 것은 정상적인 태내발달을 이해하는 데 중요하다.

(1) 난체기(period of zygote)

난체기는 수정에서부터 수정체가 나팔관을 거쳐 자궁벽에 착상하기까지 2주간의 시기에 해당된다. 수정된 난자는 수정 후 6일경에 수정체가 자궁벽에 착상함으로써 전 태내발달과정을 통해 지속된 모체와의 밀착된 의존관계를 시작한다.

(2) 배아기(period of embryo)

배아기는 수정 후 약 2~8주 사이에 해당되는 시기이다. 인간의 성장과정 중에 가장 성장이 활발한 시기로서, 이 기간 동안에 중요한 신체기관과 신경계가 형성된다. 이 시기가 시작되는 3~4주경의 배아는 크기가 약 0.7cm이던 것이 끝 무렵이면 사람의 형태를 대체로 갖추게 되며,

무게는 약 0.9g, 키는 약 2.5cm 정도가 된다(Moore & Persauo, 1993).

배아기 동안에 수정체의 내면은 외배엽, 중배엽, 내배엽의 세 개의 층으로 분리된다. 외배엽으로부터는 머리카락, 손톱, 발톱, 피부의 외층, 감각세포 및 신경계가 형성된다. 중배엽으로부터는 근육, 골격, 순환계와 피부의 내층이 형성되며, 내배엽으로부터는 장기, 호흡기, 기관지, 폐, 췌장, 간 등의 기관들이 형성된다. 이들 신체기관 외에도 태내발달에 중요한 역할을 할 양수주머니, 태반, 탯줄 등도 발달한다.

이 기간 동안에는 각 기관이 급속하게 형성되는 만큼 바람직하지 못한 환경의 영향에 가장 민감하게 반응한다. 어머니의 질병, 영양결핍, 약물 등은 배아기 발달에 치명적인 영향을 줄 수 있다.

(3) 태아기(period of fetus)

태내발달의 마지막 단계인 태아기는 수정 후 3개월부터 출산까지의 시기에 해당된다. 이 기간 동안에는 배아기에 형성된 각 기관의 구조가 더욱 정교화되며, 기능이 보다 원활해지는 등 빠른 발달을 보이게 된다. 태아기 초기 13~24주 사이에는 무게가 0.8kg, 신장은 약 30cm였던 태아가 태아기가 끝날 무렵인 25~38주에는 50cm와 2.4kg으로 증가한다(Moore & Persauo, 1993).

4개월 말경이면 모체는 태아의 움직임인 태동을 느끼며 빨기, 삼키기, 딸꾹질 등의 반응이 나타나기 시작한다. 5개월 말에는 손톱과 발톱이 생기며, 부드러운 솜털이 나기 시작한다. 임신 6개월 말에는 감각수용기가 발달되어 태아는 촉각에 민감해지고 근육 움직임에 의한 접촉에 반응할 수 있다. 호흡기와 순환계가 기능을 하지만 완전하지 못한 7개월 이전에 자궁환경을 벗어나 조산을 하게 되면 생존할 확률은 낮고 수정 후 약 30주가 지나면 모체로부터 분리되어 나와도 인큐베이터(incubator) 속에서 키우면 생존이 가능하기 때문에 임신 210일을 생존가능연령(age of viability)이라고 부른다.

3) 태내발달에 영향을 미치는 요인

일정한 순서에 따라 진행되는 태아발달은 발달의 민감기(sensitive period)로, 이 때 태아가 어머니를 통해서 유해한 환경에 노출되면 태아의 각 기관이나 구조는 손상을 입게 된다.

(1) 어머니의 영양 상태

수정에서 출산까지 태아의 정상적인 발달을 위해서 태아의 성장에 필요한 모든 영양분은 모체가 섭취하는 영양에 의존하므로 어머니의 영양 상태는 태아발달에 결정적인 영향을 미치는 태내환경으로서 역할 한다. 특히, 임신 초기의 영양결핍은 뇌와 신경계의 발달에 지장을 초래한다. 따라서 모체의 영양이 부족하면 유산과 사산의 가능성이 높고, 발육이 늦으며 신체적으로 기형이 될 확률이 높다. 전체적인 영양 상태뿐 아니라 특정 영양소의 결핍 또는 과잉 역시 태아의 성장에 영향을 미친다. 단백질 결핍은 골격, 콩팥, 장 기관의 발육을 저해하고, 비타민 부족은 신체 기형의 원인이 될 수 있다. 철분의 부족은 자율신경계의 손상을 가져오며, 요오드의 과도한 섭취가 태아의 갑상선 기능에 장애를 주기도 한다.

(2) 어머니의 연령과 분만 횟수

여성의 가임 기간은 첫 월경 시작 1년 이후부터 폐경기 말기까지 약 35년이다. 일반적으로 산모의 연령이 25~29세 사이에 있을 때 성장에 가장 좋은 태내환경 조건이 이루어지는 것으로 알려져 왔지만, 근래에는 30~34세 사이의 임산모에게서 태어난 아기도 마찬가지로 최적의 발달을 보이는 것으로 보고되고 있다(Venture, 1989). 미숙아 출산의 가능성이 높은 연령 집단은 35세 이상과 16세 이하이며, 특히 10대의 산모들은 보다 더 큰 신경학적 결함을 갖는 미숙아나 저체중아를 출산한다.

어머니의 연령이 높아질수록 태아의 지적 발달장애가 나타날 가능성이 커지는데, 40세 이상의 산모들은 다운증후군의 아이를 낳을 가능성이 크며, 이는 연령이 높아짐에 따라 자궁을 구성하는 세포들이 노화되어 자궁의 기능이 퇴화되기 때문인 것으로 추측한다.

모체의 분만횟수도 태내발달에 영향을 주는데, 일반적으로 태내환경은 한 자녀 이상을 출산한 경험이 있는 여성들의 신체가 임신과 분만을 더 잘할 수 있다.

(3) 어머니의 질병

어머니가 앓고 있는 질병은 태반을 통해 태아에게 전이되거나 출생 시에 태반을 통해 감염될 수 있다. 예컨대 풍진(rubella)의 경우는 신생아의 약 4%가 풍진에 걸린 모체에서 태어나는데 풍진은 태아에게 정신지체, 시각장애, 심장질환을 일으킬 수 있다.

Santrock(1994)은 태아가 산도를 통해 출산되는 과정에서 태아가 헤르페스라는 질병에 감염되면 태아의 약 1/3이 사망하며, 1/4은 뇌 손상을 보인다고 하였다. 당뇨병(diabetes)도 역시 태아발달에 영향을 미치는데, 임신 중에 당뇨병을 앓고 있는 어머니는 높은 혈당수준과 인슐린 처치로 인해 유산이나 사산하기가 쉽고, 당뇨병이 있는 산모에게서 태어나는 아기는 정상 모체에서 태어난 신생아보다 기형아가 될 확률이 세 배 정도 높아진다.

최근 들어 가장 주목을 받고 있는 후천성면역결핍증(AIDS)에 감염되어 있는 모체로부터 감염되어 태어난 영아의 수가 점차 증가하는 추세인데, 이 질병은 태반을 통해서나 출산 시 모체의 혈액에 의해서 또는 수유를 통해 감염될 수 있다. 결론적으로 임산부 자신의 올바른 생활습관과 건강관리 등 최대한의 예방에 힘을 기울이는 지혜가 무엇보다 필요하다고 할 수 있다.

(4) 어머니의 정서 상태

임산부와 태아는 태반에서의 혈액체계에 의해 상호 의존되어 있기 때문에, 어머니의 정서 상태는 혈액의 화학 성분을 변화시키며, 그 결과 변화된 화학물질로 인한 모체의 생리적 변화가 태반을 통해 태아에게 영향을 주게 된다. 즉 심한 공포나 불안 등과 같은 임부의 강한 정서적 경험은 아드레날린을 분비하게 되어 태반을 통해 태아에게 전달된다. 정서적 충격 또한 태반의 혈액공급을 일시적으로 차단시켜 태아에게 산소결핍을 유발시킨다. 이러한 상태가 반복되면 태아의 신체발육에 지장을 줄 수 있으며, 출생 후 잘 울고 잘 놀라는 등 정서적인 불안정을 보일 수 있다.

연구결과에 의하면, 임부가 대단히 피로하거나 불안감이나 공포감 혹은 슬픔을 경험하게 되면 태아의 움직임이 갑자기 증가되는 현상을 보이고, 불안수준이 높은 어머니에게 태어난 신생아는 불안 수준이 낮은 어머니에게서 태어난 신생아보다 더 많이 울었다(Ottinger & Simmons, 1964).

(5) 어머니의 약물사용

임부의 약물사용은 태아의 발달에 큰 지장을 초래한다. 임부가 사용하는 약물의 범위는 대단히 광범위하고, 임부에게 처방되거나 임부가 스스로 복용하는 것은 철분, 이뇨제, 항생물질, 호르몬제, 안정제, 식욕억제제외 다른 많은 약물들이 있다(Marx, 1973). 흔히 복용하는 약물의 부작용 예로 비타민 A의 과다복용은 선천성 기형이나 언청이를 만들며, 다량의 아스피린 복용도 태아의 순환계에 이상을 일으킬 수 있다.

의학적 처치로 투여된 약물들도 태아에게 심각한 영향을 줄 수 있는데, 입덧을 경감시키기 위해 탈리도마이드(thalidomide)를 복용한 임산부가 사지가 없거나 청각이 손상된 아이를 출산한 충격적인 사례들은 임신 초기 약물복용의 위험성을 경고하고 있다.

특히, 임산부의 마리화나, 헤로인, 코카인 등의 마약류 섭취가 태아의 발달에 미치는 영향은 치명적인 것으로, 태아기에 헤로인(heroin)에 노출된 영아는 경기, 불안정, 비정상적 울음, 수면장애, 운동기능장애, 주의력 결핍 등을 출생 직후부터 보이고, 마리화나는 언어 및 기억발달 장애를 초래하며, 코카인은 키와 체중미달 등 신체장애를 유발하여 지적 발달 지체도 유발시킨다.

분만과정 시에 분만의 고통을 감소시키기 위해 사용되는 마취제의 영향도 분명하게 규명되지는 않았지만, 분만과정 동안 약물처치를 받은 산모의 아기들은 약물처치를 받지 않은 산모의 아기들과 비교하였을 때 지각기술, 운동기술 그리고 주의력의 측정에서 그 수행이 저조하였다(Brackbill, 1974).

(6) 어머니의 흡연

흡연은 임부의 혈압과 맥박을 상승시키며 혈액의 산소 요구량을 증가시키기 때문에 태아는 만성적인 산소부족을 경험하게 된다. 산소부족으로 인한 태아의 뇌 이상을 초래하고, 작은 두개골과 언청이 및 저체중아를 출산케 한다.

임부의 흡연은 임신 후기, 특히 출산 전 2~4주 사이 태아의 체중 증가시기에 강력한 영향을 주는 것으로 밝혀졌고, 담배를 피우는 어머니들이 그렇지 않은 어머니들보다 유산이나 사산 혹은 출산 직후에 신생아를 잃을 가능성이 28% 정도 더 높았다(Frazker, 1961). 연구 결과에 의하면, 태아기의 니코틴 중독은 4세의 언어 및 인지발달에 지장을 초래하며, 수면장애, 과잉활동, 호흡장애 등을 유발한다(Schoendorf & Kiely, 1992).

(7) 어머니의 음주

임부의 습관적인 음주도 태아알코올증후군(Fatal Alcohol Syndrome)을 유발시킨다. FAS 증후군의 아기들은 얼굴, 팔다리, 심장의 기형이 나타나며 정신지체가 수반된다. 매일 한두 잔 정도라도 반복적으로 음주를 하게 되면 출생 후 영아에게 주의집중력 결함이 나타날 수 있다. 특히, 임신 3개월 이내의 음주는 태아에게 가장 큰 부정적인 영향을 준다.

(8) 방사선 노출

임신 이전의 방사선 투과도 생식세포의 염색체를 변화시킴으로써 유해한 영향을 줄 수 있기 때문에 특별한 상황을 제외하고는 임부의 하복부나 골반에 X광선을 투과하지 말아야 한다. 임신 직후 수정란이 착상되기 이전에 방사선에 노출된 접합자는 죽게 되며, 착상 이후의 방사선 노출은 성장을 지연시키거나 기형을 일으키며 출생 직후 사망하는 경우가 많다.

4) 임신과 성욕

임신기간의 성 행동 여부는 문화권이나 커플마다 다르다. 임신을 한 여성의 성욕은 경우에 따라서 증가 또는 감소할 수 있으며 남편 역시 마찬가지다. 여성은 생리적인 변화 때문에 욕구도 변하며 남성은 여성의 상태에 따라서 심리적으로 변한다. 일반적으로 여성은 임신 초기에 생리적 변화로 메스꺼움이나 구토 등을 경험한다.

소위 입덧(morning sickness) 증상은 50%의 여성에게서 나타난다. 드물지만 입덧이 심해 탈수현상이나 무기질 불균형을 초래하여 병원치료를 받는 경우도 생긴다. 입덧의 원인을 분명하게 정리할 수는 없지만 임신으로 말미암아 호르몬 수준에서 변화가 생긴 것에 기인한다고 본다.

임신 초기에 나타나는 증상으로 실신발작(fainting attacks)도 있다. 이것은 일반적으로 임신에 의한 혈액순환변화에 따른 체위성(postural) 저혈압이나 식사시간 사이에 나타나는 저혈당과 관계된다. 이 증상은 앉아 있다가 일어나는 자세를 취할 때 서두르지 않거나 하루에 세 차례 이상 식사를 하면 피할 수 있다. 저혈압 및 저혈당 역시 임신 중 피로를 느끼게 하므로 임신 초기 최소 3개월은 휴식이 매우 중요하다. 임신 초기에는 과다한 타액분비현상도 나타나는데 이 때문에 수면장애가 생기고 구역질이 나기도 한다. 타액을 삼키는 것으로 수분결핍이나 중요한 화학물질의 결핍을 예방할 수 있다.

이와 같은 생리적 변화가 나타날 경우 여성들의 성욕은 감소할 수밖에 없다. 이를 지켜 본 남성도 일반적으로 성욕이 감소된다. 현대 문화권에서는 임신기간 동안 성교빈도가 임신전보다 줄어드는 커플이 대부분이다. 임신 말기에는 성교를 거의 중단하거나 빈도가 급격히 줄어든다. 빈도가 감소하는 이유는 여성마다 다르지만 주 요인은 신체적인 불편함을 비롯하여 태아에게 상처를 입힐지도 모른다는 두려움, 관심의 부족, 매력의 상실, 의사의 권유 등이다.

월경은 병원체에 대한 감염 예방의 기능을 하지만 월경이 일시적으로 정지된 임신기간에는 여성의 생식기관 내부에서 병원체 감염에 대한 적응력이 떨어진다. 그러므로 특히 임신 말기 2개월 동안 아무런 보호장치가 없는 상태의 성교는 태반의 막이나 양수에 병원체를 감염시킬 가능성이 있다. 만약 병원체에 감염되었을 경우 태반이 자동적으로 파열되어 조산의 가능성이 매우 크므로 임신 기간 동안의 성행위 시 태반감염이나 조산을 방지하는 수단으로 콘돔 사용이 매우 중요하다.

3. 임신기의 부모의 역할

가족형성의 가장 기본적인 단위는 결혼으로 구성되는 부부이며 이 부부는 자녀의 임신과 함께 부모로서의 역할을 시작하게 되고 가족발달의 단계들을 후속적으로 거치게 된다(Nichols & Schwartz, 1991). 그러므로 결혼 초기의 부부를 대상으로 한 부모교육은 조만간 자녀를 가질 가능성이 높은 부부들을 대상으로 자녀를 갖기 이전에 충분한 준비를 갖출 수 있도록 하여 장차 부모 역할을 효율적으로 할 가능성을 높이고 문제를 예방할 수 있다는 이점이 있다. 여기에서는 출산준비과정의 예비 부모의 역할을 논의해 보고자 한다.

1) 부모가 되기 위한 신체적 준비

결혼과 더불어 시작된 부모 역할의 준비는 자녀의 임신과 함께 본격적으로 이루어진다. 사실 임신 초기의 한두 달 동안에는 임신 여부를 모르고 지내는 경우가 허다하며, 임신 사실을 모르고 약을 복용하는 등의 과실로 인해서 태아에게 좋지 못한 영향을 주는 경우도 있다. 따라서 결혼한 부부는 피임의 여부를 막론하고 항상 임신의 가능성이 있음을 인식하고 건강의 최적 상태를 유지하여야 하며, 특히 약을 복용할 때는 미리 점검과 확인을 거쳐야 한다. 임신을 원하는 부부는 아기를 갖기 전에 두 사람 다 건강에 유의하여야 한다. 흡연이나 음주, 지나친 성생활이나 금욕은 정자에 나쁜 영향을 미칠 수 있다.

임신을 원하는 여성은 임신 3개월 전부터 임신 때와 마찬가지로 먹는 음식에 각별히 주의를 기울여야 하며, 비만인 경우엔 체중조절에 관심을 가져야 한다. 임신기간 중의 임산부의 영양 상태뿐만 아니라 임신 이전의 부모 건강도 태아의 발육에 매우 중요하므로 임신의 가능성이 있는 부부, 특히 여성은 항상 유의하여야 한다. 그리고 음주나 흡연, 기타 약물섭취 등 태아에게 나쁜 영향을 줄 수 있는 생활습관은 자제하는 것이 필요하다.

또한, 임신 이전부터 부부 모두 성병이나 기타 질병에 걸리지 않도록 하는 것도 중요하며, 전염병에 대한 예방주사도 미리 접종해 두어야 한다. 부부는 생활을 공유하므로 각종 질병에 함께 걸릴 수 있다. 특히, 후천성면역결핍증, 비임균성 요도염, 임질, 매독 등 성생활을 통해 전염되는 질환은 배우자 간 전염가능성이 매우 높다.

2) 부모 역할에 대한 심리적 준비

출산 준비과정의 부모교육은 임신 이전부터의 신체적 준비와 임신기간 중의 건강관리 및 정기검진, 출산과정을 위한 호흡법 훈련 등의 신체적 준비뿐만 아니라 임신에 대한 심리적 수용과 적응도 포함하여야 할 것이다. 특히, 어머니가 아이를 잉태한 사실에 대해서 심리적으로 얼마나 준비가 되어 있으며 잘 수용하느냐가 자녀의 전반적 발달에 지대한 영향을 미친다는 점은 우리의 전통에서 태교를 중요하게 여기던 것에서도 잘 드러난다. 부모가 자녀의 잉태를 심리적으로 환영하고 수용한다는 것은 간접적으로는 임신 중의 영양 및 건강관리를 충실하게 한다는 점에서 중요하지만, 직접적으로는 태아에게 최상의 심리적 환경을 제공할 수 있기 때문이다.

(1) 임신에 따른 심리적 변화

임신을 알았을 때의 감정은 여러 가지일 수 있다. 임신을 기다렸던 예비 부모들조차 때때로 임신을 수용하는 데 있어서 기쁨과 걱정이 교차되기도 하고 불안정한 느낌을 가질 수도 있다. 대부분의 예비 부모들은 사랑스럽고 행복한 느낌이지만, 동시에 기형아나 사산아의 출산에 대한 두려움도 느끼게 된다. 어머니가 태아의 발달이나 건강에 대해 지닌 불안, 즉 임신하고 있다는 사실을 자신의 육체적 변화를 통해서 실감하게 되면, 임신 전이나 임신 초기의 자신의 행동에 태아에 나쁜 영향을 준 것이 아닌가 불안해한다. 특히, 약이나 술, 담배, 엑스레이를 찍었거나 컴퓨터 등을 사용하게 되면서 전자파를 받은 일들로 인해 불안감을 갖게 되는데 과도한 노출이 아니라면 지나치게 걱정하지 않아도 무방하다.

또한 많은 임신한 여성들이 임신하지 않은 여성들에 비해 38% 정도 우울증 발생률이 더 높은데(Kaplan, 1986), 그 증거로서 임신한 여성들은 식욕과 체중변화 및 수면 패턴의 변화로 인한 에너지의 상실, 기분변화, 건강에 대한 지나친 걱정으로 우울증과 유사한 증상을 나타내기도 한다.

호르몬의 영향 이외에도 임신으로 인한 여성의 신체적 매력의 상실에서 오는 외모에 대한 혐오감을 갖게 한다. 적극적인 태도로 임신기간을 보내고 있는 사람의 경우라 할지라도 우울증, 불안, 혼란이 순간적으로 일어나거나 무기력하고 우울한 부정적인 정서를 갖게 한다. 따라서 가능한 빨리 임신을 호의적으로 수용하는 마음가짐을 갖고, 부모 되기에 열중하는 것이야말로 태아발달과 임산부의 정신건강 모두에 큰 도움이 된다.

임신 후반부는 출산과 분만을 심리적으로 준비하는 시기이다. 예비부모들은 출산예정일이 가까워지면서 기쁨과 걱정, 기대와 흥분 등 갖가지 감정을 경험하게 되며 난산이나 통증을 걱정하기도 한다. 예비 아버지들도 부인의 이러한 감정이나 걱정을 이해하고 함께 나누기도 하지만 여성이 갖게 되는 감정이나 걱정에 비할 바가 아니다. 남편의 자상한 배려와 공감성은 아내를 격려하고 용기를 북돋우며 출산을 앞둔 임산부를 안정시켜 주게 된다.

(2) 태교

모친의 자궁 속에서 새로운 생명이 싹을 틔우고 자라는 과정은 오늘의 발달된 과학기기가 개발되기 이전까지는 그 실체의 규명에 상당한 한계가 있어왔다. 그러나 태아가 모체에 머무는 동안의 환경, 곧 태내환경의 차이가 태아의 건강이나 출생 후의 제 특성을 형성시키는 데 결정적인 상관성을 가질 것이라는 믿음은 오래 전부터 인식되어 왔다.

어머니와 태아의 교류 즉 의사소통의 1차적 형태는 생리학적인 것으로, 어머니가 먹거나 흡수한 것은 모두 혈액을 통해 태아에게 전해지며, 어머니의 감정 또한 생리적으로 전해지기 때문에 임신 중 스트레스에 쌓이는 것은 임부나 태아 모두에게 좋지 못하다.

독일 콘스탄틴 대학의 심리학 교수인 모니카 루케시는 경제적, 지적 배경이 거의 비슷한 2000명의 임부를 조사한 결과 부모의 기대와 사랑 속에 태어난 아이와 그렇지 않았던 아이는 건강과 발육 면에서 뚜렷한 차이를 보였다는 것이다.

옛날과 달리 급격한 변화를 가져온 현대 사회에서는 남성들에게도 임신 전과 임신기간 동안의 태교 및 출산에 참여하려는 관심과 필요성이 요구되고 있다. 특히, 계획출산을 하게 된 현대인에게는 태어날 새 생명에 대한 관심과 보살핌이 옛사람들에 비해 더 무거워졌다고 하겠다. 지난날 조상들이 새 생명을 맞이했던 경건한 자세와 그 근본의 마음가짐은 오늘이라고 해서 달라진다거나 추호도 소홀히 할 수 없는 것이다.

3) 부모상의 정립

자녀를 기르는 부모로서의 심리적 준비는 자신이 되고자 하는 이상적인 부모상을 정립하고 자신의 가능성을 가늠하며 조정해 가는 것이 중요하다. 임신을 하면 젊은 부부들은 부모로서의 이미지를 구체적으로 형상화하기 시작한다. 자신의 부모 이미지는 태아와의 관계뿐 아니라, 부부관계 및 자신의 부모와의 관계, 또 다른 중요한 주위 사람들과의 관계를 함께 고려하여 갖가지 상상을 하게 되고 이러한 상상 속에서 자신들의 부모 이미지를 형성하게 된다.

출산을 앞둔 예비 부모들은 겉으로는 조용해 보이더라도 내적으로는 상당히 중요한 변화를 경험하게 된다. 여성은 어머니로서의 구체적인 역할과 책임을 다짐하게 되고 자녀의 장래와 함께 자기의 미래를 계획하게 된다. 남편은 아내에 대한 관념이 여성에서 어머니로 바뀌게 되고, 가정을 경제적으로 유지시키고 물리적으로 보호해야 한다는 책임을 다짐하게 된다. 특히, 요즘은 자녀양육의 책임을 부부가 나누어 가지기 때문에 남편도 아기양육에 관련된 자기의 역할을 상상하면서 준비하는 마음을 갖게 된다.

이 시기 동안 갖추게 되는 부모 이미지는 현실적이기보다 상당히 이상적이기는 하지만, 이후의 부모 역할을 어떻게 하느냐에 중요한 영향을 미친다. 특히, 자기가 어떤 부모가 되기를 원하는지에 대한 첫 번째 통찰을 갖게 되는데, 이는 주로 자기의 어린 시절 자기 부모와의 직접 경험을 돌아보고, 자라면서 보아 온 주위 사람들의 부모 이미지를 떠올리면서 자신의 부모 이미지를 형성하게 된다. 따라서 이 시기의 부모 이미지는 자신의 어린 시절에 대한 복합적인 동일시와 기억에 기초하면서 주변의 환경과 그들이 속해있는 문화와 관습의 영향을 받게 된다(Galinsky, 1987).

부모상의 정립과정은 아내나 남편이 혼자서 정립해 가기보다는 부부가 의논하며 조화된 부모상을 함께 발전시키는 것이 이상적이다. 남편과 아내가 각자 바라는 자신의 부모로서의 모습과 배우자의 부모로서의 모습에 대하여 그려보고, 그 모습들을 발전시키고 조화시켜 나가는 것이 바람직하다.

4) 남편과 아내의 협의와 조정

부모로서의 모습을 그려보고 조정하는 작업은 부부관계를 새로이 조정해 나갈 필요성을 내포하기도 한다. 자녀의 출산을 맞는다는 것은 이전까지의 부부관계에 더하여 본격적인 부모로서의 관계를 이루어야 하는 복잡한 과정이기 때문이다. 자녀를 출산하기 이전에 부부의 역할 중에서 조정되어야 할 것으로 예견되는 점들을 함께 검토하고 미리 대비하는 것은 부모 역할을 현명하게 수행할 수도 있도록 한다.

5) 자신의 부모와의 관계 재조정

자녀의 출산을 앞둔 부모들은 자신들의 부모와의 관계를 재정립할 수 있는 좋은 기회를 갖게 된다. 이전까지의 부모와의 관계를 새로운 시각에서 조망하고 독립된 성인으로서 성숙한 관계를 새로이 맺을 수 있는 계기가 된다. 건강한 가족관계의 형성을 위해서 자신의 원 가족과 심리적 개별성을 가지면서 함께 할 수 있는 것, 즉 분화가 중요하다(Bowen, 1976).

요약하면, 부모가 자신의 부모와 성숙한 관계를 맺지 못하면 자신의 자녀에게 성숙된 부모로서의 역할을 다하기 어렵게 되고 건강한 가족관계를 맺기 힘들다. 따라서 출산준비과정에 있는 부모들은 자신의 원 가족과의 관계를 재조명하고 성숙된 모습으로 새로이 관계를 맺을 수 있는 방안에 대하여 생각해야 한다.

4. 출산

1) 분만개시의 전구증상, 진통 및 경과

분만이 가까워지면 그 전구 증상으로 산모는 태아의 하강감과 빈뇨, 태동의 감소를 느끼며 이슬이라 불리는 혈성분비물이 나온다. 분만이 시작되면 자궁의 수축 등으로 동통을 느끼게 되는데 이를 진통이라고 한다. 진통에는 일종의 전구 증상으로 분만개시를 알리는 가진통과 분만개시를 정식으로 알리는 증후인 분만진통이 있다.

분만과정을 크게 세 단계로 나누어 설명되는데, 제1단계인 개구기는 분만진통이 시작되어 자궁경관이 완전히 열리는 시기까지를 말한다. 초산부는 평균 8시간, 경산부는 평균 5시간이 소요되며 개인마다 현저한 차이를 보이기도 한다. 제2단계인 만출기는 자궁경관이 완전히 열린 이후부터 태아만출 완료까지의 시간을 말하는데 초산부는 평균 50분, 경산부는 평균 20분 정도이지만 아주 다양할 수가 있다. 제3단계인 산후기는 태아분만 직후부터 태반만출 완료까지의 시간을 말하는데 보통 5~10분이 소요된다.

간혹 태반이 만출된 직후부터 1시간 정도를 분만 제4단계라고도 한다. 산후출혈, 즉 출산 후 처음 24시간 동안에 총 출혈량이 500ml 이상일 때를 말하는데, 모성사망의 1/4이 출산후 출혈에 의한 것이므로 주의를 요하고 세심하게 관찰해야 한다.

2) 제왕절개술

복벽과 자궁벽을 절개하여 태아를 분만하는 제왕절개술은 일반적으로 분만이 더 지연되면 태아나 산모에 심각한 손상을 주거나 질식분만이 안정하게 진행될 것 같지 않는 경우이다. 따라서 난산이 의심될 때나 태아의 심박동수의 감소로 태아상태가 위험하거나, 태아의 위치가 분만에 적합하지 않을 경우, 과거에 제왕절개술을 하였거나 전치태반이나 태반조기박리 등의 여러 경우에 제왕절개가 적용되고 있다.

3) 어머니의 심리적 상태

분만과정에서 산모의 심리적 상태는 많은 영향을 준다. 임신에 대한 긍정적 태도와 안정된 산모는 불안정한 산모에 비해서 분만 시에 분만진통을 덜 고통스런 것으로 지각하는 반면에, 불안정한 산모들은 분만과정 동안 보다 빈번하게 각종 약물을 요구하는 등 신생아에게 바람직하지 못한 영향을 주기도 한다.

최근에는 아내의 출산과정을 함께 하는 남편들이 늘고 있다. 아내가 아기를 낳은 뒤 면회를 했던 과거의 남편들과는 달리 분만실에 들어가 출산과정을 지켜보거나 출산휴가를 받는 경우가 많아지고 있다. 1995년 남녀고용평등법 개정 시 남성의 육아휴직을 인정하여 이 같은 바람을 예고했지만 최근 들어 이런 경향이 더 강해지고 있다.

진통과 출산과정 동안 산모를 안정시켜 주고 정서적 지원을 제공하는 대상의 존재 여부는 산모의 진통시간을 평균 10시간 정도 단축시켰으며, 신생아들의 태아피로(fetal distress) 현상을 감소시켰다(Sosa, 1980). 또한 분만의 전 과정 동안 남편과 함께 있었던 산모들은 더 적은 고통을 경험하였고 진통제 요구의 횟수도 적었으며 출산과정을 보다 긍정적으로 지각한다(Hennenborn & Cogan, 1975).

예전에는 감염을 우려하여 분만 시 남편의 입회를 금지하였으나, 최근에 미국에서는 여러 연구 결과들에서 남편의 입회가 아내의 출산과정에 도움이 될 뿐만 아니라 바람직한 아버지-자녀관계의 형성에 대한 아버지의 관심을 촉진시켜 주고 아버지와 자녀의 우호적인 관계가 시작될 것으로 기대되어 아버지의 분만실 입회를 허용하는 추세에 있다. 자녀출산의 기쁨과 고통을 아내와 함께 하는 남편의 분만 시 반응과 행동들은 아내의 평생 기억 속에 남아있기 때문에 특히 신경을 써야 한다.

4) 수유

출산 후 일정 기간 동안 성교를 금하라고 말한다. 예를 들면 이슬람 사회는 부부간의 성교를 건강한 생활의 일부로 이해하므로 임신기간에도 성교를 하지만 아내가 출산하면 남성은 의무적으로 6주일 정도 금욕해야 한다. 그러나 이러한 금지는 의학적으로 위험하다는 경험적 자료가 아니라 생리기간 동안이나 출산 직후의 여성이 청결하지 못하다는 믿음에 관련된 사회·종교적 금기에서 비롯되었다.

출산 후 짧은 기간이 아니라 아예 2~3년 정도의 수유기간 동안 성교를 금하던 문화권도 있었다. 예를 들면 아프리카 여성들은 근래까지 아이를 임신하거나 수유하는 동안에는 특정한 음식의 섭취를 금하였으며 수유기간 동안 남편과 동침하지도 않았다. 에릭슨의 관찰에 의하면 미국 인디언들은 거의 3년 정도 젖을 먹이며 그동안 남편은 성교를 시도하지 않도록 압력을 받는다. 만약 아이가 설사를 하게 되면 부모의 성교 때문에 젖의 분비에 문제가 생긴 것이라고 여겼다.

그러나 수유기간 동안 금욕생활을 하는 현대인들은 매우 드물다. 반면 문화권에 따라서 유방을 성적 상징물로 여기는 정도가 다르기 때문에 수유행위를 다르게 바라본다. 즉 유방이 어느 정도 성적으로 중요한 부위인가에 따라서 아이에게 수유하는 동안 유방의 노출이나 수유자체를 다르게 이해한다.

일반적으로 많은 남성이 여성의 성적 특질 및 생산능력에 대해서 부러워하면서도 이를 무시하였다고 보는 학자들도 있다. 이들에 따르면 남편의 감정을 악화시키는 이유는 수유처럼 아이를 쉽게 만족시켜 주는 방법이 없기 때문이라고 한다. 이러한 점이 아이와 아버지의 관계를 방해할 수 있는 기본 요인이다. 대부분의 남편은 자기 부인이 아이에게 모유를 먹이는 것을 만족하고 자랑스럽게 생각하지만 모두 그런 것은 아니다. 처음으로 아버지가 된 남성에게 가장 보편적으로 나타나는 부정적 반응은 아내의 애정이 아이에게만 쏟아지는 것에 대한 질투감정이다.

남편들은 임신기간 동안 성생활의 변화, 출산 전후의 금욕생활로 여러 가지 성적 욕구불만을 경험한다. 남편의 질투 정도는 부인과 유아의 신체적·정서적 밀착성에 따라 달라지는데 부인이 얼마나 자주 그리고 즐겁게 유아에게 수유하는가에 달려있다. 그러나 어떤 남성은 여성처럼 젖을 먹이면서 아이를 만족시켜 줄 만한 대등한 방법이 없기 때문에 이를 질투하기도 한다. 정신분석학에서는 이를 남성들의 유방선망(breast envy)이라고 부르기도 하며, Karen Horney는 남성이 여성의 출산능력을 질투한다고 해서 자궁선망(womb envy)이라고도 부른다.

과거 서구 사회에서는 수유행위를 미개인들과 같은 품위 없는 행위로 해석하였다. 우리나라도 1980년대와 1990년 초반까지 그러한 분위기였으나 지금은 달라졌다. 개인적으로 남편이 출산을 전후로 어느 정도 잘 적응하고 있는가에 따라서도 수유를 다르게 바라본다. 오늘날 거의 95% 이상의 여성이 신체적으로 모유의 생성이 가능하지만 유아에게 모유보다도 우유를 먹이는 경우가 흔하다.

아이에게 모유를 먹이는 것보다 우유를 선택하는 이유는 다음과 같다. 첫째, 상업용 우유가 쉽게 생산되고 있어서 힘들여 모유를 먹이려고 하지 않기 때문이다. 둘째, 의료진들이 모유의 우수성에 대해 별다른 지지를 보내지 않기 때문이다. 셋째, 유방을 모유의 생성기능 이외에도 성적인 상징으로 여기고 있어 여성에게 수유를 위한 유방 노출행위가 당혹스럽게 받아들여지기 때문이다. 넷째, 직장생활을 하는 여성들이 늘어나면서 출산 후 직장으로 돌아가야 하는 등의 이유에서이다. 그럼에도 불구하고 우유보다도 모유로 아이를 키우는 여성들이 있다.

분만 후 약 6주간은 산욕기로 아기의 출산을 위해 준비되었던 산모의 모든 부위가 정상으로 돌아오는 시기를 말한다. 분만 후 2일째부터 약 5일간 초유가 분비되며 그 후 점차 성숙된 유즙으로 전환되는데 아기에게 모유를 먹인다는 것은 의학적으로나 정서적으로 모유의 우수성에 대해 반론의 여지가 없다. 모유의 우수성을 살펴보면 다음과 같다.

첫째, 유아가 젖을 빠는 행위는 산모의 자궁에 자극이 되어 출산할 때 확장된 자궁을 원 위치로 수축시키는 데 도움이 된다. 즉 질 근육의 반응을 증가시켜 원래 상태로 회복하는 데 매우 중요하다. 유아의 자극은 이처럼 긍정적인 효과가 있으므로 수유를 하면 유방이 성적인 매력을 잃게 된다는 생각은 잘못이다. 뇌하수체에서 분비되는 옥시토신이라는 호르몬은 자궁 수축에 밀접한 영향을 주는데 유아가 젖을 빠는 동안 분비된 호르몬은 유두에 있는 관을 수축시켜 젖을 뿜어내는 작용을 한다. 둘째, 피임법이 발달하기 전의 수유는 완벽하지는 않지만 일종의 피임 기능을 수행하였다. 유아에게 수유를 하는 동안은 중단되었던 생리현상의 재개가 연장된다. 셋째, 모유를 먹이는 동안 아이와 어머니의 신체적 접촉을 통하여 아이의 정서 및 인지발달에 도움이 된다. 넷째, 여러 가지 세균성 감염에 대한 어머니의 항체가 아이에게 전달된다. 모유 속의 면역글로블린(immunoglobulin)은 아이의 호흡기 및 위장 감염을 보호한다. 모유는 우유와는 달리 박테리아나 세균이 들어 있지 않다. 저개발국가의 연구 결과 우유를 먹고 자란 아이들은 모유를 먹고 자란 아이들보다 영아 사망률이 3배나 높았다. 다섯째, 영양학적으로 모유는 우유보다 비타민 D 성분이 낮은 반면, 다른 성분이 더 높다. 그러나 비타민 D는 태양열이 아이의 피부를 통해 생성되므로 문제가 되지 않는다. 여섯째, 3개월 이상 수유를 한 여성들이 수유를 하지 않았거나 3개월도 안 된 여성들에 비하여 유방암 빈도가 더 낮으며 다리의 혈괴(blood clots) 생성빈도가 더 낮다. 일곱째, 아이에게는 우유병보다 젖을 빠는 행위가 더 어려운 일이다. 젖을 빠는 아이는 우유병을 빠는 아이보다도 턱 부위의 근육발달이 더 좋은 편이다. 여덟째, 임신 4개월째부터 유선에서는 젖을 분비할 준비와 함께 항체와 단백질이 풍부한 물질이 만들어진다. 이러한 물질은 아이가 젖을 빨기 시작하면 프로락틴의 생성을 자극하여 3~4일 정도 지나면 모유가 생성되면서 교체된다. 출산 후 모유가 생성되기 전에 분비되는 노란색 물질을 초유(colostrum)라고 하는데 초유를 먹은 아이는 변이 부드럽고 변비가 잘 생기지 않는다.

그밖에도 모유가 우유보다 더 실용적이거나 경제적인 점들이 많아서 모유를 권유하지만 산모의 상태에 따라 어려운 문제가 될 수 있다. 모유 생성이 부족하여 아이에게 충분하지 못하거나 아이가 모유를 모두 먹지 못해 젖을 짜내야 하는 번거로움도 있다. 수유를 하는 동안 여성이 약물을 복용해야 하는 경우 모유 수유가 어려울 수 있다.

5. 출산 이후의 부부의 역할

임신과 마찬가지로 분만 역시 사회적·심리적 인생사건이다. 분만은 고통과 공포 그리고 경이로움을 겪는 순간이다. 현대에 살고 있는 대부분의 건강한 여성들은 누구나 출산전문가의 도움을 받으며 아기를 건강하게 출산한다. 그후 분만의 고통과 공포로부터 벗어나게 되면 부모들은 출산 전에 갖고 있던 아기의 이미지, 현실의 아기를 조화시키면서 아기와 애착을 형성한다.

산모들이 출산 후 수일 이내에 경험하게 되는 정서적 반응으로서 화를 잘 내고 슬퍼하며 울음이 빈번한 증상인 산후우울증(postpartum depression)을 보인다. 정확한 통계는 나와 있지 않고 또 모든 산모들이 산후우울증을 겪는 것은 아니지만, 출산 후 6주 이내의 시기에 가벼운 정도의 임상적 우울 증상을 보고하는 산모들의 비율은 10~20%라는 연구결과가 있다(Mercer, 1986). 산후우울증을 경험하는 여성들의 정서는 신생아에 대해 사랑과 미움의 양가 감정을 느낀다.

산후우울증의 원인은 정확히 밝혀지지 않았지만 서로 다른 원인들이 지적되고 있다. 임신기간 동안 높은 수준을 유지하였던 프로게스테론과 에스트로겐의 극적인 감소로 인한 우울증이 나타난다는 견해도 있고, 출산 직전 산모들의 수면부족과 출산 동안의 긴장감과 신체적 피로 및 수면부족에 기인한다는 견해, 임신 이전의 상태로 돌아가지 않는 외모에 대한 불만, 신생아를 잘 돌봐야 한다는 심리적 불안감이나 양육기술의 부족, 어머니의 역할로 자신의 정체감을 상실했다는 느낌, 그리고 남편의 육아 지원의 부족에 대한 실망감 등과 같은 원인들이 지적되고 있다.

산후우울증의 원인이 어디에 있든 간에 여성은 자기 자신을 사회에서 기대하는 이상적인 어머니의 역할에 너무 구속하지 말고 자신의 일과 어머니의 역할을 능동적으로 수행할 수 있다는 자신감을 가져야 한다. 임신과 출산으로 인한 모든 변화들을 잘 수용하고 남편과 더불어 부모 되기에 열중하는 여성이야말로 임신과 출산이 가져오는 신체적 변화나 심리적 갈등 및 사회적 상황에 잘 적응할 수 있으며 산후우울증을 예방하고 적응된 생활을 잘 이끌어 나갈 것이다.

아기의 출생은 어머니의 생활뿐 아니라 부부관계, 나아가 조부모나 형제 등의 관계에도 많은 변화를 일으키게 된다. 특히, 첫 아기의 경우에는 출생 전까지는 남편과 아내의 관계만 존재하다가 부모-자녀의 삼각관계로 변화되어 가족관계의 역동성이 완전히 달라지게 된다. 따라서 부모들 모두 이 새로운 가족관계에 적응하는 것이 중요한 과업으로 등장하게 된다. 동시에 아기를 중심으로 한 새로운 부모 역할을 분담하거나 협력하는 체제에 순응하면서, 나보다는 다른 가족 구성원에 봉사해야 하는 사회·심리적 성숙을 이루어야 하는 과제를 가지게 된다.

〈연구문제〉

1. 자녀를 출산하는 가장 큰 이유는 무엇일까?
2. 결혼 후 본인이나 배우자의 결함으로 아기를 가질 수 없다면 어떻게 할까?

제8장 | 부부관계

부부관계란 두 남녀가 결혼이라는 제도에 의해 신체적 · 심리적 · 사회적 결합을 통해서 부부라는 새로운 지위를 획득하고 남편으로서의 역할, 아내로서의 역할을 수행하게 되는 상호보완적 인간관계를 의미한다. 현대가족에서 부부는 애정을 기초로 하여 상호인격의 결합과 정서적 유대관계에 의존하고 있으므로 만족스러운 부부관계는 가족의 안정성에 있다.

부부관계는 비혈연적이지만 가장 친밀하고 만족스러운 관계로 발전해 나갈 수 있는 동시에 가장 파괴적이고 고통스런 관계가 될 가능성도 있다. 행복한 부부관계는 서로 이해의 폭을 넓혀나가고 상대방의 욕구를 충족시켜 주려는 노력과 서로의 결점과 장점을 보완하며 적응해 나가는 헌신적인 자세가 요구된다.

1. 부부간의 역할

부부는 결혼으로부터 부과되는 남편과 아내로서의 지위획득 및 역할을 갖는다. 그러므로 남편으로서 아내로서 역할을 얼마나 적절히 수행하느냐에 따라 가정의 행복이 좌우된다. 남편이나 아내로서의 역할수행은 개인에 한하는 것이 아니라 가정과 사회에 중요한 영향을 끼치게 된다.

1) 부부역할

역할이란 어떠한 지위에 있는 각 개인에게 맡겨진 행위 규준이며, 개인이 어떤 지위를 차지할 때 그 지위에 주어지는 행동 유형이나 권위, 의무 관계를 말한다. 사회는 개인으로 하여금 그가 사회 속에서 차지하는 위치에 따라 특정한 행동을 하도록 기대한다. 개인이 가족 사회 집단 내에서 차지하는 특수한 위치와 관련된 행동·의무·권리에 대한 기대로, 사회규범과 문화적·심리적 요인, 다양한 환경 속에서의 인간관계에 의해 이루어진다. 다시 말하면, 역할은 관습·전통·문화의 유산으로 시간·환경에 의해 변화가능하며 타인과의 상호관계에 의해 정해진다.

가족 내에서의 역할은 가족원 개개인의 일정한 위치와 가족의 기능적 요구에 대한 반영이라 할 수 있으며, 특히 부부 역할은 가족생활의 중추적 요소로서 남편의 역할, 아내의 역할을 얼마나 잘 수행하느냐에 따라 가족의 안정성, 행·불행을 좌우한다. 전통적으로 부부간의 역할은 대개 남편이 생계를 부양하고 아내가 가사를 담당하는 것으로 규정되었다. 이러한 전통적인 부부간의 역할에 대해 Parsons는 남편의 역할을 수단적 역할(instrumental role)이라 하고 아내의 역할을 표현적 역할(expressive role)이라고 하였다. 즉 남편은 과업수행, 문제해결, 사회적·직업적 역할을, 부인은 가족원 상호간의 통합관계, 긴장완화, 정서적·가정적 역할을 담당해 왔으며, 이와 같은 역할의 분화가 경제적 발전을 목표로 한 산업 사회 초기의 기능적 가족 형태라는 것이다.

이러한 현상은 한국 사회에서의 부부 관계에도 큰 무리 없이 받아들여지고 있어, 남편은 부양 책임자로서 직업에 종사하고, 부인은 가정 관리자로서 가정적 역할에 대한 일차적 책임을 갖는다는 기본적 전제는 변함이 없는 듯하다.

그러나 현대사회에서는 부부가 공동으로 양성적인 성역할을 수행하는 것이 바람직하며 Nye와 McLaughlim은 부부의 역할을 다음과 같이 제시하고 있다.

① 자녀출산과 함께 자녀의 건전한 인성형성 및 성장에 부모로서

올바른 역할을 수행해야 하는 자녀양육 및 사회화의 역할

② 독립적인 가계운영을 위한 부양자의 역할

③ 배우자에 대한 성파트너 역할

④ 부부간 그리고 부모자녀 간 서로의 어려움과 고민을 이해하고 조언하며 해결책을 모색하는 치료적 역할

⑤ 심신의 피로와 긴장을 해소하는 오락 및 휴식의 역할

⑥ 친족과 원만한 관계를 유지하고 감정적 유대를 강화하는 친족관계의 조정역할이다.

2) 부부역할 변화

핵가족화, 여성교육의 향상, 남녀평등사상의 보급, 자녀수의 감소, 여성취업의 증가 등의 사회변화로 인해 부부간의 역할도 전통적인 형태에서 근대적인 형태로 변화하고 있다. 이러한 변화를 고려할 때 부부의 역할을 남자의 일 또는 여자의 일이라고 구분하여 여자들을 가정에 얽매여 전통적 역할의 고수할 수 없게 되었다.

그러나 부부간의 역할에 대한 태도가 일치하지 않을 경우에 역할긴장이 발생하여 부부간에 갈등이 심화될 수 있다. 한국가정에서 남편들은 자신을 생계부양자, 아내는 가사 및 자녀교육 담당자로 보는 반면 아내들은 남편이 생계부양자 역할보다는 가정을 중시하고 아내와 자식을 사랑하고 정서적으로 친밀한 역할을 더 중시하는 것으로 나타나 부부가 서로 다른 기대를 하고 있음을 알 수 있다(유계숙, 2001).

실제로 부부간에 역할기대가 일치되기는 매우 어려우므로 부부 모두 양성성을 지향하여 성차별적 역할분담보다 역할공유를 선택하여 한쪽의 과중한 역할부담을 피해야 한다. 양성성은 사회의 성역할 고정관념에서 여성적 특성과 남성적 특성 중 바람직한 것만 결합하여 성격과 행동이 기존의 성역할에 매이지 않는 독립적인 성격을 의미한다(옥선화 외, 2000).

사회 변화에 따른 핵가족화 현상, 여성의 고등교육 보편화, 남녀평

등의식, 가족계획 등으로 인한 여성일생주기의 변화, 여성의 사회진출 등으로 부부간의 역할 분화가 보다 융통성있게 변화하고 있어 남편의 역할, 아내의 역할에 대한 고정적·전통적 구분은 사라지고 있다.

Adams(1995)는 부부간의 역할 변화 과정에 대하여 전통주의(traditionalism)·신전통주의(neo-traditionalism)·평등주의(equalitarianism)로 설명하고 있다. 전통주의는 부부간의 역할 구분이 뚜렷하여 남편과 부인은 각기 분리된 채 역할 수행을 하게 되며 서로의 역할에 관여하지 않음을 뜻한다. 신전통주의는 부인의 사회진출·사회적 역할은 경우에 따라 인정하되 그에 따른 남편의 가족 내 역할 보충은 일어나지 않으며 근본적으로 남성 우위적인 가치의식이 지배적임을 말한다. 평등주의는 남편·부인이기 이전에 한 사람의 인간으로서, 자신의 삶의 목표·능력에 따라 원하는 역할을 선택적으로 수행할 수 있는 것을 말하는 것으로 부부직업형(dual career), 역할공유형(role sharing), 역할전환형(role reversal) 등은 평등주의에서 가능한 역할 유형이다.

이러한 변화 과정에서 부부 상호간의 역할 기대는 개인·가족에 따라 다르며 자신의 기준과 상대방이 기대하는 기준이 일치하지 않을 때, 개인이 느끼고 있는 역할이 과중하고 복잡다양할 때, 또한 급변하는 환경에서 역할 변동이 필요할 때 역할 갈등이 야기된다.

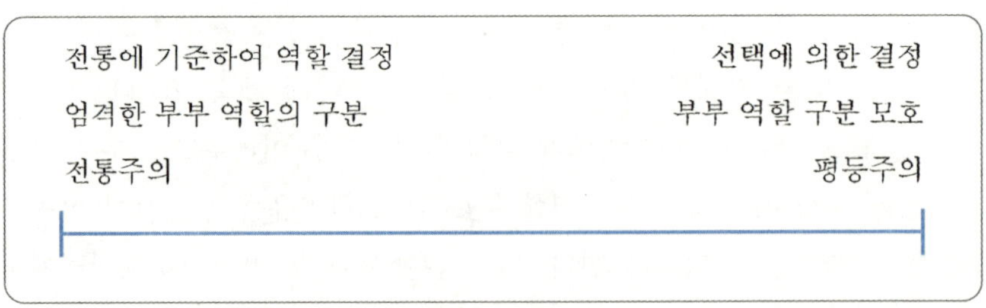

[그림 8-1] 부부 역할 구조

출처 : Adams(1995), The family

부부간의 역할 개념의 일치·불일치 여부(role consensus-dissensus), 일정한 요구 수준에 미치는가의 여부(role adequacy)에 따라 효율적인 역할 수행 혹은 역할 갈등이 발생하는데, 결국 역할 갈등은 개인에게 기대되거나 주어진 역할을 수행하지 못하는 데서 비롯되는 긴장감·죄책감·초조감을 포함한다.

사실상 결혼·직업·사회 활동 등 모든 면에서 선택의 자유가 증가한 오늘날의 여성은 그의 생활양식을 스스로 결정하는 데에 큰 역할과 책임을 가지게 되었으며, 이러한 부인 역할의 변화에는 남편 역할의 변화가 수반되므로, 부부간의 새로운 적응이 요구된다. 즉 사회변화에 따른 부부간의 역할변화는 그 가족원의 의사결정에 영향을 주는 것으로, 가족원은 그들의 역할기대와 수행에 수정을 가하면서, 변화하는 환경과 욕구에 대응해 나가야 한다. 남편은 부인이 더 이상 종속적이기만을 원해서도 안 되며 부인은 결혼이 곧 일생의 경제적 안정(meal ticket)을 확보한 것이라는 생각도 곤란하다. 결혼 전이나 후나 자율적·독립적으로 자기 스스로에 대한 책임을 질 수 있어야겠다.

부부간의 상호 성숙된 애정과 신뢰를 바탕으로 상호간의 역할을 보충하는 방향을 모색하여, 모든 조건을 초월한 상호 존중의 바탕 위에서 평등관계로 발전시켜야 한다. 부부간의 역할 구분은 인정하되 부인의 가정적 역할에도 직업적 역할과 동등한 가치를 부여하여, 평등한 입장에서 목적 달성을 위한 역할 분화로 의식할 것이다.

또한 이러한 역할 변화의 가능성은 인간의 내적 자아에 대한 자각과 자신의 가능성에 대한 소망을 실현할 수도 있으나 부부간의 긴장감의 새로운 근원이 될 수 있어 결국 가족의 불안정을 초래할 수 있음을 명심해야 한다. 1세기를 끌고 왔던 남녀평등, 여성행방운동은 직업·가사노동을 통하여 남편·부인은 인생에서 어떤 보상을 받는가에 대한 논쟁이 계속되고 있으나 한국의 가족생활은 여전히 남성우위의 보수적·전통적 의식이 잔재하고 있는 듯하다.

역할의 융통성이 주로 부인들의 사회적 · 직업적 역할을 통해 이루어지고 있을 뿐, 남성의 가정 내 역할에의 참여는 증가하지 않고 있어, 신전통주의의 역할 구분이 이루어지고 있음을 알 수 있다. 관념적으로는 부부간의 평등을 받아들이나 실생활의 행동 면에서는 남편 우위적인 경우가 허다함을 직면할 때 진보적 의식을 지닌 고등교육을 받은 여성일수록 더욱 큰 갈등에 빠질 수 있다. 이러한 이념과 현실생활 간의 불일치 · 모순을 현명하게 조화시키면서 개선해 나갈 수 있는 지혜가 요망된다.

〈표 8-1〉 부부간의 역할 변화

전통적인 부부 역할	융통성 있는 부부 역할
남편은 지배, 부인은 종속	인생의 평등한 동반자
부인은 가사노동, 남편은 생계 책임자 역할, 엄격한 역할 구분	부인은 선택적으로 취업, 남편도 가사에 관여, 역할 구분 모호
극히 소수의 부인이 취업하나 남성보다 보수가 낮음	능력에 따른 동등한 보수
남성 · 여성에 대한 고정관념이 지배적	남녀 모두 재능 · 취미를 자유로이 개발
여성은 결혼, 남성은 성공이 주된 관심사	남녀 모두 교육 · 사회 · 경제 분야에 능력껏 공헌
자녀는 신의 뜻에 의해 출산	부모의 책임감 있는 가족계획 하에 자녀 출산
사랑은 젊은이들의 미성숙한 일	사랑은 지속되는 상호관계에서 성숙됨
자녀 돌보기는 모, 양육비는 부의 책임	자녀 양육은 부모 모두의 책임
이혼은 실패로 간주	죄책감 없이 이혼 가능, 이혼은 새로운 삶의 대안
여성의 상냥하고 남성은 강하고 씩씩하도록 사회화	희로애락의 솔직한 감정표현이 상호이해에 기여
성차별, 남성우위	성차별은 남녀 모두의 권리 · 기회를 빼앗는 것임

출처 : 가족환경연구회(1988), 가족과 환경, 173

2. 부부간의 권력

권력에 대한 여러 정의를 종합해 보면, 권력이란 한 집단 내에서 타인의 행동에 영향을 미칠 수 있는 잠재력 혹은 능력이며 따라서 개인적 자질이라기보다는 구조적 산물이며 상호 작용에 의해 일어난다. 또한 권력은 상호작용 하는 상대방·상황에 따라 변화하는 것으로 고정적 현상이 아닌 역동적 과정이며, 개인의 자각문제와 남녀의 역할 규범 등 문화규범에 의한 영향도 받는다. 이처럼 권력은 상호작용적·사회구조적·결과적인 면을 포함하는 다차원적 특성을 갖는다.

가족 안에서 권력이라 함은 다른 가족원들의 행동을 통제·유발·변화시키는 능력, 또는 작용이라 볼 수 있으며, 부부간의 권력은 서로를 다루는 실제적인 능력과 수단이다. 특히 가족 안에서 권력은 주로 부부간의 권력에 관심이 모아지고 있으며 부부간의 권력은 부부관계에 영향을 주는 요인이다.

1) 부부 권력의 영역

Cromwell과 Olson은 권력이 다차원적 특성을 지닌다고 보고, 권력 원천(power base), 권력 과정(power process)·권력 결과(power outcome)의 세 영역으로 구분하였다.

(1) 권력 원천

부부간의 권력 원천은 실질적 차원인 권력 결과를 야기 시킬 수 있는 능력을 누가 얼마나 지녔는가에 초점을 맞춘 것으로서 권력의 자원 또는 기반을 의미한다. 주어진 상황에서 상대방에 대한 영향력·통제력 등을 증가시킬 수 있는 개인의 자원으로 물질적·비물질적인 것이 모두 포함된다. 즉 물질적 자원으로 분류되는 경제적 자원에는 수입·직업·자산 등이 포함된다. 다음에 비물질적 자원으로 볼 수 있는 규범적 자원은 누가 권위를 가지고 있느냐에 대한 문화적 정의 또는 가치의식이다. 한국 가족에서의 가부장적 의식은 남성이 지닌 규범적 자원으로 볼 수 있다.

정서적 자원은 애정·만족감 등으로 특히 애정은 특정한 개인과의 상호관계에 의해 영향받는 특수한 자원이다. 개인적 자원은 신체적 매력·성격·역할 수행 능력 등을 의미하며 인지적 자원은 권력의 인지가 구성원에게 미치는 영향력이다.

(2) 권력 과정

권력 과정은 한 개인이 특정 갈등 상황에서 배우자의 행동을 변화시키려는 의도로 행하는 통제시도 행위를 말한다. 즉 의사결정·문제해결·토론 등의 여러 상황에서의 부부간의 상호작용 기법으로 통제력·주도권·협상·설득·영향력 등을 포함하는 최종적 의사결정 과정을 위한 직·간접적 행동이다.

(3) 권력 결과

권력의 상호작용 결과, 누가 이기며, 누가 최종적인 의사결정권을 갖는가, 누가 궁극적인 통제력을 갖느냐를 의미하며, 이에 따라 권력의 유형이 생긴다.

2) 부부 권력 관련 이론

(1) 자원 이론

Bood와 Wolfe(1960)는 부부간의 권력관계에서의 자원의 중요성을 언급했는데 이들은 자원이란 '개인의 상대방의 욕구·목표 달성을 위해 공헌할 수 있는 것'이라 정의했으며 이러한 과정에서 보다 많은 자원을 제공한 사람이 의사결정에 대한 영향력이 크다는 것인데, 실제로는 부부 각자가 지닌 자원이 자신의 권력에 일관성 있게 긍정적 영향을 주는 것은 아니기 때문에 자원 이론은 계속 수정·보완되었다.

(2) 규범적 자원 이론

자원 이론이 부부가 상호작용에 가지고 오는 인지적·문화 규범적 개념에 대한 고려없이 취급된 점을 지적한 Rodman(1972)은 같은 자원이라도 문화 배경에 따라 평가가 다른 것이라는 규범적 자원 이론을 제안하였다. 그는 부부의 권력 분배에 대한 문화 규범이 사회변화 단계에 따라 가부장제 사회, 수정된 가부장제 사회, 과도기적 평등주의 사회, 평등주의 사회 등 상이한 4단계의 사회를 제시하였다.

이처럼 부부간의 권력 관계에 대한 이론이 아직 일반화되고 있지는 않으나 부부의 상대적 자원과 부부 상호관계의 규범이 되는 문화적·사회적 배경 모두가 영향을 미치는 변인이라 하겠다.

3) 부부간의 권력 유형

부부 권력의 내부적 유형을 볼 때 결혼 생활의 영역인 자녀 양육·사회활동·경제활동·가사활동의 내용을 검토하여 크게 4가지 유형, 즉 남편지배형·부인지배형·부부공동형 또는 협조형·부부자율형으로 분류해 볼 수 있다.

① 남편지배형 : 남편의 권력이 부인보다 커서 남편의 지배하에 행동하고 결정하는 형태이다.

② 부인지배형 : 부인의 권력이 남편보다 커서 부인의 지배하에 행동하고 결정하는 부부형태이다.

③ 부부자율형 : 상대적 권력이 비슷하고 공유 영역보다 각각의 영역이 큰 것으로 남편과 부인의 역할의 역할 분야가 있어 제각기 자율적으로 처리한다.

④ 부부공동형(협조형) : 부부가 공동으로 결정하고 행동한다. 부

부가 대등한 인간관계를 가지고 협동적 분업을 할 수도 있다.

이에 덧붙여 취업 부인의 권력을 살펴보면, 취업부인은 부부관계와 부부역할을 규정하고 통제해 온 일련의 가부장적 규범과 가치들로부터 아직 자유롭지 못하기 때문에 취업 부인이 자신의 권력을 증대시키려 해도 그들이 동원하는 전략은 결국 가부장적 타협이 될 수밖에 없다. 또한 가사일과 자녀 양육은 부인의 책임이며 취업은 선택이라는 성역할 고정관념이 지속되는 한, 부인의 취업과 그에 따른 자원의 증가가 반드시 부부 권력 관계의 변화를 수반하는 것은 아니다. 오히려 여성본연의 책임인 가사일과 스스로 선택한 직장일을 완벽하게 꾸려나갈 것을 요구받는 이 시대의 새로운 여성상, 즉 슈퍼우먼으로의 변화를 요구할 뿐이다(임인숙, 1997).

4) 평등한 부부 관계

(1) 평등한 부부

UN은 1994년을 세계 가족의 해로 제정하면서 민주 사회 건설은 사회의 기본단위인 가족의 민주화에서 출발한다는 점을 강조하고 '동반자적 가족(partnership families)'을 그 구체적 모델로 제시한 바 있다.

동반자적 가족이란 위계질서에 기초를 둔 권위적 가족에 반대하는 개념으로서, 가족원간의 민주적 관계를 특징으로 하며 그 구체적 내용은 협동적 구조, 평등한 권리와 권력의 사용, 성역할 개념의 융통성, 가사 일의 공평한 분배, 경제적 책임의 공유, 자녀 양육의 공동책임, 공동의사결정, 변화에 대한 개방성 등이 포함된다.

이러한 UN의 접근과 유사하게 동반자적 부부관계를 민주적 혹은 평등한 부부라는 관점에서 정의할 수 있으며 그 성격을 규정하고자 하는 시도가 여성학을 주축으로 꾸준히 이루어졌다. 미국의 여성 학자 Kimball(1983)은 평등한 부부들의 관계상의 특징을 파악하고자 150여 쌍의 부부들을 심층 탐색한 결과, 평등한 부부의 공통된 특징은 권리·

책임 · 의무를 공유하며, 서로 존중하고 개방적인 대화를 통하여 높은 친밀감을 보이는 것으로 나타났다. 권리 · 책임의 공유란 부양자 역할, 가사노동, 육아, 의사결정에 있어 성별 분업에 기준하지 않고 융통성 있게 분담하는 형태를 의미한다. 즉 가사노동이 자동적으로 여성의 책임으로 규정되지 않고 남편이 함께 하는 것을 도와주는 것이나 특별히 호의를 베푼 것으로 생각하지 않는다는 것이다.

세대 간에 강조하는 바가 약간씩 다르지만 연령에 관계없이 공통적으로 지적된 것은 인격존중이다. 즉 상대방의 의사를 존중하는 것, 같이 의논해서 결정하는 것, 동등한 의사교환 등이 지적되었다. 그 다음 강조된 것은 각자의 역할에 충실히 하는 것, 각자의 생활을 인정하는 것이다(박민자, 1992).

세대별로 볼 때 강조한 것은 20대 주부는 가사 노동 분담이며, 30~40대 주부는 공동 자녀 양육, 교육을 함께 하는 것, 50대 아내의 사회생활을 후원해 주는 등 각자 생활을 인정해 주는 것으로 나타났다. 보다 구체적으로 20~30대 부부와 40~50대 부부를 연구한 결과 연령이나 집단에 별 차이가 없이 평등한 부부로 인식하고 있는 내용은 다음과 같다.

- 가사 노동을 필요에 따라서 유연성 있게 분담하거나 공동으로 처리하는 경우
- 집안의 중대사를 결정할 때 부인 의사를 존중, 공동으로 결정하는 경우
- 아내의 취미 생활이나 여가시간 활용을 자율적으로 할 수 있도록 용인, 격려해 주는 경우
- 친정과 시댁의 부모님에 대한 대우나 경조사와 같은 일에 동등하게 배려하는 경우
- 동일 호칭 또는 서로가 존댓말을 사용하는 경우
- 부부가 취미생활, 여가활동을 공동으로 하는 경우 등이다.

〈표 8-2〉 평등한 부부 관계 정립을 위한 범주별 중요도 순위

범주	의사소통·의사결정	가사·자녀양육 분담	심리·정서적 유대	가정 내 경제 관리
%	53.7	17.4	17.0	11.9

출처 : 정무장관 제2실(1994), 민주적 가족관계 정립을 위한 평등한 부부에 대한 의견 조사

국내에서 이루어진 각 분야 인사 510명이 제시한 평등한 부부 관계에 대한 진단에 의하면, 평등한 부부의 기준으로 가장 중요하게 생각하는 범주는 의사소통 및 의사결정면으로 나타났다.

결국 부부간의 평등은 심리적으로 친밀하게 의사소통이 원활하며 가사와 자녀 양육을 동등하게 분담하고, 경제권을 나누어 가지며 평등한 권력관계가 보장되고 서로의 자율성에 대한 상호존중이 이루어져야 하는 것이다.

한국 가족에서의 부부관계는 남편은 권위적이고 아내는 남편에게 복종하던 과거의 수직적 관계에서 점차 우애적 관계로 변화하고 있다고 볼 수 있지만, 아직도 평등한 부부보다는 가부장적 관계가 일반적인 경향이라고 할 수 있다. 따라서 이를 극복하려는 노력과 변화가 다양한 차원에서 이루어져야 할 것이다.

(2) 건강한 부부관계의 특성

Field(1986)는 건강한 부부관계는 두 사람이 상대방의 행복에 진정으로 관심을 갖고 열심히 헌신하는 관계를 의미한다고 하였으며 여섯 가지의 특성을 밝혔다.

① 건강한 부부는 시간을 함께 보낸다.

결혼관계라고 하는 것은 남편과 아내가 진정한 의미를 지닌 만남을 지속하지 않고서는 유지할 수 없다. 복잡하고 빠른 현대사회에서 부부가 함께 하는 시간은 결코 자동적으로 주어지지 않는다. 부부가 함께 시간을 보내는 것은 그 많은 해야 할 일을 제쳐두고 두 사람의 시간을 따로 떼어놓을 때에만 가능하다. 함께 하는 시간을 마련하는 것과 함께

있기를 원하는 것은 별개의 일이다. 함께 하는 시간을 마련하는 것이 그들이 그 시간을 실제로 함께 향유한다는 것을 의미하지는 않는다. 함께 있는 것을 즐기고 그런 계획을 세우는 부부들은 그들의 관계에 있어서 보다 행복하고 건강함을 누린다.

② 건강한 부부는 화해의 능력을 가지고 있다.

상대방의 이야기를 들어주고 변명하지 않고 거기에 응답하는 능력은 결혼생활을 성공적으로 이끄는 데 가장 중요한 요소이다. 경청하는 태도는 상대방의 말뿐 아니라 비언어적 표현까지도 유심히 관찰하는 것이다. 상대방의 말을 경청하고 그의 관점을 이해하려고 한다면 서로의 의견일치를 보지 못한다고 해서 그렇게 문제가 되지 않는다. 의견의 일치보다 서로를 존중해주는 것이 더 중요하다. 건전하게 타협을 하려면 두 사람이 충실하게 대화를 하여야 하고 대화기술을 익히는 것이 도움이 된다(Stinnett & Defrain, 1985).

③ 건강한 부부는 성숙하다.

성공적인 결혼생활을 영위하려면 쌍방이 어느 정도 성숙되어 있어야 한다. 그러나 성숙의 정도는 서로를 받아들이고 존중하도록 한다. 성숙한 사람은 자아중심적이거나 저항하거나 부정적이거나 또는 비협조적이지 않고 오히려 겸손하다. 성숙함은 실망하고 상처를 입어도 계속 인내하는 것을 포함한다. 결혼생활은 언제나 원하는 대로 진행되지는 않는다. 성숙한 부부는 결혼생활에서 어렵고 좌절되고 실망되는 시기를 어떻게 인내하며 극복해 낼 것인가를 배우며 성장의 기회로 삼는다.

또한 성숙함은 다른 사람의 도움을 기꺼이 받아들이는 것을 의미한다. 현명한 부부들은 그들이 결혼생활에 대해 다 알지 못한다는 사실을 인정하여 그들의 관계를 견고하게 하기 위해서 상담이나 다른 사람의 도움을 받기도 한다.

④ 건강한 부부는 서로 친밀하다.

부부간의 친밀감은 배우자의 외적인 면뿐 아니라 내적인 면도 모두 아는 것을 의미한다. 서로 마음속 깊은 생각들과 감정들, 자신의 연약함과 부족함, 바라는 것과 꿈을 나누는 것을 의미하고 상호간의 성적 즐거움도 나눈다. 성적 친밀감은 각자가 육체적인 즐거움을 받아들일 뿐 아니라 상대방에게 육체적인 즐거움을 줄 때에만 가능하다. 성적 친밀감은 완벽한 성을 의미하지는 않는다. 그것은 두 사람이 진심으로 원하거나 각자를 기쁘게 하기 위해서 노력하는 것을 의미한다. 그 목표는 완벽한 성이 아니고 서로간에 기쁨을 누리는 것이다.

⑤ 건강한 부부는 영적 생활을 공유한다.

영성은 결혼생활과 관련해서 개인의 가치관 형성에 있어 중요한 역할을 한다. 결혼의 영속성과 동반자관계, 서로의 역할과 책임에 대한 지침을 제시한다. 자기희생과 용서는 대부분의 영적 가치체계의 핵심이며 개인의 차원을 넘어 도덕적이고 윤리적 행위에 대한 공통적 기준을 제시하므로 가족뿐 아니라 사회관계에서도 도덕적이고 나누고 베푸는 영적 원칙들을 실생활에서 행동지침으로 삼게 된다. 또한 영성은 서로 사랑과 동정, 돌봄의 상호작용을 돕고 결혼생활의 의미와 목적을 부여한다.

⑥ 건강한 부부는 서로 헌신한다.

헌신이 없는 결혼관계는 매우 취약해서 정서적 별거와 법적 이혼까지 갈 수 있다. 진정한 헌신은 개인의 선택이다. 건강하고 영속적인 사랑은 배우자를 사랑하려는 나의 의지에 달려있다. '좋을 때나 나쁠 때나, 아플 때나 건강할 때나, 부유할 때나 가난할 때나, 죽음이 둘을 나눌 때까지…' 헌신하는 두 사람의 관계는 자신의 감정이 유동적일 때도 헌신이 그 감정을 극복한다는 것을 의미하며 서로 신뢰하고 협조하며 배우자를 가장 우선시 한다는 것을 말한다.

건강한 결혼은 함께 성장하고 함께 사는 삶의 과정에 헌신하는 부부에 의해 이루어지며 그들은 서로를 이해하고 서로에게 맞추는 데 최선을 다한다.

(3) 평등한 부부를 향한 과제

오늘날의 가족은 전통적·가부장적 가족에서 우애와 평등을 기본으로 하는 동료가족·동반자 가족으로 변화하고 있어 평등 규범이 출현하고 있으나, 이러한 평등의 규범이 직접적으로 평등한 결혼을 의미하는 것은 아닌 듯하다. 가족 내의 부인의 의사결정권이 높아졌다 해도 주택의 구입, 금전관리 등 좀 더 중요한 일로 간주되는 일에는 남편의 영향력이 크게 미치는 반면, 가사 관리 등 사소한 분야에서 여성의 주장이 작용하는 경향을 보여 총체적 권한은 여전히 남편에게 있어, 부인의 지위가 향상되고 위치가 확립되어 있다는 견해는 무리한 속단인 듯하다.

Goode(1963)는 현대 가족에서 여성이 주도권을 가진 것으로 보이나, 남성은 그가 원할 때 되돌려 받을 권리를 지닌 채 이러한 권위를 양보할 따름이라고 하였다. 한 편이 이기고 지는 대립의 관계가 아니라, 부부 모두에게 바람직하다고 여겨지는 평등한 부부 관계 수립은 기회균등을 통한 공평한 자원의 분배와 솔직하고 정당한 협상과정을 통하여 이루어질 것이다. 그것은 우리 자신의 의지와 노력, 그리고 사회 제도적 뒷받침이 함께 함으로써 가능한 것이다.

평등한 부부 관계를 위하여 남성·여성 그리고 부부단위의 미시적 수준에서의 변화와 가부장적 이데올로기의 극복, 가족에 대한 다양한 사회적 지원체계의 마련 등 거시 사회적 수준에서의 변화가 함께 이루어져야 한다(변화순, 1995).

첫째로 평등한 부부 관계를 논의할 때 먼저 거론되는 것이 남성의 가족 역할 참여의 확대이다. 남자들의 집안일 참여 증가를 기대하려면 우선 '남성다움'에 관한 사회적 정의, 여성들의 기대, 그리고 남성들 자신의 인식도 변화될 필요가 있다. 우리나라 남성들이 직장에 투자하는 시간을 고려해 볼 때 근무시간, 근무형태의 융통성 증가 등과 같은 사용자 측의 뒷받침도 있어야 한다. 우리나라 남성·여성들의 성역할 의식, 직장 여건 등을 고려하지 않고 남성에게 성공은 기본이고, 거기에 가정 내 역할 참여, 표현적 역할까지 요구하는 것은 여성에게 슈퍼우먼을 기대한 것과 마찬가지로 슈퍼맨을 기대하는 것이다.

둘째로 가정 내에서 평등한 남녀관계를 구성하기 위해서는 노동시장에서 여성과 남성의 평등성이 필수적이다. 성별 직종 분리와 남녀 간 소득 격차가 존재하는 한 가정 내 평등은 이루어지기 어렵기 때문이다. 여성들의 부양자 역할을 공유하려는 노력도 평등 부부를 향한 과제이다.

셋째로 우리 사회에서는 부부는 평등하려고 해도 안 되는 가족이 있다. 부모세대와의 관계가 두 사람의 평등한 관계에 저해요인이 되기도 한다. 우리나라 가족이 형태상으로는 핵가족화되고 있지만 가족의 기능, 정서적 유대는 확대가족의 요소를 여전히 포함하고 있다. 따라서 부모 세대의 자녀 부부에 대한 역할기대, 의식 등의 변화가 요구되며, 장기적으로 풀어나가야 할 과제이다.

3. 부부간의 적응

적응이란 상대방의 기대나 새로운 상황에 맞추기 위해서 개인의 역할, 태도, 행위를 변화시키는 것을 말한다. 부부간의 적응은 부부 쌍방간의 적응뿐만 아니라 경제적·사회적·인간적 환경에 대한 적응도 포함하는 역동적 과정이다. 또한 부부 자신들의 결혼생활에 대한 기대와 희망을 서로 충족시키는 배우자의 태도 및 행위의 변화라고 정의할 수 있다(고정자, 1999). 부부 둘 다 한 팀으로서 역할을 하기 위해서는 그러한 변화를 바람직한 것으로 받아들여야 하고 부부간의 의사소통과 상호작용을 필요로 한다.

1) 부부적응에 대한 관점

(1) 차이점 조정

결혼생활에서 드러나는 생활습관, 사고, 행위 등 모든 생활영역에 있어 나타나는 부부간의 차이점에 대해 상호갈등이나 부조화 없이 생활해 나가는 과정을 적응으로 보는 관점이다.

(2) 관계에서의 기능적 변화

결혼한 부부의 상호관계나 상호작용이 결혼 전과는 다르게 변화해 나가는 과정으로 보는 관점으로서 함께 지내면서도 각자의 사생활을 어느 정도 가질 수 있도록 결혼생활에 원만하게 기여하는 방향으로 재조정해야 한다.

(3) 사회화 과정

생애주기에서 결혼은 개인의 새로운 역할로의 전환을 의미하며, 개인의 인성을 결혼생활이나 성인생활에 적절하게 조정해 나가는 새로운 역할에 대한 사회화 과정의 한 부분으로 보는 관점이다.

(4) 일상적 과업에 대한 학습과정

결혼 전과는 상이한 새로운 과업들을 수행하기 위하여 결혼생활에서 요구되는 일상적 과업들을 학습해 가는 과정으로 보는 관점으로서 부부의 생활을 새롭게 조직화하여야 한다.

(5) 두 사람의 생활양식 융합과정

두 사람의 독자적 생활양식을 융합하는 과정으로 보는 관점으로서 두 사람의 이전의 생활양식을 통합해야 하는 정도는 결혼 전의 독립적 생활양식의 정도에 영향을 받는다. 두 사람간의 동질적 특성이 많으면 상이한 차이점을 줄여나가는 데 도움이 된다(Wells, 1984).

2) 부부간 적응에 대한 원리

(1) 대인관리는 결코 정적이지 않다.

사람과의 관계는 계속적으로 변화한다. 따라서 결혼에서도 관계의 변화는 불가피한 부분이다. 관계에서의 변화는 통제가 필요하고 방향제시가 요구된다.

(2) 적응은 결혼 전에 이미 시작된다.

한 쌍으로서 데이트와 구애기간을 통해 서로를 알아 가는 과정은 결혼 전에 이루어지는 적응의 한 측면이다. 결혼 전에 자녀양육이나 돈관리, 시가나 처가와의 관계 등의 중요영역에 대해 인식하고 논의하는 것은 결혼 후의 성공적 적응에 도움이 된다.

(3) 조기 적응이 바람직하다.

결혼 전의 적응이 커플에게 중요하고 바람직한 것만큼 결혼 후에 이러한 적응이 가능한 빨리 이루어지는 것이 중요하다. 대부분의 결혼에서 초기에는 각 배우자가 상대방의 욕구와 기대에 상당히 민감하고 행동의 변화가 이 단계에서 성취되기 쉽다. 그러나 문제나 차이가 계속 남아있게 되면 각자가 변화하기 힘들게 되고 적응력이 떨어지게 됨에 따라 두 사람의 관계에서 습관적으로 감정을 상하게 하는 문제가 되기도 한다.

(4) 결혼 후에 큰 변화는 기대하기 어렵다.

결혼 후에 자신이나 배우자가 크게 변화할 수 있을 것이라는 기대나 자동으로 더 나아질 것이라는 기대는 실망으로 이끌게 된다. 교제기간 동안은 좋은 점만 보여주다가 결혼 후에 실망스런 모습이 나타나기 쉽고 특히 바람직하지 못한 인성특성이나 행동 패턴은 대부분의 사람들에게 결혼할 나이에 이르면 깊게 뿌리내리기 때문에 결혼 후의 현저한 변화는 어렵다.

(5) 적응은 일생에 걸친 지속적 과정이다.

결혼 초기에 성공적으로 적응하더라도 가족생활주기의 발달단계에 따른 변화와 가족생활의 위기에 따르는 변화는 적응을 필요로 하고 부부간의 사랑의 관계는 지소적인 관심과 노력을 통하여 유지되고 발전될 수 있다.

3) 부부적응의 영역에 따른 분류

(1) 인격적 적응

부부간의 인격적 적응이란 부부간의 적응에 미치는 내적요인을 말한다. 즉 객관적으로 평가할 수 있는 문제가 아니고 심리적으로 부부만이 갖는 분위기에 대한 적응을 의미하며 원만한 부부생활을 하기 위한 원동력이 되기도 한다. 이러한 부부의 인격적 적응 정도는 각 개인의 성숙, 정서적 안정감, 원만한 성격, 감정의 교류, 시간적 요소 등에 달려있다(유영주, 2001).

첫째, 부부간의 갈등을 당연하고 정상적인 것으로 인식한다. 가장 밀접하고 전면적인 관계를 맺고 사는 부부는 일상에서 크고 작은 갈등 속에서 살기 마련이다. 갈등 자체가 부부관계를 위협하는 것이 아니라는 것을 인식하고 갈등을 어떻게 효과적으로 해결하는가에 초점을 맞추어야 한다.

둘째, 상대방의 독립성을 인정하도록 한다. 부부는 각자 자신의 원가족에서 형성된 성격, 가치관, 행동특성, 상이한 경험을 가지고 결혼생활을 시작하므로 불일치나 차이점으로 인한 갈등은 불가피한 부분이다.

셋째, 상대방의 인성과 행동특성을 이해하려는 노력을 한다. 결혼생활에서 배우자의 사소한 습관이나 행동특성이 상대방 배우자를 못 견디게 할 수 있다. 많은 부부들이 상대방을 변화시키기 위해 많은 시간을 소비하지만 도리어 관계를 악화시키기 쉽다. 각 부부는 갈등을 일으키는 근본적인 차이점을 이해하여 수용하고 존중하는 법을 배워야 한다. 이런 노력을 통하여 부부가 서로 동반자로서의 결혼의 의미를 공유할 수 있다.

넷째, 상대방의 자존심을 최대한 존중해 준다. 부부는 서로 다른 인격을 지닌 남녀가 결합하는 관계이므로, 성인으로서 독립된 자아를 인정받고자 한다. 여성이 남성에게 예속되어 있다고 여기는 부부들은 시간이 지남에 따라 점차 부부관계에 문제가 생기므로 부부는 처음부터 끝까지 인격체로서 교류해야 하며 자아존중감을 갖도록 노력한다.

다섯째, 양자의 인격이 끊임없이 발전되도록 한다. 부부는 경쟁의 대상이 아니며, 소유의 대상도 아니다. 단지 완전한 자아를 찾아가는 동반자이며 타인들보다 더 길고 깊은 만남을 약속하고 인생을 살아가는 관계이다.

(2) 경제적 적응

혼인과 이혼 통계 결과를 보면 부부의 이혼사유로서 부부불화와 경제문제가 가장 주된 요인으로 나타나고 있다. 사회적 관점에서 결혼한 부부는 하나의 경제적 단위이다. 경제적 영역에서 부부간의 서로 다른 기대나 욕구는 다른 영역에서 보다 더 많은 갈등을 야기할 수 있다. 부부가 경제적 문제로 다투는 가장 중요한 이유 중 하나는 세력 갈등이다. 수입을 벌어들이는 남성이 세력을 가지는 반면 남성에게 경제적으로 의존적인 여성은 남성의 지배적 태도나 통제에 불만을 갖기 쉽고 수입을 쪼개서 쓰는 일도 부부간에 의사결정 갈등을 야기할 수 있다.

따라서 결혼 초기에 이러한 차이점을 해결하는 것이 중요하고 장기적으로 결혼관계를 원만히 유지하기 위해서는 부부 상호간에 욕구수준을 정확히 파악하고 가족생활주기에 따른 경제적 수용에 원만히 대처하는 계획을 세워야 한다. 더구나 평균수명의 연장으로 은퇴 후 노후대책의 필요성이 더욱 요구되며 가족을 둘러싼 경제 환경의 변화에 대처하는 계획과 대응책을 마련하여야 한다.

또한, 부부간의 경제적 적응도는 소득의 액수에 비례하기보다 소득을 사용하는 방법과 이에 대한 부부의 태도에 따라 달라지므로 평등한 소비패턴이 필요하고 장래계획, 특히 자녀교육 및 주택계획, 노후대책, 투자, 부채 등은 가계의 방향을 결정하는 주요인으로 부부가 함께 관리하는 것이 좋다.

(3) 성적 적응

부부간의 성적 적응은 결혼의 성공과 실패의 가장 중요한 결정요인은 아니다. 성적 부적응이 이혼사유로 빈번하게 꼽히고 있으므로 상호 만족스런 성관계를 유지하는 것이 중요하다. 결혼의 다른 영역의 성공은 일반적으로 부부의 성생활과 애정 영역의 만족스러움을 반영하며 반대로 갈등과 어려움은 궁극적으로 성관계의 긴장을 야기할 수 있다(Stover & Hope, 1993). 성관계는 만족도에 대한 기대가 가장 높으면서도 기대를 충족하기 위한 준비는 가장 미흡한 영역이다(Well, 1984).

젊은 부부들은 성적 적응이 잠재적 문제로 인식될 때 결혼 적응과 성적 적응과의 관계특성을 이해할 필요가 있다. 즉 남성과 여성에게 성의 중요성과 의미는 다르게 나타난다. 여성의 성적 만족도는 결혼의 전반적 적응과 만족에 크게 달려있는 반면, 남성의 결혼에서의 적응과 만족은 성적만족도에 의해 크게 좌우된다. 따라서 만족스런 성생활을 위하여 부부는 자신의 성에 대한 이해뿐 아니라 남성과 여성 간의 차이와 성에 대한 태도가 미치는 영향에 대해 이해할 필요가 있다.

① 부부간의 성생활은 신체적 · 생리적 요인뿐만 아니라 감정적 · 인격적 요인을 포함한다. 성은 기교의 문제가 아니라 사랑과 인격체로서 교류가 중요하다.

② 부부간의 성생활은 어느 한쪽 배우자에게만 책임이나 의무가 있는 것이 아니라 부부 쌍방에게 책임이 있으므로 상호노력이 요구된다.

③ 부부의 성적 적응이 만족스럽게 이루어지기까지는 시간이 걸린다는 것을 인식해야 한다. 부부의 성격이나 성장배경, 성에 대한 태도나 가치관, 지식에 차이가 있으므로 성에 대해 서로가 기대하는 바를 구체적으로 대화를 통해 풀어나가야 한다.

④ 성생활 및 성에 대해 정확한 지식으로 그릇된 성에 대한 관념과 가치관을 버린다. 남녀 간에 성욕구의 불균형과 성반응과 성적표현에 차이가 있음을 알고 상대방의 만족을 위하여 서로 노력해야 한다(유영주 외, 2001). 남자는 성을 즐거운 육체적 활동으로 보는 반면 여자는 사랑과 정서적 헌신의 표현으로 본다. 남녀 간에 이렇게 서로 다른 의미가 결혼생활에서 오해와 의사소통 불일치를 낳는다(Stover & Hope, 1993). 남자는 여자에 비해 성적으로 빨리 흥분하고 시각적인 자극에 예민하여 성적 자극을 쉽게 받고 성적 욕구가 18~20세에 절정인 반면 여자는 쉽게 흥분하지 않고 청각적이고 감정적인 느낌에 더 자극 받고 30대 후반에서 40대 초가 절정이다. 부부간에 성관계 회복을 위해서는 육체적 관계보다 정신적 관계가 먼저 유지되어야 한다(송정아 외, 1998).

(4) 인척관계 적응

결혼은 두 남녀의 결합만이 아니라 그들의 친족관계의 결합을 동시에 의미한다. 구조적으로, 기능적으로 핵가족화가 일반화되어 가고 있지만 아직도 우리나라에서는 부모나 친족으로부터 완전히 독립한 것이 아니며 전통적 의례와 관습이 존중되고 있어 부부의 결혼생활에 많은 영향을 미치고 있다(이정덕 외, 1998).

인척관계 중 고부관계는 전통적으로 가장 취약한 가족관계로 인식되어 왔으며 고부간의 갈등은 남편 또는 아들을 둘러싼 삼각관계로 발전하여 부부관계나 모자관계, 또는 조부모와 손자녀 관계까지 연쇄적으로 갈등관계로 이끌어 가족의 역기능을 초래하기도 한다.

고부관계의 원만한 적응을 위하여 결혼 전 부모의 승낙을 얻고 시댁의 가풍과 시부모의 취향 등을 면밀히 살피고 긴밀한 교류기간을 가진다면 순조로운 고부관계가 시작될 수 있을 것이다. 애정과 신뢰를 바탕으로 시부모는 아들과 며느리를 독립된 가정으로 인정하는 태도를 갖고 며느리는 노인의 특성을 파악하여 시부모를 존중하는 태도를 갖고 서로 이해하려는 노력이 중요하며 상호대화와 타협을 통해 갈등을 원만히 해결하도록 노력하여야 한다. 또한 아들(남편)이 고부관계의 조정자 역할을 잘 수행하는 것이 요구된다.

4. 부부간의 갈등

갈등은 모든 인간관계에 존재하는 것으로 부부는 성장배경 및 경험이 다르고 서로 다른 이해와 관심을 지니기 때문에 부부생활의 상호적응과정에 있어서 갈등을 경험하게 마련이다. 부부간에 갈등이 해결되지 않은 채 누적되면 부부의 결속력을 해치고 가족기능을 약화시켜 이혼으로 발전하기도 한다. 그러므로 결혼생활에 있어서 부부의 갈등요인에 대한 이해와 해결방안 모색은 매우 중요하다.

1) 갈등의 개념 및 특성

Deutsch(1969)는 개인내부에서 또는 두 사람 이상의 대인관계에서 양립할 수 없는 이해관계가 존재할 때 갈등이 발생한다고 하였으며 특히 관심사나 욕구, 가치가 다를 때, 자원이 부족할 때 그리고 경쟁적인 요소가 있을 때 발생한다고 하였다. Coleman(1984)은 부부간에 상충되는 욕구, 목표, 기대의 불일치를 부부갈등이라고 정의하였다. 갈등은 네 가지 특성을 가진다.

① 갈등은 주관적이어서 반드시 객관적이고 관찰 가능한 행위로 나타나지 않는다.

② 감정은 불안정하고 변화하기 때문에 갈등도 불안정하다. 따라서 갈등이 발생하는 과정은 예측하기 힘들고 예기치 않게 변화할 수 있다.

③ 갈등은 연쇄반응을 일으키는 반향성이 있다.

④ 갈등은 주관적이고 불안정한 감정과 인식의 속성을 가졌기 때문에 복잡하다.

2) 부부갈등의 요인

부부갈등의 발생요인은 비현실적 기대, 역할수행 실패, 상호이질성, 낮은 자아존중감, 의사소통 기술부족, 바람직하지 못한 행동, 가치관 차이, 독립성과 의존성의 부조화 등으로 다소 다르게 나타나지만 대체로 큰 비중을 차지하는 부부갈등 요인을 소개하면 다음과 같다.

(1) 애정관리 요인

부부관계의 기초를 이루는 사랑과 신뢰, 서로에 대한 관심이 결여되거나 문제가 생겼을 때 갈등이 야기된다. 배우자의 부정행위는 이혼사유의 제1순위이다. 그러나 중요한 점은 부부간의 갈등요인이 아래에 나타나는 성문제이든, 경제적 문제이든 다른 문제든 간에 결국은 부부간의 애정과 신뢰를 약화시켜 이혼에 이르게 하는 애정관계의 요인과 관련된다는 점이다.

(2) 성문제 요인

성생활은 부부간에 만족감과 행복감을 주는 육체적인 관계 외에 애정과 정서적인 문제와 관련된다. 부부간에 성적 갈등을 야기시키는 가장 흔한 원인은 성적 욕망과 충족간의 불일치이다(연규월, 1984).

(3) 경제적 요인

경제적 문제는 기본적인 생활의 안정과 직결되어 있기 때문에 실직, 빈곤, 도박, 경제적 무능력, 가계파탄 등은 심각한 문제를 야기한다. 특히 IMF 이후 경제적 문제로 인한 이혼이 급증하였다.

(4) 성격문제

생활환경이나 성장배경이 다른 가운데 형성된 부부간의 생활습관과 성격들이 전면적으로 부딪힘으로써 갈등이 야기된다. 성격차이는 주된 이혼사유로서 부부 중 한쪽이 지나치게 지배적, 폭력적이거나 의존적일 때 균형을 잃게 되고 문제에 당면하게 된다.

(5) 자녀문제

자녀양육과 태도에 대한 불일치나 무관심, 자녀문제로 인한 책임전가 등으로 인해 갈등이 일어난다. 현대사회에서 맞벌이 가족이 늘어나면서 자녀양육분담문제와 자녀양육과 교육의 어려움으로 인해 부부간에 갈등을 겪을 기회가 더 늘어나고 있다.

(6) 사회문화적 배경 문제

인생에 대한 가치관, 종교, 철학 등의 배경 차이에 의해 나타나는 갈등으로 배우자 간에 가치관이나 인생관이 너무 달라 서로 공유할 수 있는 영역이 부족할 때 상호무관심과 갈등이 일어난다.

(7) 건강문제

정신질환, 질병, 알코올 남용, 학대 등으로 배우자의 신체적, 정신적 건강에 문제가 생길 때 일어나는 갈등이다.

(8) 친족관계

시부모 부양, 고부간의 갈등, 친가에 대한 불평등과 충성심 문제 등으로 생기는 갈등이다. 특히 시부모나 시댁식구들과 동거하는 경우 갈등을 많이 느끼는 것으로 나타난다. 우리나라는 아직도 고부간의 갈등이 부부갈등의 요인 중 중요한 부분을 차지한다.

(9) 부부의 대인관계 문제

부부간 친밀감의 결여, 의사소통의 부족, 관심사의 차이, 책임감 부족, 동반자의식 부족, 상호무관심, 세력의 불균형 등으로 어려움을 갖는 문제가 포함된다(고정자, 1999).

3) 부부갈등의 효과

갈등론자들은 가족을 갈등을 내포하고 있는 체계로 보고 부부간의 갈등도 당연하고 필요불가결한 요소로 본다. 따라서 갈등이 있을 때 어떻게 관리하고 해결하는가가 중요하고 갈등은 부정적이고 파괴적이기보다 부부관계를 강화시킬 수 있고 변화를 유도하여 좀 더 의미 있는 관계로 이끌 수 있다고 본다. 갈등의 긍정적 효과는 ① 부부간에 상호작용과 감정교환을 촉진시켜서 상호이해를 증진시킨다. ② 갈등을 표현함으로써 마음속의 긴장, 분노, 적의 등의 감정과 욕구를 완화하거나 해소할 수 있다. ③ 갈등을 노출함으로써 부부간에 문제가 무엇인지를 정확하게 인식하도록 도와주고 의견교환을 활발하게 하여 문제해결능력을 향상시킨다. ④ 가족 내의 위치나 규칙을 명확하게 인식시키는 역할을 한다. 갈등의 부정적 효과는 ① 격렬하고 해결되지 않은 갈등은 부부간에 긴장과 적대감을 일으켜서 효과적인 대화와 문제해결능력을 방해한다. ② 적대감이 쌓이면 도덕심을 저하시켜 부정행위나 공격적 또는 폭력적으로 반응하기도 하여 소원한 부부관계가 된다. ③ 갈등이 해결되지 않은 채 심화되면 부부의 결속력을 해치고 궁극적으로 가족기능을 약화시켜 이혼이나 가족해체 현상이 일어날 수 있다.

4) 부부갈등의 해결방안

갈등은 해결되지 않는 한 계속 누적된다. 갈등은 부부간의 일상사의 교환에서 위기에 이르기까지 여러 계층으로 나누어지고 단계가 높아질수록 부부간의 긴장이 높아지고 의사결정을 해야 할 압력이 커진다. 갈등의 계층은 갈등이 커져서 문제가 확산되어 위기에 이르지 않도록 조기에 해결하는 것이 중요하다(Olson & DeFrain, 1994). 부부관계와 같은 친밀한 관계에서 발생하는 갈등을 효과적으로 해결하는 방법은 다음과 같다.

(1) 문제를 분명히 이해한다.

부부간의 갈등은 배우자 사이의 차이점에 대한 이해부족과 불일치로 인하여 자주 일어난다. 따라서 두 사람 간의 문제가 무엇인지 분명히 이해하는 것이 필수적이다. 먼저 자신에게 초점을 두어 무엇이 자신을 괴롭히고 있는지, 어떻게 달라지기를 바라는지 자문해 본다. 그 다음 상대방이 무엇을 말하는지를 메시지의 내용뿐 아니라 감정까지 이해하려고 노력하며 주의 깊게 듣는다. 자신이 바르게 이해했는지 상대방에게 확인하다보면 문제가 무엇인지 점차 분명해진다. 그 다음 두 사람의 당면문제에 대해서만 초점을 두어 불일치하는 쟁점이 무엇인지 분명히 이해한다.

(2) 부부가 서로 무엇을 원하는지에 대해 이해한다.

문제를 명확히 이해한 다음 부부 각자 원하는 바를 서로 이야기한다. 서로가 무엇을 원하는지 이해하는 것은 불공평한 협상이나 불만족스러운 해결로 인해 부부간에 싸움이 되풀이되는 것을 막는데 도움이 된다.

(3) 문제해결을 위해 가능한 여러 대안을 탐색한다.

문제에 대한 해결책을 부부가 같이 상의하며 대안을 탐색하는 것은 문제해결에 대한 새로운 통찰력을 얻을 수 있다. 서로 아이디어를 제시하는 것은 유용한 대안을 찾는 기술을 향상시킨다.

(4) 어떻게 협상할 것인지를 결정한다.

여러 대안을 탐색한 후 문제에 대한 부부간의 불일치를 어떻게 협상할 것인지를 결정한다. 자신과 상대방이 서로 조금씩 양보하는 방법과 서로 원하는 것을 교환하는 방법, 그리고 서로간의 불일치를 허용하는 방법이 있다.

(5) 서로 동의 한 해결책을 지킨다.

일단 문제에 대한 해결책에 동의하면 서로가 확인하고 지키도록 해야 한다.

(6) 재검토와 재협상을 한다.

서로 동의한 해결책을 지켜야 하지만 한쪽이 불만이거나 혹은 문제해결이 잘 안 될 경우, 재검토와 재협상이 요구된다. 이 과정이 쉽지 않지만 부부가 서로에게 관심을 갖고 관계가 증진되기를 원한다면 어떠한 갈등도 긍정적으로 해결할 수 있다.

5. 부부간의 사랑과 분노

부부간의 사랑과 분노는 부부관계를 역동적으로 만드는 힘으로써 사랑의 요소가 부부를 친밀하게 의존적 관계로 만드는 반면 분노는 부부간의 지나친 의존을 막아 독립적 존재로서 발달하게 한다. 따라서 부부간의 사랑과 분노는 조화를 이루어야 한다. 건강한 부부는 고립과 의존, 분리와 유대를 적절하게 유지하는 부부이다.

1) 부부간의 사랑

사랑의 정의가 다양하고 서로 일치하지 않더라도 사랑의 중요성은 누구나 공감한다. 사랑과 애정이 성이나 개방적 대화보다 더 중요한 요소로 나타났다(Rettig & Bubolz, 1983).

(1) 부부간의 사랑은 건강을 유지시킨다.

충족되지 못한 사랑의 욕구는 건강에 악영향을 미친다. 사랑과 건강과의 관계를 연구할 결과에 따르면 사랑의 관계가 끝난 지 얼마 안된 사람들의 대부분이 건강에 좋지 못했다(Kemper & Bologh, 1981). 외로움과 사랑의 결핍이 독신이거나 사별, 또는 이혼한 사람들의 조기사망과 심장병을 유발한다고 한다(Lynch, 1977). Nowinski(1980)는 실제로 사랑은 인체의 면역체계를 증강시켜 신체적 질병과 맞서 싸우는데 도움을 주는 최고의 약이라고 하였다. 따라서 장기적으로 지속되는 부부간의 사랑은 건강유지에 긍정적 효과를 가져온다.

(2) 부부간의 사랑은 정서적 안정에 기여한다.

행복에 관한 조사에서 사랑의 관계가 행복에 필수 요소임을 밝혀졌다(Freedman, 1978). 사랑하는 사람들은 고조된 행복감과 만족감을 느끼고 상호 의존한다. 사랑의 관계가 깨어지게 되면 우울과 불행감, 그리고 신체적 장애가 나타날 수 있다. 부부간의 사랑은 정서적 안정에 기여하며 성공적인 결혼생활을 영위하게 한다.

(3) 부부간의 사랑은 정신건강에 기여한다.

Blood와 Wolfe(1960)는 한쪽 배우자가 다른 배우자의 정신건강에 기여하는 결혼의 기능을 정신위생이란 용어로 표현하였다. 스트레스 상황에서 남편과 아내는 서로 정서적으로 지지해주고 배우자를 편안하게 해주려고 특정행동을 하기도 한다(Baker & Lemle, 1984). 이 점에서 부부간의 사랑은 자원으로서 결혼생활의 질을 향상시키며 배우자 간의 상호지원관계는 여러가지 효과가 있다. 즉 스트레스를 미리 완화하는 예방적 효과와 행복과 만족감을 직접적으로 향상시키는 치료적 효과, 그리고 관계 자체에서 오는 스트레스와 만족감 사이를 조절하는 완충효과가 그것이다.

2) 부부간의 분노

현대가족에서 자주 보게 되는 남편과 아내, 부모와 자녀, 그리고 기타 가족관계가 소원해지고 붕괴되는 것은 가족 내의 친밀한 관계에서 발생하는 분노를 이해하지 못하고 그것을 생산적으로 처리하지 못하는 데에 그 원인이 있다.

부부관계에서는 어느 관계에서보다도 더 많은 분노를 겪을 가능성이 높다. 분노를 느낄 때 적절히 다루어야 함에도 불구하고 많은 부부들이 분노를 그대로 폭발시켜 버리거나 속으로 억제해 버린다. 이처럼 숨겨진 분노는 곧 상대방에게 전달되거나 갈등을 계속 지연시키면서 누적되어 있다가 어느 순간 부정적으로 폭발하기도 한다. 감정은 옳고 그르고의 성질이 아니라 감정 그 자체로서 인정되어야 하며 남편과 아내는 부부싸움을 통하여 불평등과 갈등을 다루는 것을 배울 때 더 친밀해질 수 있다.

부부가 서로 배우자를 모욕하지 않고 솔직하게 화를 내는 것을 배우는 것이 바람직하다. 반대로 미워할 때에도 서로 사랑한다는 원칙이 적용되면 부부간 갈등이 고조되었을 때도 서로를 돌보는 정서적 훈련이 될 수 있다(Mace, 1982).

부부가 서로 화를 내게 되더라도 그 분노를 건설적인 방향으로 해결할 수 있다는 자신감이 있으면 분노의 해악에 대한 두려움이 없어지므로 자신을 상대방에게 자유롭게 개방할 수 있게 되고 또한 서로의 행동을 더 잘 이해할 수 있게 됨에 따라 분노의 원인들이 점차 사라지게 된다. 그리고 자녀들 앞에서 부부싸움을 하는 것을 일반적으로 피하라고 하나 자녀들 앞에서 공정하게 싸우는 것을 보여주는 것은 불필요한 상처를 주지 않고 적대적 감정을 다루는 본보기를 보여주는 것이다(Charny, 1974).

부부간의 분노를 효과적으로 해결하는 단계는 다음과 같다.

(1) 1단계

화난 마음의 상태를 가능한 한 빨리 상대방에게 알린다. 이것은 분노가 두 사람의 관계에 대해서 상대방에게 말하고 싶어하는 감정이라는 것을 인식하고 친근한 관계에서 상대방에게 화를 내는 것이 지극히 정상이므로 자연스럽게 말하는 것이 필요하다. 이렇게 해서 서로를 더 깊이 이해할 수 있게 된다.

(2) 2단계

상대방에게 화를 내되 그 화를 맞받아 쳐서 공격하지 않는 것을 원칙으로 한다. 상대방을 공격해서는 아무런 이익을 얻을 수 없음을 인식한다. 이 단계에서 상대방의 공격을 두려워하지 않게 되면 서로 간에 동시에 화를 폭발하지 않게 되고 상황에 대한 통제력이 커진다.

(3) 3단계

관계를 위협하는 분노의 상황을 분노하는 개인의 문제로 간주하는 것이 아니라 두 사람 관계의 문제로 이해하여 긍정적 방향으로 해결될 수 있도록 상호작용 한다. 부부싸움을 하다보면 종종 '당신의 분노는 당신의 문제지 나는 책임이 없다'라고 소리치게 되는데, 이런 경우 화가 나더라도 혼자서 해결하려고 애쓰게 되고 결국 서로가 멀어지게 된다. 부부관계처럼 긴밀한 관계의 경우는 두 사람 모두 관계의 문제로 이해해야 하며 서로 상호작용 해야만 긍정적 방향으로 이끌 수 있다.

3) 부부간의 애정상실

Burgess와 Locke(1945)는 20세기 결혼의 가장 극적인 변화는 제도적 형태에서 동반자적 형태로의 변화라고 말한 최초의 사회학자이다. 20세기 서구사회에서 사랑은 결혼을 결정하고 유지시키는 가장 우선적인 중요한 요소로 변화하였다. 따라서 오늘날의 무결점 이혼법은 애정의 결핍을 결혼생활에 종지부를 찍을 수 있는 충분한 사유로 보고 이혼을 허용하고 있다. 친밀감과 사랑은 부부관계를 지속하느냐 또는 끝내느냐를 결정하는 가장 좋은 지표로서 밝혀졌고(Kingsbury & Minda, 1988), 이러한 정서적 요인이 부부관계에서 자원교환이나 갈등해결보다 더 중요한 요인으로서 강조되고 있다.

그러나 오늘날의 이혼율은 부부간의 사랑과 애정의 연약함과 취약성을 반영하고 있다. 열정적으로 사랑을 갈구하던 남녀가 결혼을 하고 충만했던 부부간의 사랑과 희망과 상대방에 대한 배려가 왜 시간이 흐르면서 서서히 퇴색되고 종국에는 무관심과 정서적으로 소원한 관계로 변화하는가?

일반적으로 애정의 감소는 사랑에 빠지는 과정만큼 빠르게 일어나는 것이 아니라 서서히 관계에 대한 지속적인 불만족으로 일어난다. 부부간의 애정상실은 개인의 결혼생활에서 단계와 전환점이 있는 하나의 과정이다. 애정상실은 점차적으로 사랑의 감정이 악화되고 정서적 애착의 상실을 말한다. 애정상실의 개념은 배우자의 실제행동이 아니라 배우자에 대한 사랑의 감정, 배려와 애착과 같은 결혼의 정서적 상태를 반영한다. 그러나 애정상실을 경험하는 부부가 모두 같은 것은 아니다. 어떤 부부들에게 애정상실은 이혼으로 이어지나 다른 부부들은 애정이 없음에도 결혼생활을 유지하는 경우도 있고, 또는 애정상실의 시기를 경험한 후에 사랑의 감정을 회복하는 부부들도 있다(Kayser, 1993).

Kersten(1988)은 배우자에 대한 사랑에 의문을 갖거나 결혼생활에 심각한 회의를 갖기 시작한 전환점이 되는 사건이나 경험을 다음과 같이 밝혔다. 배우자의 통제적 행동, 배우자와의 상호관계의 결여, 비효율적 갈등해결, 배우자의 책임감 결여, 배우자의 정서적 지지의 부족, 배우자의 약물남용이 배우자의 바람직하지 못한 특성, 배우자의 자녀와의 관계, 스트레스 사건, 배우자의 언어적 학대, 자신의 성격 변화, 자신의 비양립성에 대한 인지, 배우자의 외도, 배우자의 자아개방의 부족, 배우자의 신체적 폭력,

배우자의 성적 문제, 자신의 외도, 시가나 친가의 간섭, 별거, 우울증, 제3자에 의한 결혼생활의 부정적 평가, 배우자와 별거에 대한 의논이다.

(1) 애정상실 단계

애정상실 과정은 크게 실망단계, 실망과 애정상실 중간단계, 애정상실 단계로 구분된다.

① 실망단계

애정상실은 일반적으로 두 배우자에게 동시에 시작되기보다 한쪽 배우자로부터 시작된다. 그러다 서서히 두 배우자에게 옮겨간다. 애정상실 과정의 초기에 대부분 분노와 마음의 상처를 경험한다. 이 두 감정은 애정상실의 전 과정을 통하여 편재하고 있다. 결혼에 대한 환상과 높은 기대에서 깨어나서 배우자를 다른 각도에서 보게 되고 결혼 전에 긍정적으로 보던 파트너의 특성이나 버릇이 이제 부정적으로 인식되기 시작한다. 결혼에 대해 회의를 느끼지만 이 단계에서 배우자를 떠나겠다는 생각보다 부부관계가 좋아질 수 있을 것이라는 희망과 자신의 책임도 있다고 인식하여 배우자를 기쁘게 하기 위한 시도도 한다. 초기단계에서는 애정상실을 극복하기 위해 주로 침묵을 지키거나 결혼생활의 문제를 부인하는 식으로 대처하며, 친구나 가족, 또는 전문가에게 도움과 지원을 요청하는 일은 드물다.

② 실망과 애정상실의 중간단계

배우자에 대한 환멸과 분노의 감정이 고조되면서 애정상실이 계속 진행된다. 환멸을 느끼는 배우자는 더 이상 파트너의 행동에 대해 충격받거나 놀라지 않는다. 애정상실 과정은 여러 해에 걸쳐 일어나기도 하고 이 과정에서 분노의 표현은 수동적-공격적인 모호한 행동이나 명백한 적대적 행동으로 다양하게 나타난다. 분노의 감정과 더불어 마음의 상처가 커지고 자신이 여전히 배우자를 사랑하는가에 의문을 갖는다. 이 단계에서 파트너의 부정적 특성이 더 크게 인식되고 이러한 결점들이 파트너의 타고난 성격이고 그래서 변하지 않을 것이라는 인식을 하면서 결혼생활의 보상과 비용의 비율을 계산하게 되고 결혼관계를 끝낼지에 대해 심각하게 고려한다. 하지만 대부분이 자녀, 경제적 문제, 종교나 주위의 압력 등 결정을 가로막는 장애로 인해 딜레마를 경험하며 결혼을 끝낼 준비는 되어 있지 않다.

③ 애정상실 단계

멀어지는 신체적, 감정적 거리가 이 단계의 특징이다. 예전에 배우자에게 가졌던 많은 사랑의 감정은 냉담과 무관심으로 변하고 분노의 감정은 여전히 느끼지만 마음의 상처는 덜 받게 된다. 이 단계에서 관계에 대한 슬픔과 배우자에 대한 동정심도 경험한다.

이전 단계에서 결혼을 끝내겠다는 결심은 못하고 생각에 그친 반면, 마지막 단계에서는 이 사고가 행동으로 옮겨진다. 파트너가 변할 것이라는 희망은 더 이상 갖지 않기 때문에 문제해결행동은 거의 없고 설사 파트너가 상당히 많이 변화하더라도 더 이상 그들 감정이 회복될 수 없는 지경에 이르렀다고 보고 전문적 상담이나 도움을 구한다. 이 단계에서 상담은 결혼문제를 해결하기 위한 마지막 필사적 노력의 일환이거나 아니면 결혼을 끝내기 위한 도움을 받는 형태가 된다.

(2) 애정상실의 원인

부부간의 애정상실의 원인으로 가장 많이 언급되는 세 가지 요인은 상호관계의 결여와 정서적 친밀감의 결여, 그리고 비효과적 갈등해결이며 이 세 요인은 서로 연관되어 있다. 상호관계가 결여된 결혼은 해결되지 못한 갈등이 쌓여있고, 이는 배우자 간에 정서적 친밀감의 욕구를 충족시키지 못하게 되므로 점진적으로 부부간에 애정상실이 일어난다.

① 상호관계의 결여

상호관계는 각 개인이 관계에서 동등한 파트너라는 신념에 기초해서 존중하는 것을 말하고 부부간의 자아향상 관계는 상호의존성과 동등성, 그리고 상호존중을 통해서만 발달한다. 상호관계는 배우자 양쪽 다 가치 있는 존재로서 받아들여짐과 동시에 유능감을 향상시킨다. 그러므로 파트너를 통제하거나 지배하는 것, 파트너의 의견이나 욕구, 활동과 생활방식을 무시하는 것과 배우자를 그의 뜻에 거스르게 강요하는 것을 포함한 행동은 상호관계의 결여를 나타내는 것이다.

② 정서적 친밀감의 결여

정서적 친밀감 결여에 의한 결혼불만족은 결혼의 표현적 측면의 중요성을 증명하고 있다. 따라서 파트너를 비난하고 의견이나 감정을 과소평가하고 생각을 자유롭게 표현하지 못하도록 위협하는 관계에서 친밀감은 발달될 수 없다.

한쪽 배우자는 자기 내면의 깊은 감정을 나눌 수 있고 그 감정이 배우자에 의해 받아들여지는 조건 없는 사랑의 부부관계를 원하지만 그가 경험하는 것은 감정적으로 멀어져 있는 파트너로부터의 소원함과 외로움으로 인해 마음의 상처를 받게 된다.

③ 비효과적 갈등해결

갈등해결의 능력부족은 애정상실을 커지게 하는 요인으로 작용한다. 일반적으로 갈등해결의 어려움에는 의사소통의 부재와 의사소통의 비효율성이 따른다. 또한 파트너와 타협하기를 꺼리는 행동은 갈등해결의 또 다른 장애이다. 회피의 상호작용 패턴을 사용하는 파트너는 서로 직면하는 것을 피하기 때문에 해결되지 못한 문제는 다시 언급되지 않고 점차 서로 멀어진다(Levinger, 1983). 회피가 조용한 공존을 가능하게 하는 동안 부부 상호간 문제는 더 커지고 따라서 불만족은 높아진다.

(3) 애정을 회복하기 위한 전략

① 예방적 개입

부부간의 문제는 결혼초기에 나타나기 쉬운 반면 부부간의 부정적 상호작용으로 인한 상처나 나쁜 감정이 쌓일 시간이 상대적으로 짧으므로 애정상실의 초기단계에 예방적 차원의 개입이 가장 효과적이다.

ⓐ 대인관계 기술 훈련

갈등해결과 의사소통 기술을 훈련하는 것이 초기단계에 많은 도움이 될 수 있다. 이러한 훈련 프로그램은 부부에게 적대적이지 않고 자신의 생각과 감정을 명확하고 직접적으로 표현할 수 있게 하고 상대방의 메시지를 이해하여 반영하는 듣기기술을 학습할 수 있다.

ⓑ 결혼에 대한 기대 탐색

애정상실의 초기단계는 대부분 결혼과 파트너에 대해 가졌던 기대가 충족되지 못하여 일어나는 경우가 많으므로 부부는 결혼에 대한 자신의 기대를 재평가할 필요가 있다.

② 부부관계의 향상

애정상실의 중간단계에서 배우자 간에 그들의 불만족을 해소하기 위해 대화를 시도해도 별 긍정적 변화를 느끼지 못할 때 서로 희망을 잃고 원망이 쌓여간다. 그러나 애정결핍을 느끼는 배우자는 부부관계를 향상시키기 위해 새로운 행동을 시도하기보다 나쁜 감정이 변하기를 기다리는 경향이 있다.

ⓐ 긍정적 상호교환의 촉진

이 단계에서의 목표는 부정적이고 상처를 주는 행동을 줄이고 긍정적 행동의 호혜성을 증진시키는 것이다. 배우자 한쪽의 행동변화는 상대방에게 영향을 미쳐 두 사람이 함께 긍정적 상호호혜를 통해 변화해 갈 수 있다.

ⓑ 부부문제에 대한 책임전가 변화시키기

애정상실의 중간단계에서 배우자는 결혼생활에서의 문제 대부분에 대해 상대방을 비난하는 경향이 있다. 배우자를 비난하게 되면 부부문제의 원인과 해결책에 대해서 자신은 책임이 없다는 태도를 취하게 되고, 이것은 상대방으로 하여금 부정적 반응을 이끌어 갈등을 증폭시킬 수 있다. 인지적 개입이 부부의 사고왜곡과 인과적 책임전가를 바르게 도와서 결혼생활에서 분노와 스트레스를 완화할 수 있다.

ⓒ 부부의례(marital rituals) 발달시키기

부부의례는 반복적이고 조화롭고 의미심장한 부부간의 상호작용이다. 부부만의 시간을 정해 서로 대화를 나누고 관심과 애정을 표현하고 생일이나 결혼기념일일 때 배우자를 기쁘게 하기 위한 모든 노력과 행동을 포함한다. 부부의례는 개인적, 의도적, 관계중심이라는 점에서 습관적 일상과는 다르다. 예를 들어, 정기적으로 부부만의 데이트 시간을 갖고 서로 개인적 대화를 나누거나 결혼기념일에 애정이 담긴 편지를 쓰거나 선물을 하는 것은 서로 특별한 존재로서의 가치를 느끼게 한다. 부부의례는 간단하면서도 부부를 결합시키고 매일의 일상에서 부부가 서로 유대감을 느낄 수 있어 관계를 변화시키고 증진시키는 강력한 힘을 가지고 있다(Doherty, 2001).

③ 부부관계 회복 또는 해체

애정상실의 마지막 단계에서 오랫동안 지속되어 온 분노와 괴로움을 보살피고 이러한 감정을 완화하는 것이 애정이 상실된 결혼을 되살리는 것이다. 그러나 이미 애정을 상실한 배우자가 결혼을 끝내기로 결정을 하였다면 이혼 후의 적응을 도와주어야 한다.

ⓐ 괴로움의 이해

오랫동안 분노와 상처를 받아온 배우자의 감정을 이해해주고 보살펴주는 것은 사랑의 감정을 회복하고 화해하기 위한 중요한 단계가 된다.

ⓑ 양가감정 다루기

애정상실의 마지막 단계에서 많은 배우자들이 결혼의 해체에 대한 양가감정을 느끼게 되는데 결혼을 회복할 것인지 아니면 끝낼 것인지에 대한 결정을 내리도록 도와주어야 한다.

ⓒ 해체과정 돕기

결혼생활을 끝내기로 결정한 배우자의 경우 치료목표는 관계회복이 아니라 해체과정을 돕는데 있다. 이혼 후의 적응을 도울 수 있는 실제적인 문제들, 즉 자녀양육권과 면접교섭권, 법적 절차, 재산분배 등을 다루어주어야 한다.

6. 부부의 의사소통

부부가 인생의 동반자로서 상호간의 인격적 결합과 동료감이 강조되고 있는 오늘날의 결혼에서 부부간의 의사소통은 부부관계를 강화시키기도 하고 갈등을 유발시켜 소원한 부부관계로 만들기도 한다. 사랑과 존중을 바탕으로 한 부부간의 의사소통은 결혼만족도를 향상시키고 서로간의 감정을 전달하며 사고를 이해하는 데 중요하다. 따라서 부부간의 건전하고 원만한 관계를 형성하기 위해서는 효과적인 의사소통 방법이 모색되어야 한다.

1) 의사소통이 부부관계에 미치는 영향

한국갤럽연구소(1992)에서 회사원을 대상으로 아내와의 대화시간에 대해 조사한 결과, 하루 평균 대화시간이 30분이 48.4%, 1시간이 33.3%, 2시간이 9.8%, 3시간 이상이 4.2%, 거의 하지 않는다는 대답도 4.2%로 나타났으며, 젊을수록 대화시간이 긴 반면, 40대의 6.5%는 거의 대화를 하지 않는 것으로 나타났다. 대화의 부재는 부부싸움을 했을 경우 더욱 심하게 나타나 78%가 하루나 이틀 동안 말을 안 한다고 답했다. 대화내용은 주로 자녀문제이고 부부 자신에 대해 대화를 나누는 부부는 극소수로 나타나 부부대화 교육의 필요성을 절실히 보여주고 있다.

Hawkins(1977)는 부부간에 친밀하고 긴 대화를 할수록 결혼생활에서 높은 만족감을 가질 수 있는 반면에 한정되고 짧은 대화를 할수록 친밀감이 약해진다고 한다. Melville(1983)에 의하면 행복한 부부일수록 의사소통이 많으며 언어의 선택에 신경을 쓰고 상대방의 이야기를 이해하고 있다는 반응을 더 많이 표시하며 부부간에 이야기할 주제를 넓게 가지고 있으며 상대방의 의사를 존중하며 개방적이다.

그러나 의사소통이 항상 부부간의 일체감과 친밀감을 증가시키는 것은 아니다. 부부가 간접적이고 언어적 메시지와 비언어적 메시지가 일치하지 않고 모순되는 이중구속의 의사소통(double-bind communication)을 할 때 또는 부부간 서로 다른 의사소통양식을 통합하지 못할 때는 부부간의 불만과 갈등을 누적시켜 가정의 안정과 부부의 행복을 위협하는 심각한 문제를 야기하기도 한다.

2) 부부 의사소통의 유형

부부 의사소통 유형이란 부부생활을 지속하면서 빈번하게 나타나는 의사소통 습관으로 분류하는 기준에 따라 다르게 나타난다. Hawkins 등(1980)은 언어화 정도와 감정노출 정도라는 두 차원을 기준으로 4가지 유형으로 나눈다. 즉 차단형은 문제를 숨기거나 피하는 등 언어화 정도가 폐쇄적이고 감정노출이 거의 이루어지지 않는 유형이고, 억제형은 언어화 정도는 폐쇄적이나 감정상태는 많이 노출하는 유형이다. 분석형은 언어화 정도가 개방적이나 자신의 감정노출보다는 주로 상대에 대한 분석적인 지적이나 문제의 다양한 측면을 존중하는 유형이다. 그리고 친숙형은 언어표현을 많이 함과 동시에 정서적인 노출이 잘 이루어져서 자신의 감정을 솔직히 드러내는 유형이다.

Satir(1972)는 의사소통 유형을 회유형, 비난형, 초이성형, 산만형, 일치형으로 분류하였다.

(1) 회유형은 상대방을 화나게 하지 않으려는 유형으로 상대방의 기분을 맞추려고 애쓰고 반대의견을 말하지 않고 무조건 참고 자기의 감정과 존재는 가치 없는 것처럼 말하는 유형이다.

(2) 비난형은 회유형과 정반대 유형으로 자기주장이 강하고 복종과 충성을 요구하고 상대방을 무시하고 명령적이고 지시적이다.

(3) 초이성형은 지나치게 합리적 상황만을 중요시하며 자신의 감정을 나타내지 않고 잘난 척하고 냉정하며 말은 추상적이기 쉽다.

(4) 산만형은 초이성형과 정반대이다. 다른 사람의 행동이나 말과는 무관한 행동이나 말을 하며 말의 내용이나 의미가 초점이 없이 산만하고 다른 사람의 질문을 무시하며 상관없는 다른 이야기를 한다.

(5) 일치형은 자신과 다른 사람을 신뢰하고 개방적이고 원만하고 책임감이 있고 문제를 현실적으로 융통성 있게 해결할 수 있는 능력을 가진 사람들의 바람직한 의사소통 유형을 말한다. 그러나 일치형의 유형에 속하는 사람은 극소수이다.

3) 부부간의 역기능적 의사소통

부부는 서로 친밀한 관계를 맺고 있으므로 감정적이기 쉽고 무의식적으로 억압된 감정을 부정적으로 표출시키기 쉽다. Gottman(1997)은 결혼생활에 치명적인 영향을 미치는 부부간의 특정 상호작용 방식을 묵시록의 4명의 기수로 비유하였다. 4명의 기수는 일반적으로 비난, 경멸, 방어, 냉담의 순으로 결혼생활의 심장을 향해서 달리는데 부부간의 의사소통을 방해하는 해로운 상호작용들이 굳어질수록 결혼생활에서 부정적 감정과 긴장감이 커져 결국에는 관계를 위한 서로의 노력도 필요 없게 된다.

(1) 첫 번째 기수 : 비난

배우자의 특정 행동에 대해서가 아니라 배우자의 인성이나 특성을 공격하는 것이다. 반면 불평은 상대방의 구체적인 행동에 대해 책망하는 점에서 차이가 있다. 예를 들면 '회사가 끝나면 바로 집으로 오지 않고 친구 만나러 가는 것이 나한테 신경 쓰지 않는 것 같아요.'는 불평이고 '당신은 항상 나를 기다리게 하고 집에 늦게 오면서 나한테 전화하거나 말 할 생각조차 못하는 사람이에요. 당신은 우리 결혼보다 친구가 더 중요한 사람이에요.'는 비난의 예이다. 문제는 결혼생활에서 불평이 쉽게 비난으로 바뀌고 서로 비난하다보면 더 빠르게 다음 단계의 부정적인 상호작용으로 옮겨가게 된다.

(2) 두 번째 기수 : 경멸

의도적으로 배우자를 모욕하거나 심리적으로 학대하는 것을 말한다. 말과 신체적 언어를 포함하여 배우자를 욕하거나 모욕하기, 빈정거리고 코웃음치거나 조롱하고 비꼬거나 눈동자를 굴리거나 입을 삐죽거리는 것을 포함한다. 어떠한 형태이든 경멸은 상대방에게 혐오감을 전달하기 때문에 화해가 아니라 더 큰 갈등으로 이끌고 관계를 해치는 독소로 작용한다. Gottman(1997)은 경멸이 4가지 상호작용 중 가장 나쁘다고 하였다. 경멸은 오랫동안 참아 온 배우자에 대한 부정적 생각들에 의해 더 부추겨지고 배우자와의 차이점은 해결될 수 없다는 생각을 하게 된다.

(3) 세 번째 기수 : 방어

부부 중 한 사람이 경멸하는 행동을 할 때 다른 한 사람은 방어하게 되는데 이것은 결혼생활을 더욱 어렵게 만든다. 왜냐하면 방어는 서로가 상대방에 의해 희생되었다고 느끼고 끊임없이 자신에게는 죄가 없다고 변명하여 상대방을 나무라는 격이 되기 때문에 갈등을 증폭시킨다.

문제는 방어가 공세에 몰린 사람의 자연스런 반응이므로 방어하는 사람은 자신이 방어하게 되는 것이 잘못이라는 것을 알지 못한다. 방어는 다음의 여러 형태로 나타난다. 상대방의 비난에 자신의 잘못이 아니라고 책임 부정하기, 자신의 힘으로 어떻게 할 수 없는 외부적 요인이나 상황 때문이라고 변명하기, 상대방이 부정적으로 마음을 넘겨짚을 때 아니라고 대항하여 부정적인 마음 읽기에 반대하기, 상대방의 불평이나 비난에 즉시 자신의 불평을 말하는 서로 엇갈린 불평하기, 상대방 말마다 역습하기, 상대방 말에 동의하면서 끝에는 반대하는 예, 하지만....반응하기, 상대방 생각을 이해하려고 하기보다 두 사람 다 자기가 옳다고 생각하여 서로 자신의 입장만 되풀이하기, 푸념하기, 그리고 팔짱끼거나 코웃음치거나 하는 신체적 언어로 나타내는 것이다.

(4) 네 번째 기수 : 냉담

부부가 말하는 동안에 자주 일어난다. 일반적으로 한 쪽에서 거칠게 대화를 시작하여 비난과 경멸이 가세하면 상대방 배우자는 방어하게 되고 그러면 더 경멸하고 연쇄적으로 방어하다가 결국은 한쪽 배우자가 방을 나가거나 냉담하게 반응하게 된다. 냉담한 반응은 싸움을 회피하는 것이지만 상대방과의 관계도 회피하는 셈이 된다. 생리적으로 남자가 여자보다 결혼관계에서의 긴장감에 더 압도당하고 못 견뎌하기 때문에 남편이 더 냉담자가 되기 쉽다. 부부싸움을 심하게 하는 동안 누구나 냉담자가 될 수 있지만 문제는 습관적인 것이다. 일단 어느 한 쪽이라도 습관적으로 냉담자가 되어 관계를 회피한다면 결혼생활이 파괴되기 쉽다.

비난과 경멸, 방어는 부부가 해로운 상호작용으로 인한 부정적 악순환에 의해 부부관계가 악화되어 돌처럼 냉담해지므로 보다 나중에 나타나기 쉽다. 결혼생활에서 냉담이 위험한 것은 부부간의 의사소통을 점진적으로 방해할 뿐만 아니라 깨닫지 못하는 사이에 불화와 부정적 상호작용의 악순환을 만들어낸다는 점에 있다(Gottman, 1994).

4) 효과적인 의사소통 방법

(1) 바람직한 대화 요령

① 불평하되 비난하지 않는다.

불평과 달리 비난은 상대방에 대해 포괄적으로 공격하는 것이므로 불만을 구체적으로 표현하도록 한다.

② 나-전달법을 사용한다.

나-전달법은 상황이나 상대방에 대한 객관적 서술, 자신이 받는 영향, 그리고 자신의 느낌을 전달하는 것이다. 즉 배우자의 행동을 진술하고 배우자의 행동이 자신에게 미치는 구체적인 영향과 배우자의 행동이 자신에게 주는 느낌을 말한다. 나-전달법은 상대방을 비난하지 않기 때문에 방어를 줄인다.

③ 일어난 일에 대해 말하고 상대방을 평가하거나 판단하지 않는다.

사람에 초점을 두지 않고 행동에 초점을 둔다. 즉 그 사람이 했던 행동에 대해서만 말하지 그 사람의 인격 전체를 단정짓는 오류를 범하지 않는다.

④ 상대방이 자신의 마음을 읽어주기를 바라지 말고 명확하게 표현한다.

⑤ 자신이 바라는 것을 바로 요구하기보다 과거에 상대방이 바르게 한 행동을 상기시켜 그 때 자신이 얼마나 감사했고 지금도 원하고 있는지를 알게 하는 것이 보다 효과적이다.

⑥ 감정을 쌓아 두지 않는다. 이렇게 할 때 참고 억압함으로써 감정이 한꺼번에 부정적으로 표출되는 것을 피할 수 있다.

(2) 부부간의 친밀감 향상을 위한 의사소통

부부간에 성공적인 의사소통을 가능하게 하고 친밀감을 향상시킬 수 있는 의사소통 방안은 다음과 같다.

① 배우자에 대한 인정 및 지지

인정은 상대방의 존재에 가치를 부여한다. 상대방을 받아들이고 적절히 반응하고 기꺼이 관계를 갖고자 함을 나타내는 것이다. 부부관계와 같이 친밀한 관계에서 인정이 갖는 역할은 매우 크다. 지지는 부부가 서로 상대를 인정하고 배려하고 배우자의 복지에 깊은 관심을 갖는다는 메시지를 보내고 피드백을 받을 때 일어난다(Montgomery, 1981). 인정행동이 보상으로 여겨지고 그에 상응하는 행동을 유발한다면 서로 보상하는 부부관계가 이루어진다. 인정행동은 원 가족의 의사소통을 반영한다. 좀처럼 감정을 표현하지 않는 가정에서 성장한 사람은 배우자의 인정욕구와 확신욕구를 만족시키는 데 어려움을 갖게 된다.

② 경청

경청은 바람직한 대화를 위한 필수적 요소로써 상대방에 대한 존중을 나타내며 메시지의 의미를 정확하게 파악함으로써 부부간에 사소한 일에서도 배우자의 감정, 분위기, 요구에 대한 이해도가 높아진다. 특히 감정이입적 경청은 상대방의 이야기를 정확하게 듣고 그 감정에 정확히 반응하는 것을 의미한다. 대화에서 상대방의 말을 잘 들어주는 것은 말하기보다 훨씬 더 중요하다. 상대방의 말을 요약하거나 정리해서 다시 확인하는 재진술은 적극적 경청의 한 형태이다. 적극적 경청은 자신이 가치 있는 존재로 받아들여지고 존중받고 있으며 이해되고 있다는 느낌을 갖게 한다.

③ 자기노출

자기노출이란 자신의 사적 정보나 감정을 기꺼이 상대방에게 얘기하는 것을 의미한다. 만족한 부부들은 만족하지 않은 부부들보다 서로 더 많이 노출하는 경향이 있다. 결혼한 부부들은 서로를 잘 안다고 생각하고 아이들이나 친구, 하루 일과에 대해서는 이야기하면서도 자신들의 희망이나 꿈, 두 사람의 관계에 대해서는 별로 대화할 시간을 갖지 않는다. 따라서 상대방의 생각이나 감정을 더 깊게 알려고 하지 않는다. 부부가 서로 자신의 생각이나 감정을 나누는 것은 서로를 더 잘 이해할 수 있고 정서적 의미의 공유가 커지면서 친밀감이 향상된다(Olson & Defrain, 1994).

④ 관계적 의사소통

모든 의사소통은 상호관계를 맺기 위한 교류과정이다. 그러나 부부관계나 부모자녀관계와 같이 친밀한 관계에서는 상호교류적 의사소통이 아닌 일방적이고 지시적인 의사소통을 하기 쉽다. 따라서 상호인정, 신뢰, 존중, 이해를 바탕으로 한 의사소통은 부부관계를 성장하도록 한다.

⑤ 공감

판단하지 말고 상대가 말하는 과정을 이해하고 공감한다. 공감이란 상대의 입장이 되어 그의 느낌과 생각을 공유하려는 마음이다. 공감의 정도가 높으면 언어적 의사소통 없이도 배우자의 내적 감정상태를 알 수 있다.

7. 가족생활주기에 따른 부부관계의 변화

부부관계는 역동적으로 변화하는 관계이다. 가족생활주기에 따라 부부간의 역할, 목표, 자원이 변화함에 따라 갈등영역과 세력, 정서적 상호의존성 등이 변화한다. 가족생활주기의 각 단계에 따른 부부관계의 특징과 발달과업에 대해 살펴보고자 한다.

1) 신혼기 부부관계

대부분의 부부가 높은 기대와 이상을 가지고 결혼생활을 시작하지만 신혼기는 어려운 전환시기이다. 서로 다른 환경에서 자란 두 사람이 각자의 원가족으로부터 잠재력과 문제를 가지고 결혼을 시작하는 것이므로 자신의 능력과 역할을 변화시켜 부부로서의 생활양식을 함께 개발해야 한다. 이 과정에서 차이점이나 불일치로 인한 갈등은 피할 수 없으나 성공적인 부부관계를 형성하기 위해서는 부부간의 상호작용 패턴이 형성되는 신혼기부터 효과적인 갈등해결 기술과 함께 원만한 관계를 유지할 수 있는 의사소통 체계를 확립하는 것이 중요하다.

결혼 초기의 부부들은 대개 정확한 성 지식의 부족과 성욕구나 의식의 차이, 성에 대한 부부간의 대화 부족 등으로 성생활 적응에 어려움을 가질 수 있으나 성 관계는 신혼기의 만족과 적응에 큰 역할을 하므로 성적적응은 시간이 걸린다는 것을 이해하고 상호노력을 하여야 한다.

또한 신혼기의 부부는 그들의 원가족으로부터 정서적, 경제적 독립이 요구된다. 자신과 배우자가 형성하는 새로운 가족의 경계를 구축해야 하며 양가 역시 두 사람의 독립을 수용하고 지지해주어야 한다(정현숙 외, 2001).

2) 확대기 부부관계

결혼한 부부들이 경험하는 가장 중요한 가족체계의 전환은 자녀의 출생으로 인한 변화이다. 부부중심의 가족에서 자녀중심으로의 가족체계 변화는 신혼기의 생활리듬이나 상호작용 패턴의 재조정을 필요로 한다. 가사분담과 역할을 재조정해야 하며, 수면시간이나 부부간의 시간 부족, 성 관계 등 일상생활의 패턴까지 변화하므로 관계에서의 욕구도 새롭게 조정해야 한다.

이 시기에 남편은 직업의 요구도가 커지고 아내들은 주로 자녀양육에 몰두하므로 부부간의 대화나 활동이 줄어들어 부부간의 친밀감이 낮아지며 결혼만족도가 현저히 떨어진다. 특히 취업여성의 경우 자녀양육과 가사일, 직장일을 동시에 수행해야 하는 역할과중에 따르는 갈등을 경험하게 된다. 부부 서로 간에 역할기대의 불일치, 늘어나는 경제적 부담과 시간과 에너지, 정서적 측면에서 상충된 욕구에 대한 갈등을 효율적으로 해결하는 것이 중요하다.

3) 중년기 부부관계

중년기는 젊은 세대와 노인세대의 중간에 위치하는 세대이다. 평균수명의 연장과 자녀양육의 단축으로 인해 중년기가 늘어나고 있고 특히 최근 중년기의 이혼과 재혼이 늘어남에 따라 이 시기의 부부관계의 중요성이 커지고 있다.

중년기는 자녀가 집을 떠나 부부만 남게 되는 시기로서 부부관계의 재평가가 이루어진다. 자녀양육 책임에서 벗어나 배우자와의 상호작용이 증가하여 친밀감이 커지고 배우자에 대한 인식도 동반자로서의 의미가 깊어진다. 그러나 자녀양육 기간 동안 부부가 떨어져 있어서 관계가 유지되어 왔던 부부의 경우 부부만의 시간이 늘어나면서 갈등과 부적응 문제가 발생한다.

중년기는 젊은 시절 외부로 향하던 에너지가 내부로 향하게 됨에 따라 자아성찰의 기회가 커지고 자신의 존재가치나 삶의 가치에 회의가 생길 수 있다. 자신의 정체감을 어머니로서의 역할에 치중해 왔던 여성의 경우 자녀의 빈자리를 받아들이기 힘들어하고 심한 공허감을 느끼기도 한다. 남성도 신체적·심리적 노화를 자각하면서 가장으로서의 역할과 직장에서의 역할수행에 스트레스와 갈등을 경험하기도 한다. 부부간에 정서적 또는 성적 불만이 있거나 자신이 더 이상 젊지 않다고 위기의식을 느끼게 되면 자신의 존재가치를 확인해 보려는 욕구로 인해 남편과 아내가 외도를 하기도 한다. 배우자의 외도는 결혼관계에 중대한 위협이며 이혼사유의 제1순위로 꼽힌다.

4) 노년기 부부관계

노년기는 부부가 은퇴 후 함께 지내는 시간이 증가하게 되지만 생활세계가 축소되어가고 건강이 약해지고 활동력이 감소되어 가는 시기이므로 부부관계가 새롭게 형성된다. 노년기의 부부관계는 상호이해와 상부상조라는 점에서 더 큰 의미를 갖는다. 오랫동안 함께 살아오면서 어려운 난관을 극복하여 서로의 경험을 공유한 부부에게 이 시기의 조화로운 부부간의 적응은 인생의 마지막 단계에서 개인의 만족이나 자아통합감을 갖게 하는 주요인이 될 수 있다(김태현, 1996)

그러나 자녀양육기간의 단축으로 인해 노부부가 같이 여가나 사회활동에 참여하여 부부관계의 질이 향상되기도 하지만 이전에 쌓였던 부부간 갈등이 표출되어 황혼이혼에 이르기도 한다.

노년기 부부에게도 성적 관심과 조화는 행복하고 만족스런 노년생활을 위해서 필요하다. 또한 결혼 초부터 전통적인 성역할 분담에 익숙해 있던 부부는 남편의 은퇴 후 역할전환의 적응에 어려움을 겪게 되므로 이때에 양성성을 발달시켜서 서로 잘 적응하는 것이 노년기의 부부관계에 만족감을 더하게 된다.

노년기에 주로 경험하게 되는 배우자 상실은 외로움, 슬픔, 고독감, 경제적 박탈감과 사회관계망의 감소나 고립을 유발하여 홀로 남은 배우자의 적응문제를 야기하고 노년기의 적응에 직접적인 장애요인이 된다. 그러나 현대사회에서 재혼관이 변화하고 노인의 재혼에 대한 관심과 욕구가 증가되고 있어 배우자를 상실한 노인에게 재혼은 외로움과 동반자의 필요성에 대한 욕구를 충족시켜 새로운 노후생활을 가능하게 한다.

〈연구문제〉

1. 결혼 후 하고 싶은 남편의 역할과 아내의 역할은 어떤 것이 있을까?
2. 부부 사이에 권력은 어떻게 나눠지는 것이 바람직할까?
3. 부부 사이에 의사소통이 안 되면 어떻게 해야 할까?

제9장 | 부모-자녀 관계

부모-자녀 관계는 천륜의 관계이며 어떠한 인간관계보다 밀접한 관계이다. 부부의 결혼생활은 일반적으로 자녀를 낳아 기르는 것을 전제로 한다. 자녀가 있음으로 부모-자녀 관계가 성립되며 부모역할을 하게 될 때 비로소 전형적인 가족으로서의 의미를 가지게 된다.

결혼의 영속성은 자녀를 잉태하고 출산·양육하여 대를 계승할 수 있기 때문에 한층 더 의의가 있고 보람찬 일이 되며 자녀의 탄생은 최대의 축복을 받는다.

최근에 와서 자녀출산과 부모됨은 반드시 수행해야 하는 의무가 아니라 신중한 선택의 문제로 변화되고 있다. 대부분의 결혼한 정상인 부부는 자녀를 가짐으로써 가족생활주기상의 2단계로 진입하게 되는데, 둘만의 부부관계에서 부모역할로의 갑작스런 이동으로 상당한 변화와 긴장을 경험하게 된다.

1. 부모됨의 동기

우리 사회에서는 남녀가 결혼을 하면 당연히 자녀를 두었다. 그러나 현대 사회는 결혼이 한 개인의 선택의 문제이듯이 부모됨도 필연적인 것이 아니라 선택사항이 될 수 있으며 다양하고 광범위한 출산통제

방법 등을 사용하여 자녀출산을 연기하거나 처음부터 무자녀 가족의 선택을 결정하기도 한다. 그러나 자녀를 갖지 않기로 결정하는 것은 사회통념상 매우 어려운 일이며 사회적 압력도 많다. 대부분의 사람들은 자녀를 두기로 결정하며 몇 명을 둘 것인가, 그리고 언제쯤 가질 것인가 등의 자녀출산계획을 결정하게 된다.

부모됨(parenting)은 부모가 되는 과정 또는 상태(Brooks, 1991)이며 자녀를 양육하고 보호하며 지도하는 과정이다. 그리고 그 과정은 부모와 자녀 간에 계속되는 상호작용이며, 이러한 상호작용은 부모와 자녀 모두를 변화시킨다. 우리 인생에서 부모가 되는 것만큼 책임이 무겁고 어려운 일은 많지 않다. 부모역할에는 보수도 없고 휴가도 없지만 평생 동안 지속되는 일이다. 그리고 그것은 자녀에게 '뿌리와 날개' 모두를 주는 일인데, 이 과업은 쉽지 않다. 자녀를 양육하는 일은 인생에서 가장 큰 축복일 수 있으며 동시에 무거운 책임과 많은 에너지와 경제력 및 시간을 요하는 일이다.

자녀를 낳아 기르기로 결정하는 데는 자신의 방위가족(family of orientation)에서 형성된 개인의 내부적 요인에 따라 특별한 생각이나 태도에 근거를 두고 있으므로 일률적으로 설명하기는 어려운 일이다. 부모됨의 동기도 가치관의 변화와 더불어 달라지고 있다. 일반적으로 부모가 되고자 하는 동기들에 대해 종합해보면 다음과 같다.

1) 숙명적 동기

주어진 운명에 순종하고 따라야 한다는 종교적 신념에 근거하여 피임을 죄악시하고 인간이 생명의 창조를 방해할 수 없다고 믿으며, 부모가 되는 것은 선택의 여지가 없는 숙명적인 것이라 받아들이는 태도에서 비롯된다.

2) 가계 계승의 동기

주로 전통 사회에서 흔히 볼 수 있었던 태도로서 자녀를 가짐으로써 가계를 이어갈 수 있다는 동기이며 특히 가부장적 가족체계에서는 가문의 영속을 위해 아들이 선호되었다. 뿐만 아니라 부모는 자식을 통해 자신의 계획을 실현시키고 자기보다 나은 후손을 남기려는 욕망을 가지고 있다. 특히 어머니보다 아버지가 강하게 갖는 심리적인 동기로서 동일시 과정과 사회화 과정에서 자녀를 통해 창의적 · 성취적 동기를 투사하고자 한다.

3) 이타주의적 동기(사랑과 애정의 요구)

부모가 되어 자녀에 대한 관심과 애정을 표현하고자 하는 바람과 욕구에 의한 것으로, Erikson의 심리 · 사회적 발달단계에서 자녀와 가족을 부양하는 생산성(generativity)의 과업을 획득하는 데 부합되는 동기이다.

4) 자기도취적 동기(정서적·상징적 동기)

부모가 됨으로써 정서적 · 상징적 보상을 받게 된다. 자신의 선(善)을 나타내 주고 아기를 가질 만큼 성인으로서의 성숙함을 가시적으로 표현함으로 성인들과 동료의식을 형성할 수 있다. 이로 인해 심리적 안정을 추구하고 노년기에 자녀가 정서적 안정을 줄 수 있을 것이라는 동기에서 부모가 되고자 한다. 특히 밖에서의 일에 만족을 못하는 여성은 잉태나 출산이 사회적 역할 못지않게 정서적으로 보상을 준다.

5) 사회적 지위획득의 동기(부모 됨의 지위 획득)

부모가 됨으로 여러 가지 어려운 경제적 · 교육적 책임과 의무가 있음에도 불구하고 부모가 되고자 하는 것은 자녀를 가짐으로써 완전한 결혼생활이 될 수 있다는 사회적 기대에 부응하여 부모로써의 새로운 지위를 획득하게 되는 동기이다.

6) 도구적 동기

자녀를 통해 부모가 이루지 못한 꿈을 대신 이루며, 부부간의 연결고리로써 부부 불화를 막을 수 있다고 생각한다. 부모님을 기쁘게 해드리기 위해 자녀를 갖거나 또는 남성들이 부인을 임신하게 하고 가정생활을 지배함으로써 남성 본연의 힘을 발휘하는 것이 아버지의 역할이라 생각하며 이러한 과정을 통해 높은 사회적 지위에 오를 수 있다고 보는 동기에서 부모가 되고자 한다.

이렇게 부모가 되는 동기는 다양하지만 어떤 특정한 한 두 가지 동기에 의해서만 이루어지는 것이 아니라, 심리학적이며 사회적인 많은 동기들이 관련되어 부모되기를 선택하게 된다.

2. 부모-자녀관계의 의미

어느 시대 어느 사회이든 부모가 된다는 것은 쉬운 일이 아니다. 부모자녀관계는 끊임없는 노력을 통해서만 원만한 관계를 이룰 수 있기 때문에 다양한 가치와 문화가 공존하는 현대 사회에서 부모역할과 기능을 제대로 수행한다는 것은 결코 쉬운 일이 아니며 수많은 도전과 새로운 기법을 필요로 한다.

산업이 발달하면서 부모, 특히 어머니가 사회활동을 하는 기회가 많아지면서 자녀양육을 돕거나 대행하는 사회기관이 증가하고 있다. 하지만 여전히 부모역할은 중요하게 인식되고 있으며 부모자녀관계에서 보고 배우는 무의식적 교육의 영향은 그 무엇보다 자녀에게 가장 중요한 영향을 미친다. 특히 자녀 인격 형성에 가장 핵심적 기능을 수행하는 가족 내에서 부모자녀 관계가 어떻게 형성되어야 하는가의 문제는 아동을 건전한 가치관을 지닌 성숙한 사회인으로 성장시키는 것과 직결된다고 볼 때 부모의 일관된 행동 규범과 가치, 태도는 중요하다고 하겠다.

부모는 자녀가 학습하는 최초의 경험 대상으로 아이의 맨 처음이자 가장 중요한 스승이다(Hymes, 1985). 자녀의 어린 시기의 부모자녀 관계는 그들의 발달에 핵심적 역할을 하며, 그들의 유전적 소질을 물려줄 뿐 아니라 자녀가 사회적으로 독립된 존재가 되기까지 부모의 사회·경제적 신분과 지위에 귀속되며 부모와의 관계에서 사회화의 기초 및 인성의 근본이 형성되게 된다.

자녀들은 성년기에 이르기까지의 중요한 성장기를 부모들의 영향 아래서 자라게 되며 그들의 신체적 성장, 심리적 발달, 지식 습득, 직업 선택 및 사회적 적응 능력의 토대가 가족의 틀 안에서 형성되어 간다. 이렇듯 부모자녀관계는 중요한 환경을 제공하며, 일생동안 상호간에 지속적인 영향을 주고받는다는 점에서 어떤 인간관계보다도 중요한 의미를 갖는다고 할 수 있다.

3. 부모의 역할

현대사회의 변화는 부모역할에 많은 변화를 가져왔다. 과거 부모 세대에서 자녀세대로 전수되는 전통적인 양육 가치관과 기존의 양육태도가 과연 적절한 것인지 제고하게 된다. 부모가 절대적으로 자녀양육의 역할을 하던 과거에 비하면 최근의 부모역할은 상당히 축소되는 경향이다.

Toffler는 '일의 복잡성이 점점 더 커지고 있는데도 부모의 자녀양육만은 아마추어로 남아있는 유일한 분야이다.'라고 지적한다. 오늘날은 부모들의 독자적인 양육방법에 도전 받기 쉬운 시기이다. 부모의 역할수행과정에서 나타나는 부모의 양육태도는 자녀와의 상호작용 과정에서 중요한 영향을 미치는 요인으로, 자녀의 성장발달 과정과 깊은 상관이 있다.

전통적으로 어머니는 가족원에게 심리적 안정감을 제공하며, 가족원을 위로하고 편안하게 해주며, 가족원간의 긴장감을 완화시키는 역할을 담당해왔다. 또한 아버지는 가족원에게 사회적 안정감을 제공하며 자녀의 행동을 통제하고 훈련하는 역할, 최종의 판단자이며, 벌을 주는 역할 등을 담당해 왔다.

그러나 현대 사회에 들어와 여성의 사회 진출이 활발해짐에 따라 자녀 양육에서도 어머니, 아버지의 역할 분화가 보다 융통성 있게 변화하고 있다. 즉 아버지에게 도구적·통제적 역할에 덧붙여 애정적·표현적 역할을 기대하게 되었고, 아버지가 직장에서 보내는 시간이 많아짐에 따라 어머니는 도구적·표현적 2가지 역할을 담당하게 되었다.

1) 아버지의 역할

최근 핵가족화 경향과 부부의 권력 구조가 변화하면서 아버지의 역할 및 아버지가 자녀양육에 미치는 영향에 관한 관심이 고조되고 있다. 이것은 시대적 변화에 따른 가족구성원간의 역할 변화에도 기인하지만 별거, 이혼 등이 늘어나면서 한부모 밑에서 자라는 아동들이 늘어나고 있는 사회현상에도 그 원인이 있다고 볼 수 있다.

우리나라는 사회가 근대화되는 과정에서 서구 사회와 똑같지는 않지만 외형적으로는 유사한 변화를 겪고 있으며, 자녀 양육에서의 아버지 역할의 중요성이 점차 부각되고 있다.

아버지의 역할은 한 가정의 가족 형태, 부부관계의 역할이나 권력 구조, 또는 시대적·문화적 배경에 따라 다르다. 전통적 가부장제가 약화됨에 따라 아버지의 역할은 그 강도가 약해지고, 뚜렷하게 구분되었던 부모의 역할이 점점 복잡해지는 경향이 있다(유영주, 1988).

어린이가 어릴 때에는 자기에게 잘 해주고 모든 욕구를 충족해 주는 어머니를 더 위력 있고 권위 있는 존재로 생각할 수 있으나 차츰 자라면서 세상에 비친 어머니는 그처럼 위대하거나 권위 있는 존재가 아님을 알게 된다. 물론 이렇게 된 데에는 TV나 영화 등 매스컴의 영향이 크지만 여성이 남성보다 열등하다는 전통적 역할 유형이 더 크게 작용을 한 경향이 있다.

대부분의 어린이들은 그들의 아버지를 힘과 안전의 근원으로 생각하며 성에 적합한 행동의 모델이 된다. 부모의 온정(warmth)은 그 부모와의 동일시를 쉽게 해주며 동성의 어린이에게 있어서는 더욱 그렇다. 동일시(identification)는 그 대상의 사상과 동화하도록 하며 그의 문제 해결 행위를 닮도록 한다. 또한 두뇌가 명석한 어린이는 같은 성의 부모와 빨리 동일시하는데 이는 정신 연령이 높을수록 항구적인 자아정체감(ego-identity)을 빨리 획득하기 때문이다. 특히 남아에게 아버지와의 동일시는 아동의 인성발달에 중요하다. 아버지와 아들은 서로 기대하는 것이 있고 서로가 무엇을 기대하는가를 알며 기대에 부응하면서 자라서 아버지로서 어떻게 행동해야 하는가를 배우게 된다. 이러한 과정에서 아버지 역시 아들을 동일시하는 것처럼 보이는데 아들이 지진아일 때 아버지들은 더 우울해하며 아들의 현재의 행동은 그의 지나간 날들을 나타낸다고 생각한다. 이러한 아버지와 아들의 상호동일시는 아들과 보내는 시간을 더욱 많이 갖도록 함으로써 아들의 학업 성취를 북돋아 주고 인지 발달을 촉진시킨다.

또한 아버지는 사회 속으로 가족을 이끌기도 하며 훈련과 감독을 통하여 자녀들을 어머니의 보호에서 해방시켜 줌으로써 자녀들이 성인으로 자라서 사회에서 그들의 책임을 수용할 수 있게 해 준다. 다시 말하면, 자녀가 접하는 사회가 아버지에 의해서 결정되며 아버지의 교육이나 직업이 그 가정의 사회·경제적 계층을 결정해 주기 때문에 아버지는 아동에게 환경적 요인을 제공하는 주요 인자로서도 중요한 역할을 한다고 볼 수 있다. 아버지의 주요 역할을 구체적으로 살펴보면 다음과 같다.

(1) 도구적·수단적 역할(instrumental role)

가정의 경제 담당자로서 생활비를 조달한다. 항상 밖에서 생활해야 하므로 가정에 대해서나 자녀에 대해서는 간접성·부재성·소극성의 성격을 띤다.

(2) 자녀들의 사회적 지위의 표본

아버지의 사회적 지위가 바로 자녀의 지위가 되는 것은 아니나 그들의 심리적·내적 요구의 대상이 될 수 있고 또한 심리적 안정을 줄 수 있다.

(3) 자녀의 좋은 동료적 역할

이것은 물론 민주적인 아버지의 경우에 나타나지만 이런 경우 자녀들에게 아버지는 그들의 생활에 있어서 친구의 지위를 획득할 수 있다. 이것은 어머니가 갖지 못하는 지위가 될 수 있다.

(4) 이성적이고 공정한 판단자의 역할

어머니는 애정적이어서 감정에 치우치기 쉽고 판단이 애매해지기 쉽다. 이럴 때 아버지는 차별감이나 모순을 냉정히 가려낼 수 있고, 이성적으로 공정하게 문제를 해결할 수 있으며, 자녀에게 용기를 북돋아 줄 수 있다.

이렇듯 아버지의 역할이 중요함에도 불구하고 오늘날 아버지가 있는 가정에서조차도 아버지의 부재 현상을 보이는 가정이 늘어나고 있고 자녀 양육의 책임을 전적으로 어머니에게만 맡기고 있다. 이에 아버지의 역할을 올바로 인식하고 가정 및 자녀의 일에 적극 참여함으로써 아버지의 위치를 찾아야만 한다. 요즘 대다수의 부모들은 자녀를 양육하는데 한 쪽 부모만으로 충분치 않다고 생각하고, 아버지 역할의 중요성에 대한 인식이 높아짐에 따라 아버지의 역할을 제대로 잘 수행하기 위해 교육 프로그램을 찾는 아버지들이 부쩍 늘고 있으며, 젊은 아버지들은 자신의 아버지에게서 배운 아버지 역할이 더 이상 통용되지 않는다는 사실을 알고 새로운 역할과 방법을 찾고 있다(정현숙 외, 1998). 그럴 때에 자녀의 건전한 성장 발달을 도울 수 있을 뿐 아니라, 아버지 자신의 성년기의 발달과업을 완수할 수 있으며 나아가 인격적 성숙도 이룰 수 있을 것이다.

2) 어머니의 역할

아동의 성장 발달에서 차지하는 어머니의 역할의 중요성은 아무리 강조해도 지나치지 않을 만큼 크다. 어머니는 아기가 이 세상에 태어나서 처음으로 접하는 사람으로서 어머니를 통해 사회화의 기초를 형성하며 모든 욕구 충족을 할 수 있다. 아기의 욕구가 적절하고 민감하게 충족됨으로써 아기와 어머니와의 애착이 형성되고 어머니와의 피부 접촉으로 아기는 안정감을 얻는다.

아동은 생후 첫 1년간의 어머니와의 관계에서 기본적 신뢰감을 형성하므로 특히 초기의 어머니와의 관계가 그 후의 아동의 성장발달에 중요한 영향을 미친다. 또한 어머니는 아동의 모델이 되며 어머니의 양육태도는 아동의 인성 발달에 영향을 미친다는 연구결과들이 있다.

전통적 가족 제도 하에서는 아동 양육의 책임이 전적으로 어머니에게만 주어져 있지 않았으나 현대의 핵가족 하에서는 자녀 양육에 도움을 줄 수 있는 사람이 어머니로 극히 제한되므로 어머니는 자녀양육의 모든 책임을 짊어지게 된다. 그러면 어머니가 되면서 잃는 것이 무엇인가? 모성에 대한 본능적 만족감이 가족 외의 흥미나 역할을 보상할 만큼 충분한 것인가?

정신분석학자들은 모든 여성은 아기를 낳고 기르는 본능이 있다고 하나 어머니 노릇은 자연적이고 생물학적인 과정이라는 생각은 잘못된 생각이라고 하였다. 이것은 다른 동물의 모성적 본능을 인간에게 적용시킨 것으로, 인간과 다른 종(species) 사이의 유사성을 과대평가한 것이다. 인간은 생물학적인 욕구나 반사로 어미 노릇을 할 수 없으며 사회적 집단에서 살면서 문화 유형의 영향을 받으며 아동을 양육한다.

인간 생활에 가치를 주는 것은 본능이 아니라 문화이며, 이 문화는 어머니 역할에 대해서 그 사회 나름대로의 기대와 바람직한 유형을 설정한다. 한 문화가 어머니 역할에 대해서 존중하며 어떤 형태로서든지 어머니 역할에 대한 보상을 준다면 어머니 역할이란 참으로 보람 있고 의미 있는 것이라고 여기게 될 것이다. 반면, 어머니 역할이 희생만 강요되고, 전문직이 아닌 누구나 할 수 있는 하찮은 것으로 여겨지며 정신적 보상은 물론이고 노후의 물질적인 보상도 기대할 수 없다면 어머니가 되고 싶은 생각은 점점 사라지고 자녀를 갖지 않겠다는 여성이 더욱 많아질 것이다.

예전에는 부모가 희생한 만큼의 자녀로부터 정신적·물질적 보상을 충분히 받을 수 있었다. 즉 주고받기의 교환이 부모 자녀 간에 어김없이 이루어졌다. 그러나 현대사회에서는 부모 자녀 간의 교환이 예전처럼 이루어지지 않고 있으며 부모의 희생이 큰 만큼 오히려 부모 자녀 간의 갈등이 더 커지고 있다.

또한 시대가 변하면서 여성 취업이 날로 증가 추세에 있으며 이제 여성은 어머니·아내역할뿐만 아니라 근로자로서의 역할까지 떠맡게 되었다. 여성이 직업을 갖는 이유는 자기능력개발 및 자아실현의 욕구와 삶의 보람과 만족을 얻기 원하기 때문일 것이다. 여성이 어머니 역할을 함으로써 들인 시간과 노력의 대가는 어머니 역할 수행 여하에 달려있다. 그러나 현대 사회는 맹목적이고 본능적인 모성에 의해 어머니 역할을 강요할 수 없을 만큼 가치관이 변하고 있으므로 자녀의 양육과 사회화 및 가족의 정서적 욕구 충족에 절대적인 어머니로서의 역할과 자기실현의 역할을 양립할 수 있도록 여성 및 가정에 대한 사회적인 가치의 재평가와 더불어 어린이 양육을 대행하고 보조해 주는 국가적인 뒷받침이 함께 마련되어야 할 것으로 생각된다.

어머니의 역할을 요약하면 다음과 같다(유영주, 1988).

- 자녀의 인성 형성에 중요한 영향을 미치며, 인성의 형태를 결정한다.
- 자녀의 사회화 과정에 최초로 영향을 미치며 장기간의 대행자 역할을 담당한다.
- 자녀에 대하여 표현적·정서적 역할을 담당한다.
- 자녀 건강과 위생담당자의 역할을 한다.
- 교량적 역할을 한다.
- 종교적 차원에 이르는 도덕적 교육담당자이다.

그밖에도 생활 구석구석에서 어머니의 역할은 중요하지 않은 것이 하나도 없다. 이러한 중요한 어머니의 역할을 수행하기 위하여 어머니는 폭넓은 전문적 지식과 기술이 필요하다. 즉 어머니는 영양학자, 소아과의사, 심리학자, 사회학자, 구매자, 예산편성자이며 철학자, 교육자까지 담당하여야 한다.

최근 기혼 여성의 취업이 늘어나고 전통적인 성역할이 점차 약화되면서 자녀들의 양육에 부부간 평등적 역할 분담이 강조되고 있지만 어머니는 자녀의 양육과 사회화에 중요한 역할을 담당하는 데는 예나 지금이나 변함이 없다.

3) 부모역할의 특성

부모에게는 사회적으로 수용되는 부모로서의 역할 수행이 기대된다. 대부분의 부모들은 자녀양육에 큰 기대를 걸며 자녀를 올바르게 가르치면 바르게 성장할 것이라고 믿고 있다. 부모들은 자녀양육을 가르치는 과정으로 간주하고 자녀들이 행복하게 살도록 가치관을 심어 주고 행동을 가르친다.

하지만 부모 역할에 있어서 뚜렷한 지침이나 명확한 개념 정의가 없기 때문에 다만 조상들이 해 온 양육태도나 자녀양육 행동을 답습하거나 문화적으로 허용된 바탕 위에 중요하게 여기는 자녀양육 행동, 그리고 추구하는 가치에 따라 자녀를 양육할 뿐이다.

비록 자녀양육이 간단하지 않은 일이라 해도 자녀양육에 대하여 올바르게 인식하고 이해하는 것은 자녀문제에 적절히 대응하는 데 도움이 된다. 따라서 부모역할의 실제적인 면에 대하여 몇 가지 그 특성을 살펴보면 다음과 같다.

(1) 부모는 자녀의 성장 발달에 영향을 미치는 요인들 중 하나일 뿐이다.

부모들이 자녀의 행동에 대해 대견해하거나 꾸중을 하고 하지만, 부모는 자녀의 발달에 있어서 영향을 미치는 많은 요인들 가운데 하나일 뿐이다. 동료, 형제, 선생님, 친척, 대중매체 역시 영향력을 가진다(Abramovitch et al, 1986). 초기에는 부모가의 영향력이 가장 크다. 자녀들은 친구나 동년배의 가치관과 행동을 그대로 닮기 쉽고 형제들도 성장 발달에 지속적인 영향을 미친다. 친척들 역시 자녀양육에 중요한 대리인이 될 수 있고, 선생님들 역시 영향력이 크다.

TV는 자녀의 언어, 가치, 생활양식에 영향을 미치는 주요 수단인데 어떤 면에서는 부모의 의도와 다를 수 있다. TV는 아동들이 가장 접촉이 쉽고 오락성이 높으며 영상으로 메시지를 직접 전달하는 사회화에 매우 중요한 역할을 한다. 특히, 한국아동들에게 TV는 주요 여가수단이자 친구들과의 대화 소재이며 오락 매체이다(방송위원회, 1995).

자녀는 동료, 형제, 친척, 선생님, 대중 매체 외에 다른 환경적인 상황에서도 영향을 받는다. 잠재적으로 중요한 환경적 변인에는 지리적인 위치, 가족 크기, 부모의 양육태도, 가족의 사회적 지위, 종교, 인종 또는 민족특유의 배경, 자녀와 부모의 신체적 및 정신적인 건강 상태 등이 포함된다. 자녀의 발달과정에서 겪는 내부의 생리적 사건 역시 자녀의 행동에 영향을 준다. 특히, 사춘기에는 호르몬 분비가 많은데 이러한 호르몬들이 청소년의 반사회적 행동을 초래한다.

부모는 자녀에게 영향을 주는 여러 요인들 중 하나이기 때문에 자녀의 행동에 대한 신뢰 또는 비난할 때 주의해야 한다.

(2) 부모역할은 자녀가 성장함에 따라 변화를 필요로 한다.

부모역할은 항상 똑같지는 않다. 자녀가 성장함에 따라 부모는 자녀의 성장 단계별로 적절한 대처를 해야 한다. 즉 자녀가 취학하게 되고 친구를 사귀며 외부 세계와의 접촉을 넓혀 나감에 따라 부모도 가족 밖의 사회적 참여를 확대해 나가게 된다.

(3) 자녀는 각각 다르며, 부모의 역할은 각 아동에 따라 달라진다.

자녀들은 제각기 다른 특성과 성향을 지닌다. 각 아동마다 독특한 측면이 있고 부모자녀 관계의 특성에 있어서도 차이를 나타내기 때문에 모든 자녀에게 똑같은 부모의 역할을 요구하지 않는다.

어린이들은 긴장을 견뎌 내는 정도, 학습 능력, 사회적 상황에서 느끼는 즐거움, 기타 수많은 점에서 서로 다르다. 부모는 다른 아이들과 다르거나 보편적으로 갖고 있는 상식과는 차이가 있는 자녀의 특징을 금방 알게 된다. 둘 이상의 자녀를 둔 부모는 종종 한 부모 밑에서 자란 아이들이 너무 다를 때 놀라기도 한다. 따라서 모든 자녀에게 동일한 육아방법이나 기존에 습득된 지식이나 태도가 오히려 아동을 이해하고 양육하는 데 장애요인이 될 수도 있다.

(4) 대부분의 부모들은 준비과정이나 훈련 없이 부모역할이 부여되며, 아동 발달에 관해 잘 모르고 있다.

첫 아이를 기르는 것은 새로운 경험이며 대부분의 부모들은 유아들에 관해 잘 모르고 있다. 대부분의 부모의 역할은 점진적으로 시작되는 것이 아니라 임신과 함께 급작스럽게 시작되는 것이 특징이다. 체계적 훈련이나 지식 없이 자녀를 양육하는 역할을 담당하게 됨으로 전문적인 부모역할이 아니라 경험이 없는 부모 역할을 수행하는 것이다. 즉 첫 아이를 출산한 이후 부모역할을 학습하고 연습한다.

아동발달에 관한 수많은 책과 사회교육과정 프로그램이 있다. 곧 부모가 될 사람들은 앞으로의 부모역할에 대처하여 가능한 한 많은 준비를 해야 한다.

(5) 부모는 자녀를 책임져야 하며 부모역할은 일생 동안의 과정이다.

부모자녀관계는 천륜의 관계로 어떠한 인간관계보다 밀접한 관계이다. 특히 자녀의 어떤 일에 대해서도 무한 책임을 지게 된다. 부모역할은 자녀가 성인이 되어도 끝나는 것이 아니라 오히려 출가한 이후에 더 많은 역할이 부모에게 부여되는 경우도 있다. 일반적으로 부모의 역할이 끝나는 시기에 대해서는 알려지지 않았다.

4. 부모-자녀 간 상호 작용

오늘 날 우리 사회는 핵가족화의 영향으로 부부 중심의 가족관계로 변화되고 있으나 자녀의 출산과 양육을 통한 부모의 역할은 가정에서 중요한 위치를 차지하고 있음은 예나 지금이나 변함이 없다. 자녀를 가지면 부모는 자녀의 양육자나 교사로서의 책임을 맡게 된다. 즉 부모는 자녀가 독립된 인격체로 성장 발달할 수 있도록 자녀와 친밀하고 상호 존중하는 관계를 유지시켜야 한다.

부모와 자녀의 관계는 자녀의 출생 직후부터 혹은 태내에서부터 시작되며, 부모는 자녀의 언어, 습관, 문제해결능력에 영향을 미치게 된다. 부모가 자녀에게 미치는 중요성을 살펴보면 다음과 같다.

- 자녀의 초기 인생 경험에 크게 영향을 미친다.
- 부모와 자녀 관계는 오래 지속된다.
- 부모는 자녀들의 문제를 해결하는 데 많은 영향을 미친다.

- 부모는 자녀와 함께 다양하고 광범위한 경험을 같이 한다.
- 부모는 자녀의 양육에 대한 주된 책임을 진다.

이와 같이 부모와 자녀 관계는 비교적 단순하고, 순수하고, 애정적이고, 반복적이고 지속적이나 자녀에게는 최초의 관계이므로 부모는 자녀의 생활에 결정적 영향력을 미치게 된다. 한편, 부모는 자녀를 양육함으로써 새로운 경험을 하고, 새로운 것을 배우고 발견하여 그들 나름대로의 인격 성장에 도움이 된다.

자녀가 부모의 생활에 미치는 영향력을 살펴보면, 첫째, 자녀를 양육함으로써 만족감을 갖게 되며 둘째, 자녀에게 모범을 보이기 위해 자신의 잘못된 생활습관을 반성해보는 기회를 갖게 되며 셋째, 자녀는 부모에게 생(生)에 대한 의미를 부여해주는 등 자녀를 키움으로써 인생의 진리를 체험할 수 있게 된다.

아동이 태어나서 최초로 겪는 가정환경 중 부모의 양육태도와 자녀와의 의사소통 관계망은 아동의 인성발달에 영향을 미친다. 오늘날 대부분의 부모들은 과거에 비해 자녀의 양육방식에 대해 많은 관심을 갖고 있으며, 가정마다 부모들이 자녀양육을 하는 방식도 매우 다양하다.

1) 부모의 양육 태도와 자녀의 인성 발달

(1) 수용적 태도

부모가 자녀에게 깊은 관심과 애정을 갖고 자녀를 사랑스럽게 대하고, 인격적으로 존중하는 양육 태도이다. 이러한 분위기에서 성장한 자녀는 사교적·협동적·독립적이며 인생을 긍정적으로 받아들일 수 있는 품성을 갖는다. 아울러 쾌활하고 성실하고, 책임감이 강한 면을 보이며, 장래에 대해서도 뚜렷한 이상과 포부를 갖는다. 이러한 수용적 태도는 부모가 정서적으로 안정되고 성숙되었을 때 가능하다.

(2) 익애적 태도

부모는 자녀에게 지나치게 접촉·애정을 쏟는 태도를 보임으로써 자녀의 독립성과 자율성을 저해하게 된다. 이러한 경우는 자녀를 오랫동안 데리고 자거나, 우유병을 오래 빨리거나, 스스로 할 수 있는 일까지 대리로 해주며 자녀를 항상 아기 취급할 때 발생한다. 이러한 환경에서 자란 자녀는 의존성과 열등감이 강한 것이 특징이며, 수줍음, 불안감, 초조감을 느끼며 집중력이 결여되고, 신경질적이며 자신의 능력에 자신감을 갖지 못한다.

(3) 거부적 태도

자녀에게 무관심하거나 둔하거나 자녀의 성장 발달에 관심 없다는 분위기를 조성하면서 때로는 자녀에게 적대감을 표시하는 양육태도를 말한다. 이러한 분위기에서 성장한 자녀는 안정감과 자신감이 결여되어 사회생활에 잘 적응하지 못한다. 그뿐만 아니라 오줌싸개, 식습관 장애, 손가락 빨기, 손톱 깨물기 등의 신경적 증상을 보이기도 하고, 좀 더 자라서는 거짓말하기, 도벽, 욕하기, 공격성 등 반사회적 행동을 초래한다. 때로는 필요 이상으로 타인의 주의와 관심을 끌려고 하고, 지나치게 자기자랑을 하는 비정상적인 행동을 하게 된다.

(4) 지배적 태도

자녀에게 지나친 통제력을 가지면서, 엄격하고 권위적으로 대하는 양육태도를 말한다. 엄격한 부모는 자녀를 꾸중하거나 벌을 주는 것 등이 자녀들을 위하는 일이라고 말함으로써 자신의 태도를 합리화시킨다. 이러한 분위기에서 자란 자녀는 자주성이 결여되고, 열등감이 강하고, 복종적이며, 강자에게는 비굴하고 약자에게는 교만한 행동을 보인다. 때로는 정직하고 조심성 있게 행동하나 확신이 없고 가족이나 친구에게 쉽게 지배당하는 수동적 행동을 보이기도 한다.

(5) 허용적 태도

지배적 태도의 반대로 자녀가 무엇이든지 원하면 허용하고 제멋대로 하도록 방치한다. 이러한 부모들은 교육적으로 좋지 못하거나 부모의 의사에 어긋나는 일일지라도 자녀를 지도할 능력이 부족하거나 부모의 입장에서 귀찮기 때문에 모든 것을 허용한다. 이러한 환경에서 자란 자녀는 순종하지 않고, 책임감이 없고, 권위를 무시하고, 공격심이나 적대감 또는 지나친 자신감을 갖고 도전적이고 폭력적인 행동을 취하는 경우가 많다. 이상에서 열거한 바와 같이 자녀의 양육방식은 부모의 통제 정도, 부모의 인격, 교양, 부모됨의 의지, 사회적 규범, 사회적 계층 등 다양한 요인에 의해 영향을 받는다.

우리나라 부모들의 경우, 과거에는 가부장적 규범의 영향을 받아 지나치게 통제적이고 권위주의적인 양육 태도를 보이는 경우가 많았으나, 근래에는 젊은 부모들의 경우 자녀의 기를 살리기 위해 무조건 자녀의 요구를 들어주고 지나치게 자유를 허용함으로써 자기중심적이고 버릇이 없는 아이를 길러내고 있다. 아울러 자녀를 독립된 인격체가 아니라 부모 자신의 분신으로 보아 자녀에게 지나친 기대를 하며 양육하는 부모들도 있다(정현숙 외, 1998).

부모는 더불어 사는 일원으로 자녀가 성장발달하고 하나의 독립된 인격체로서 존중될 수 있도록 부모 자녀관계를 유지시켜야 할 것이다.

2) 자녀양육 원리

오늘날의 복잡한 사회에서 사회화의 과정을 통한 부모들이 자녀양육에 성공을 확신할 수 있는 간단한 규정들은 없고, 방대한 양의 정보에 직면한다.

효율적인 자녀양육의 핵심은 무엇인가? 부모로서 성공하기 위하여, 각 개인들은 그들 자신의 명확한 인식뿐만 아니라 아이의 정체성의 확인과 그들과의 상호관계에 대한 인식도 가져야만 한다.

(1) 성공적인 자녀양육을 위한 틀

성공적인 부모로서 자녀양육의 가능성을 강화하기 위하여 부모의 기본 능력들을 구체화한 틀은 〈표 9-1〉과 같다.

〈표 9-1〉 성공적인 자녀양육을 위한 부모들의 기본 자격

영역	논리적 근거
자가인식/승인	자신을 수용하고 이해하는 것, 부모는 개인의 잠재력의 이행과 아이의 인생을 최선으로 촉진할 수 있다.
역할 정리	역할을 정의하는 것은 아이와의 관계에서 더 현명한 부모의 결정을 가능하게 하고, 더욱 쉽고 더 실행 가능한 자녀양육을 하도록 만든다.
목표 명료화	아이를 위한 개인적이며 사회적인 목표를 분명히 하는 것은 부모가 아이의 창조성을 형성하고 사회화하며, 그 목표들을 더 나은 방법으로 획득할 수 있도록 한다.
발달 원리	각 단계에서 행동에 영향을 주는 본질적인 욕구와 발달의 원리들을 적용하는 것은 아이가 더욱 안락하며 편안하게 자랄 수 있도록 한다.
지도 원리	적절한 기술들을 통한 지도의 원칙들과 목표들을 적용하는 것은 부모가 아이를 위한 궁극적인 목표들을 달성할 수 있도록 한다. 실수를 원래의 상태로 돌리지 말라. 만약 환경과 경험들이 바뀌면, 태도와 행동을 수정할 수 있다.
부모 철학	자녀양육의 융통성 있는 철학을 발전시키는 것은 부모가 최근의 유용성 있는 지식을 근간으로 하여 더욱 타당성 있는 방법들을 선택하고 실수로부터 배울 수 있도록 한다.

출처 : Moore, N. B.(1988), Basic competencies for successful parenting

(2) 본질적인 욕구와 발달상의 과업

인간 발달의 예측 가능성은 본질적인 욕구와 발달상의 과업면에서도 분명하다. 19세기까지만 해도 부모들의 주요 관심사는 아동이 살아남는 것이었다. 생존이 더 이상 중요한 문제가 되지 않는 오늘날에는 부모들의 주요 임무가 자녀들로 하여금 본질적인 욕구와 사회적인 요구 사이를 균형 잡을 수 있도록 도와주는 것이다.

발달상의 과업은 사회적인 기대를 반영하므로 각 문화마다 다르다. 한편 아동의 본질적인 욕구는 인간이 본래 가지고 있고 변하지 않는 욕구를 나타낸다. 본질적 욕구는 다음 4가지로 설명된다.

① 신체적인 욕구 : 모든 아동은 음식, 안식처, 활동할 기회를 필요로 한다.

② 정서적인 욕구 : 아동이 완전하게 양육되기 위해서는 부모들이 반드시 사랑을 제공해 주어야 한다.

③ 사회적인 욕구 : 가정 안에서의 긍정적인 경험은 나중에 타인들과의 성공적인 관계에서 기초가 된다.

④ 지적인 욕구 : 습득하기 위해서는 아동은 반드시 촉각, 청각, 시각, 후각, 미각을 통해서 자신들의 환경을 경험해야 한다.

발달과업은 출생에서 사망까지 모든 사람들이 직면하는 성장 책임이다. 이것들은 사회적인 기대에서 발생하지만 신체적이고 개인적인 동기에 의하여 영향을 받는다(Duvall, 1988). 하나의 발달과제는 개인의 욕구와 사회적인 요구 사이의 중간점을 나타낸다. Robert Havighurst(1972)는 발달과업을 다음과 같이 정의하며, 각 단계별로 과업수행의 학습을 강조하였다.

개인의 인생에서 일정 시기에 일어나는 과업, 그것을 성공적으로 습득하면 그 개인은 행복하게 되고 그 이후의 과업수행도 성공하게 되나 실패하면 개인은 불행해지며 사회적으로 인정받지 못할 뿐 아니라 그 다음 단계의 과업수행에서 어려움을 겪게 된다.

비록 이러한 과업들이 왜 개인들이 특정한 방식으로 발달하는지 그 이유를 설명하지는 않지만 연령별 단계에서의 연속적인 발달을 이해할 수 있는 기틀을 제공해 준다〈표 9-2 참조〉.

〈표 9-2〉 생활주기 상의 발달과업

연령	발달상의 과업
유아 (출생~6세)	걸음마 배우기 단단한 음식 섭취하는 법 배우기 성의 차이와 예절 배우기 부모, 형제자매, 타인과의 정서적 관계 형성
아동기 (6~12세)	또래 친구와의 교우 관계 형성 적절한 성역할 학습 읽기, 쓰기, 계산하기 등 기본적 기술 발달 양심, 도덕, 가치 기준의 발달
청년기 (12~18세)	자신의 체격과 성적 역할 수용 부모, 다른 성인으로부터 정서적 독립 성취 직업의 선택 및 준비 결혼과 가족생활에 대한 준비
성년기	배우자 선택하기 부모가 되기 원한다면 가족생활 시작 직업 갖기 시민으로서의 책임을 가짐
중년기	생활수준을 확립하고 유지 십대들을 책임감 있고 행복한 성인이 되도록 원조 중년기의 생리적인 변화를 받아들이고 그에 적응 나이가 들어가는 부모에게 적응
노년기	건강과 힘이 쇠퇴하는 데 적응 퇴직과 소득 감소에 적응 배우자 죽음에 적응 나이 수준과 필요에 따른 만족스러운 물리적 생활 배치를 확립

출처 : Havighurst, R. J.(1972), Developmental tasks and education.

(3) 아동지도 원칙과 방법

부모들은 만일 그들이 무엇을 어떻게 가르쳐야 하는지에 관하여 일반적인 원칙이 있다는 것을 안다면, 더 쉽게 자녀들에게 바람직한 행동에 대하여 가르칠 수 있을 것이다. 어린 자녀들은 수행, 역할, 태도를 포함하는 3단계 연속과정에서 인생을 배운다.

첫째, 그것을 하는 방법(how to do it), 즉 적절한 수행에 대하여 배우며 둘째, 그것들을 언제 할 것인가(when to do it), 즉 승인된 사회적 역할에 대하여 이해해야 하며, 셋째, 왜 그것을 해야 하는지(why to do it), 즉 행동의 태도에 대하여 배우지 않는다면 아동들은 행동수행을 위한 이론적인 설명을 내면화시킬 수 없다(Moore, 1985).

부모들이 자신의 자녀들에게 바람직한 행동에 대하여 가르칠 때 올바른 가르침(directed teaching), 시행착오(trial and error), 본보기(modeling)의 3가지 기본방법이 있다. 혼잡한 거리에 가지 않는 것 등의 행동은 올바른 가르침에 의하여 잘 습득되는데, 이 방법에 의해 아동은 그것을 어떻게 하는지 듣고 본다. 아동이나 타인이 그 과정에서 다치지 않는 한, 다른 행동들은 시행착오로써 가장 효과적으로 습득된다. 또래 친구들과 장난감을 나누도록 배우는 것은 시행착오에 의하여 가장 잘 습득되는 교훈이다. 그리고 본보기는 적절한 경우에 선호되는 습득방법이다. 부모들은 아동이 모방할 수 있는 안정된 행동 모델이므로 자신의 부모들과 동일시함으로써 습득한다. 예절과 도덕이 본보기 방법에 의하여 가장 잘 습득되는 예이다.

훈육(discipline)은 총체적인 지도(guidance)계획의 일부이다. 부모가 훈육이 처벌뿐만 아니라 보상체제라는 것을 이해하고 아동이 자제력을 갖춘 성인이 되도록 돕는 것을 그 목적으로 한다(Bigner, 1985). 어린 아동이 잘못된 행동을 하는 원인과 바람직하지 않은 행동에 대처할 수 있는 전략에 대하여 부모들이 알고 있다면 적절한 지도·훈육 방법을 선택할 수 있다.

① 잘못된 행동의 이유

모든 부모들은 잘못된 행동을 효과적으로 처리하는 법을 반드시 배워야 한다. 부모들이 아동의 잘못된 행동을 하는 이유를 깨닫기 어려워 부모들의 대응이 다소 미비하다. 비행의 원인에 대한 이해와 부모들의 적절한 대응이 훈육자의 역할을 단순화시킬 뿐 아니라 훈육이 성공할 수 있는 가능성이 높다.

어린 아동이 잘못된 행동을 하는 이유는 나이 수준, 내면의 불만족스런 욕구, 현재 환경, 적절한 행동에 대한 지식 결여 등이다. 이 원인들은 오랫동안 아동과의 임상 작업에서 재확인되었다(Hymes, 1985). 비행의 근본 원인을 확인함으로써, 부모들은 가장 효과적인 대처 방법을 선택할 수 있다.

먼저, 아동의 나이수준이 비행의 원인이 될 때 정상적인 아동의 발달상의 수준을 적절하게 평가할 수 있는 부모들은 쉽게 알 수 있다. 예를 들면, 신체적 공격과 미성숙한 문제들과 같이 통제되지 않는 성질을 부리는 것은 남녀 2세아가 절정기다(Larzelere et al, 1992).

나이수준의 비행에 대한 가장 최선의 대응책은 그러한 행동이 성장에 필수적일 수 있다는 것을 상기하고 가능한 참거나 더 바람직한 형태로 전환시키는 것이 좋겠지만 이러한 방법이 효과가 없고 부적절하다면 그 비행을 정지시키는 것이다(Hymes, 1985). 예를 들면, 책임감 있는 부모들은 공공도서관에서 뛰는 2살 난 아이의 행동을 제재할 것이다. 이 행동은 다른 사람들의 권리를 보호하고 아동에게는 뛰기에 적합한 장소와 적합하지 않은 장소가 있다는 것을 가르친다.

둘째, 아동의 욕구 불만족에서 초래된 비행은 통제하고자 하는 노력에도 불구하고 계속된다면, 이전의 충족되지 않은 욕구에서 비롯된 감춰진 갈망을 나타낸다. 성인들은 애정, 관심, 또는 승인을 함으로써 아동이 이 정서적인 갈망을 충족시킬 수 있다.

셋째, 환경이 어린 아동의 욕구에 적합하지 않을 때 비행을 야기시킨다. 그들의 공간이 너무 제한되거나 또는 너무나 많거나 적은 사람, 물체로 채워질 수 있다. 제한은 아동의 생활에서 너무나 많은 'no'의 형태로 있을 수 있다. 부모들은 그것이 통제될 수 있는 환경적인 원인들과 관련되어 있기 때문에 이러한 비행에 대처하는 것이 더 쉽다. 단순히 타이밍, 활동 또는 집단으로 묶는 것을 고쳐 아동의 세계가 더 많은

'yes' 반응과 'no'가 거의 없도록 재구성함으로써, 부모와 아동 모두에게 긍정적인 목표들이 달성될 수 있다.

넷째, 만일 한 아동의 비행이 더 어린 아동의 특성이라면 그 아동이 적절한 행동에 대한 지식이 결여되어 있을 수 있다는 단서가 된다. 그러한 비행은 아동이 알면서 규칙을 위반하는 반사회적인 행동과 대비되는 것으로써 '사회적인 지식이 없는(antisocial)'것이다. 비사교적인 행동은 결코 처벌되어서는 안 된다. 대신에 그 아동은 어떻게 해야 할지를 가르쳐주거나 보여줌으로써 무엇이 적절한 것인지 배워야 한다.

② 처벌

대부분의 아동의 잘못된 행동은 연령에 따른 발달상의 문제이다. 부모가 적절한 환경을 제공하고 바람직한 행동에 대한 보상을 한 경우에도 때로는 적절한 형태의 벌에 대하여 결정을 내려야 한다(Clarke-Stewart & Friedman, 1987). 올바른 자녀 훈육을 위해 더 긍정적인 형태의 처벌(punishment)과 체벌(corporal punishment)을 구분할 필요가 있다.

신체적 벌의 사용 여부와 '사랑의 매'의 한계에 대하여 우리나라에서는 가정과 학교 모두에서 아직 해결되지 않은 문제로 남아 있다. 스웨덴의 의회는 부모들이 자녀를 때리거나 다른 모욕을 주는 방식으로 대할 수 없다고 명시하는 법을 1979년에 통과시켰다. 폴란드는 1783년에 학교에서의 체벌을 금지시켰고, 프랑스, 핀란드, 스웨덴, 덴마크, 네덜란드, 이스라엘, 일본뿐만 아니라 모든 공산주의 국가들에서도 체벌이 금지되었다. 반면에 미국에서는 24개 주만이 공립학교에서의 체벌을 금지시켰다. 훈육 기술로써 체벌을 지지함에 있어서 지역적인 차이가 있다. 미국 남부가 북동쪽보다 더 찬성하며, 종족 간에도 차이를 나타내어 아시아계 부모들이 체벌을 더 많이 사용하고 있다. 교육수준이 높은 부모에 비해 고등학교 이하의 교육을 받은 부모들은 자녀에게 2배 이상의 체벌을 가하고 있다(Greer, 1986).

체벌에 대하여 결정을 내릴 때는 반드시 체벌의 단기 결과와 장기적인 결과에 대하여 잘 알고 해야 한다. 체벌의 단기 결과는 바람직하지 않은 행동을 정지시키고 아동이 그 행동을 반복할 수 있는 기회를 일시적으로 줄이는 것이다. 그러나 그 바람직하지 않은 행동은 오로지 억압되어 장기적으로 해로운 결과를 가져올 뿐이다. 그리고 체벌이 그 아동의 행동을 성공적으로 정지시키기 때문에 부모의 체벌행위가 강화된다는 것이다(Bee, 1992). 그러나 그러한 단기적인 결과가 바람직하다고 생각한 부모들에게 다른 부작용이 나타날 수 있다. 이러한 부작용은 높은 공격성, 어른의 요청에 덜 순종하고, 동년배 관계에서 문제를 일으키는 것을 포함한다. 체벌의 장기적인 결과는 다음과 같다.

ⓐ 체벌은 폭력의 모델이 된다.

아동이 문제해결의 한 방식으로 물리적인 힘이 사용되는 것을 목격하였을 때, 그 아동은 형제자매와 동년배와의 차이점을 해결하기 위해서 공격·폭력적인 방법을 선택할 것이다.

ⓑ 체벌은 부모의 긍정적인 영향을 감퇴시킨다.

체벌을 많이 하는 부모는 자녀에게 긍정적인 가치를 감퇴시켜 결국 부모의 칭찬도 아동의 행동에 긍정적 영향을 미치지 못한다.

ⓒ 체벌은 따스함 대신에 거부하는 가정 분위기를 형성한다.

체벌은 정서적으로 강력한 분노, 거부, 싫어한다는 메시지가 전달될 가능성이 높다. 아동은 이러한 체벌을 비행행동에 대한 것이라고 생각하기보다는 자신을 싫어하는 것이라고 쉽게 일반화시킨다(Bee, 1992).

그 외에 체벌은 아동의 자존감을 낮추고 적절한 행동에 대하여 가르치지 못하며, 내부적인 통제보다는 외부적인 통제에 의존하는 경향이 높았다. 따라서 체벌은 올바른 행동으로 이끌기보다는 잘못된 행동에 대한 단순한 제재에 그치고 만다(Kersey, 1983).

만일 훈육의 목적이 아동이 실수로부터 이익을 얻도록 돕고 자멸적인 행동을 반복하지 않도록 돕는 것이라면, 부모들은 체벌이 아닌 처벌 방법을 선택할 필요가 있다. 가장 효과적인 처벌은 부정적인 부작용 없이 아동의 행동 면에서 장기적인 변화를 유도해 내는 것이다. 부모들은 이러한 긍정적인 전략을 이용함으로써 아동에 의한 잘못된 행동에 대처할 수 있다.

〈연구문제〉

1. 어떤 부모가 되고 싶은가?
2. 자라면서 부모님이 가장 좋았을 때와 가장 싫었을 때는 언제였나?

제10장 | 다양한 가족

산업화가 진행되면서 가족생활에 많은 변화가 있었다. 그 중 뚜렷한 변화는 직계가족의 감소, 노인가족, 맞벌이가족, 이혼·재혼가족, 한부모가족, 무자녀가족, 동거부부, 독신생활 등이 대두되었다. Toffer는 어떠한 가족형태가 사라지고 어떠한 가족형태가 존속하는가 하는 문제는 산업기술이 어떻게 발달하여 노동의 형태가 어떻게 변할 것인가에 의해서 결정될 것이라고 보았다. 가족형태의 결정요인에는 정보 전달의 패턴, 가치관의 변화, 인구동태의 변화, 종교관, 혹은 생태계의 변화가 있는데, 그 중에서도 노동형태와의 관련이 가장 크다고 본다(김정옥 외, 2002)

1. 맞벌이 가족

1) 출현 배경

전근대적 농업 위주의 사회에서는 가정과 일터의 분리가 없었으므로 남편과 부인 중에 누가 생계유지를 담당하는가를 굳이 밝힐 필요가 없었고, 실제로 남편과 부인이 생계유지수단을 공유하였던 것으로 보인다. 직업이 미분화되고 모든 인간 활동이 가족을 중심으로 이루어졌던 전근대적 사회에서는 '일한다'는 자체가 생계유지의 직접적 수단이었으므로 이러한 영역에서 여성이나 미성년자라고 하여 특별한 배려는 따르지 않았다. 즉 19세기 이전까지의 가족 형태는 가장이 경제적 역할을 전담하는 부부가족 형태가 아니라 가족이 하나의 공동체로서 여성과 아동이 포함된 구성원들 모두가 가족의 경제활동에 가담해야 했던 것이다. 그러나 산업화·도시화가 가속화됨으로써, 일터와 가정은 분리되고 남성은 가정 밖으로 나가 생계유지를 위한 임금노동에 편입되고 여성은 가정 내에 머물러 가사노동을 전담하게 된 것이다. 산업사회에서의 여성들은 일단 결혼을 한 후 자녀양육과 교육을 담당하는 어머니와 임금노동에 나가는 남편의 내조자인 아내로서의 역할을 수행하는 일이 가장 이상적인 여성상으로 정형화되었고 이러한 여성성은 사회적 규범으로 정착되었다.

그러나 산업화가 진전되면서 여성의 경제활동은 증가되었는데, 이러한 증가 추세는 개인적 동기와 사회구조적 변화라는 두 가지 측면에서 고찰할 수 있다. 사회적으로 인정되지 않는 무보수의 가사노동보다는 보람 있는 일에 대한 욕구와 생활수준 향상을 위한 지속적인 경제적 지출의 필요성 등의 개인적 동기를 들 수 있다. 이와 동시에 사회구조적 변화로는 과거 여성 취업을 제한하였던 부정적 요인들이 감소되었다. 즉 가족크기의 축소로 자녀 양육기간이 짧아지면서 가족생활 주기의 변화가 나타났고 절대적인 가사노동량도 감소되는 등 복합적 요인들이 기혼여성의 취업의욕을 증진시켰다. 또한 기술발전으로 여러 가지 가전제품이 나와 가사노동이 단순화·편리화 되었으며 가사활동시간도 단축되었고 한편 전통적으로 여성의 권한 아래 가족이 담당하여 왔던 기능이 여러 전문기관으로 분담되어 가정 내의 여성 역할은 더욱 감소되었다. 게다가 여성 취업에 대한 사회적 인식 또한 긍정적으로 바뀌었다. 이러한 사회적 인식은 초기의 미혼여성의 취업에서 점진적으로 기혼여성의 취업까지 수용하게 되었으며, 대량생산체제의 산업구조는 여성에게 보다 폭넓은 취업기회를 제공하였다. 취업증가는 여성들이 사회적 노동에 참여함으로써 종속적 위치를 탈피할 수 있다는 점에서 하나의 진보로 받아들일 수는 있으나, 이러한 증가현상이 곧 여성의 노동시장에서의 위치 개선, 또는 가정 내에서의 평등한 위치, 사회·경제적 지위 향상으로 이어지지는 않고 있다(박충선, 1991).

그러나 전통적으로 가사와 자녀양육을 전담해 온 여성들이 직업을 가짐으로써 여러 가지 문제가 발생하였는데 맞벌이 부부가 직면한 가장 시급한 문제가 자녀양육과 교육이고 이와 동시에 가사노동까지 완벽하게 수행해야 하는 슈퍼우먼 콤플렉스이다. 그러므로 맞벌이 가족의 실태를 파악하고 문제점을 진단하여 효율적인 자녀양육의 대안을 제시하고자 한다.

2) 맞벌이 가족의 정의

맞벌이 가족(two-earner families)은 결혼한 부부가 모두 직업을 가진 경우를 말한다.

기혼여성이 직업을 갖는 이유는 다양하며 직업에 참여하는 정도도 여러 가지이다. 직업을 가지는 이유가 경제적인 것인지 또는 자기 발전을 위한 것인지에 따라 기혼여성의 취업 유형을 다음과 같이 분류한다(박충선, 1991)

(1) 생계유지형

가족의 경제적 필요성에 의하여 기혼여성이 자발적 또는 비자발적인 취업을 하는 형태로 대부분 저학력이나 이혼 등으로 인한 것이다.

(2) 내조형

생계위협을 받지는 않으나 가족의 보다 나은 경제적 여유를 위하여 취업을 하는 경우이거나 또는 남편의 계속되는 학업이나 남편의 출세를 위하여 여성이 전적으로 생계를 담당하는 경우이다. 취업은 하였지만 여성의 성역할 태도는 매우 보수적이며 남편에 종속된 위치를 수용하는 형태이다.

(3) 자아실현형

중산층 이상 고학력의 여성들이 취업을 통하여 자아를 실현시키고 근대적인 성역할 태도에 입각하여 평등한 부부관계를 정립하여 자아를 실현시키기 위한 형태이다.

(4) 여가활용형

주로 중산층을 중심으로 경제적 이유나 내조, 또는 자아실현 등을 크게 의식하지 않고 자신의 취미를 살리고 여가를 활용하기 위하여 직업을 가지고자 하는 형태이다(유영주 외, 2002).

현재 우리나라의 맞벌이 부부의 유형을 살펴보면 상당수가 생계유지형에 해당되며, 나머지 세 유형의 비율을 그다지 높지 않다. 그러나 21세기 정보화사회에서는 여성인력의 요구가 더욱 높아지게 되면서 우리나라도 점차적으로 서구사회에서 볼 수 있는 자아실현의 맞벌이 가족의 비율이 높아지리라 여겨진다. 맞벌이 가족의 형태는 일반적 가족보다 확대가족의 비율이 높으며 핵가족이라도 친인척들이 근거리에 거주하여 상호보조가 쉬운 수정핵가족 내지 수정확대가족의 형태를 보이는 경우가 많다. 이는 자녀양육이나 가사노동의 편의를 위한 선택이라 보여진다.

3) 맞벌이 가족의 현황

현대 사회는 과거 어느 때보다도 정치・경제・사회, 그리고 가족생활의 모든 면에서 급속한 변화를 겪고 있으며 그러한 특징의 하나로 기혼여성의 취업이 계속 증가하고 있다.

기혼 여성의 취업 증가는 여성 자신의 변화, 주변의 변화, 기업 및 사회에서 야기된 노동력의 필요성 증가 측면에서의 변화 그리고 이들 간의 결합이 맞물려 나타난 사회변화 등 다양한 이유에서 기인된다. 여성 자신의 변화로는 여성의 학력 증가로 인한 취업에 대한 욕구증가,

여성의 자아실현 욕구증대 및 사회적 · 경제적 활동에 대한 인식 제고, 경제적 기대 충족을 위한 맞벌이 요구의 확산 등을 들 수 있고, 여성을 둘러싼 변화로는 가사 노동의 사회화 확대, 자녀수의 감소, 보육 및 교육기관 시설의 확대와 산업화 · 도시화 및 여성의 고학력에 따른 사회참여 의식의 변화로 여성들의 경제활동 참여율이 증가하였다.

노동 시장에서의 여성 노동력 참여확대 중에서도 특히 기혼 여성들의 경제활동 참가율이 크게 증가하고 있다. 과거 우리나라 여성 노동 시장의 인적구성은 29세 이하의 미혼 연령층이 대부분이며 이들은 결혼과 함께 퇴직하는 경향이 높았다. 최근에 와서는 중 · 고령인구의 증가와 함께 기혼 여성 근로자의 현저한 증가 현상이 나타나는데, 이전에 결혼 및 출산과 더불어 일터로부터 삶터로 발길을 옮겨야만 했던 기혼여성들이 다시 직장으로 복귀하게 되었다.

〈표 10-1〉 여성 취업자

	2000	2001	2002	2003	2004
여성취업자수	899만7000명	922만명	941만1000명	923만9000명	956만3000명

출처 : 통계청, 2005

4) 맞벌이 가족의 문제점

맞벌이 여성들의 가장 큰 고민은 자녀양육과 교육이다. 특히 취학 전 자녀를 누가 키우느냐가 가장 큰 문제이다. 현재도 취업할 의향은 있지만 일자리를 구하지 않고 있는 여성 잠재실업자의 상당수가 자녀 양육 및 가사노동의 분담 때문에 직장을 포기하고 있고, 맞벌이를 하고 있는 여성 중에서도 직장을 포기하거나 사직을 심각하게 고려하고 있는 사람이 많다.

성역할이 엄격하게 분화되어 선택의 여지없이 남성 · 여성이 숙명적으로 서로 다른 생활양식을 영위하던 과거와는 달리 오늘날 여성들은 전통적 · 가정적 역할을 수행하는 동시에 직업적 · 성취적 역할을 추구하고 있다. 이러한 과정에서 취업여성들이 병행하기 어려운 가정과 직장 일의 상호 갈등적인 두 가지 역할을 어떻게 조화롭게 통합해 나갈 수 있을까 하는 문제점에 봉착하고 있다.

여성은 결혼과 동시에 자신의 욕구보다는 가족원의 욕구에 더욱 관심을 쏟게 되어 자신의 일에 대한 갈망과 가정 내 역할 간에 갈등에 빠진다. 또한 남성들도 과거 여성의 일로 규정지었던 역할을 융통성 있게 받아들여지기를 바라는 동시에 여전히 전통적인 남성의 일을 기대하는 데에서 긴장과 갈등을 갖는다. 이와 같이 남편과 아내로서의 역할이 더욱 복잡해지고, 상호 다양하고 광범위한 역할을 기대하는 건 사실이지만 남성에게는 여전히 생계책임자의 역할을, 여성에게는 주부로서의 역할을 강조하는 면이 아직도 강하게 남아 있다. 이것은 William Ogburn(1922)이 이야기한 소위 문화지체 현상이다.

최근의 경제적 변화는 여성을 공적 영역에 끌어들임으로써 여성에게 직접적 영향을 미쳤고, 생활양식을 변화시켰다. 따라서 새로운 경제적 현실에 적응하는 데 남성이 여성에게 뒤지게 되었고 이를 Hochschild (1989)는 '여성에게 있어 경제가 변화하는 환경이라면 남성에게는 바로 여성이 변화하는 환경'이라고 표현하였다. 그런데 남성은 여성이 변화하는 경제적 필요와 기호에 적응하여 변화하는 속도만큼 빨리 '여성의 변화'에 적응하여 변화하지 못하기 때문에 거시사회에서의 문화지체 현상이 가정 내에서 '남녀지체(gender lag)'로 전환되어 나타나게 된다고 주장한 바 있다. 이러한 남녀 차이는 행동과 태도 두 영역에서의 지체로 나타난다. 여성이 밖에서의 생산 영역에 참여하지만 남성의 집안일 참여는 증대하지 않는다. 그러나 어찌 보면 이보다 더욱 중요한 것은 정서 · 태도 면에서 남성들이 이 변화를 여성보다 훨씬 덜 지지하고 수용에 저항적이라는 점이다. 따라서 이러한 문화지체가 일상생활에서 만나고 조정 · 협상되어야 하는 단위가 바로 부부다(한경혜, 1995).

또한 취업주부는 자녀관계에 대한 만족도가 낮은 점 등을 볼 때,

주부의 취업은 자녀에게 장애적 요인이 되고 있다는 가책을 느끼고 있는 듯하다. 그러나 취업주부는 일을 통해 그들의 불만·갈등을 해소할 수 있으므로 가정의 정서적 풍토 조성에 긍정적 역할을 하며 얼마나 오랜 시간을 자녀와 함께 보내는가보다는 얼마나 뜻 있는 시간을 갖느냐가 더 영향력이 있다고 생각할 때 주부의 취업 자체가 어머니 역할에 결정적인 영향을 주는 것은 아니다.

맞벌이 가족의 문제는 곧 기혼 취업여성의 문제이기도 하면서 가족원 전체의 문제이기도 하다. 가족원 간의 긴장, 남편과의 관계, 자녀와의 관계 등도 중요한 문제라고 할 수 있으나 가장 큰 문제는 자녀양육, 가사노동, 가족관계, 직업상의 문제 등이다. 즉 직업인으로서, 부모로서, 배우자로서, 가사관리자로서의 역할을 동시에 수행하는 데 있어 역할을 적절하게 수행하기 위해서는 시간, 에너지, 가족의 적절한 역할 분담이 요청된다. 그러나 이러한 요구가 만족될 수 없을 때는 갈등을 겪고 직업과 가정 간의 갈등이 생긴다.

(1) 자녀양육 및 교육

급속한 산업화·도시화로 인해 사회는 빠르게 변화하고 있으며 취업주부가 증가하여 맞벌이 가정이 증가하고 있다. 이러한 추세는 앞으로도 계속될 전망이다.

그러나 여성의 경제활동참가율을 보면 25세 이후에 급격히 떨어져서 35세 이후에 가서야 회복되는 추세를 보인다. 이러한 수치의 변동은 이 시기가 자녀를 출산하고 양육하는 시기로 취업여성이 직업을 포기하는 경우가 많기 때문이다. 취업할 의사가 있으나 일자리를 구하지 않고 있는 여성 잠재실업자가 육아 및 가사 때문이다.

대부분의 여성들이 자녀 양육의 일차적 책임이 어머니에게 있다고 믿고 있어 많은 취업 주부들이 자녀를 남이나 시설에 맡기는 데 대하여 죄의식을 느끼고 있다. 즉 아직도 우리사회의 자녀 양육과 교육은 가정에 상당부분 의존하고 있는 실정이고 주부들의 책임 의식과 실제 수행 정도도 매우 높다. 대다수의 취업 주부들이 자녀 양육을 어머니가 전담해야 한다는 의식과 자녀양육을 남편과 분담해야 한다는 요구를 동시에 가지고 있다.

취업모는 자녀를 시설이나 기관에 맡겨 대리 양육을 하는 것에 대하여 꺼리는 경향이 있어 사회 기관의 활용도가 낮은 원인이 되기도 한다. 게다가 대부분의 취업 주부들은 자녀들에 대한 불안감과 죄책감을 가지고 있으며 이러한 의식은 실제 자녀관리상의 어려움이라기보다는 편견으로 내면화된 결과라고 보여진다. 그러므로 취업모들이 스스로 모성관에 대하여 변화를 가져오지 않는다면 자녀양육은 더욱 어려워질 것이다.

〈box10-1〉 출산 후 여성취업률 급감

우리나라 기혼여성의 취업률이 출산 전 54.4%에서 출산 직후 25%대로 급감하는 등 영 · 유아 보육문제가 기혼여성 취업의 가장 큰 걸림돌로 작용하는 것으로 나타났다. 또 기혼여성들은 첫 출산을 전후한 시기까지 상당수 전문직이나 사무직에 종사하다가 자녀가 성장한 이후에는 일자리를 잃으면서 판매서비스나 생산, 단순노무직으로 몰리는 것으로 조사됐다.

10일 한국노동연구원 황수경 연구위원의 '기혼여성의 노동공급과 단시간근로'보고서에 따르면 지난 2002년 한국노동패널 제5차년도 조사 때 기혼여성 4411명의 자료를 분석한 결과, 결혼부터 첫 출산 전까지의 1주기 때 이들 여성의 취업률은 54.4%로 집계 됐다. 그러나 첫 출산 후 막내자녀가 2세가 될 때까지 육아부담이 집중되는 2주기 기혼여성의 경우 취업률은 25.9%로 1주기보다 급감했다. 직장을 갖기를 희망하는 비율도 출산 전 1.3%에서 2주기 때에는 0.2%로 떨어져 육아부담이 기혼여성의 경제활동 참가에 부정적인 영향을 미치는 것으로 분석됐다.

출처 : 문화일보 2004.02.10

과거에는 부모세대에게 자녀양육을 맡김으로써 맞벌이 가족의 육아문제를 해결하였으나 핵가족 제도의 확산과 노부모 세대의 인식변화로 자녀양육을 위한 대안이 필요하게 되었다.

그러나 우리나라 보육시설은 부족하다. 더욱이 0세에서부터 3세까지의 영아를 맡아 주는 보육시설은 극히 적은 편이다. 만 3세 미만의 영아는 시간적으로나 정신적으로 성인의 도움이 더 필요한 시기이며, 인성, 인지 발달에 있어 매우 중요한 시기이므로 이 시기의 미흡한 자녀양육 및 발달은 개인적인 차원에서뿐만 아니라 국가적인 차원에서도 문제가 될 수 있다.

보육시설 및 보육아동 증가 실태에 의하면 1995년 이래 보육아동의 수는 꾸준히 증가하고 있으며, 보육시설의 수도 증가하고 있으나 보육아동의 수요를 만족시키지는 못하고 있다(표 10-2 참조).

〈표 10-2〉 보육시설 및 보육아동 실태

	1995	1996	1997	1998	1999	2000
보육아동(명)	293747	403001	520959	556957	640915	686000
보육시설(개)	9085	12098	15375	17605	18768	19276

출처 : 동아일보, 2001. 3. 15

맞벌이 가족 중 자녀를 놀이방이나 어린이집 등 보육시설을 이용하는 부부가 44.8%, 시부모에 맡기는 경우가 38.4%, 친정부모에게 맡기는 부부가 23.2% 등 자녀 양육문제를 친정 부모나 시부모에게 의존하는 경우가 아직까지도 많은 것으로 나타났다(세계일보, 2002). 손자녀 양육을 당연한 것으로 여겼던 사실은 이미 예전의 일이다. 현재는 할머니, 할아버지들이 자녀들을 출가시킨 후 여유 있는 시간을 즐기고 싶은 욕구와 노부모의 건강과 자녀양육에 대한 견해 차이에서 오는 세대 간의 갈등은 맞벌이들에게 더 많은 어려움을 야기 시키고 있다. 그러므로 맞벌이하는 부모의 자녀들을 맡아줄 질적으로 우수한 보육시설들이 전적으로 필요한 시점이다.

현재 정부의 많은 노력에도 불구하고 보육시설이 제대로 갖추어지지 못한 실정이지만 정부나 기관은 맞벌이 부부들에게 육아휴직제도를 정착시켜야 하고 기업은 직장 보육시설 운영에도 적극 지원하고 사회 제도권이나 민간 단체 주도하의 총체적인 지역보육시설의 설치도 시급하다.

(2) 가사노동 및 가사관리

맞벌이를 하는 남성들 대부분이 아내의 직장 생활을 이해한다고 하지만 가사를 함께 하는 경우는 드물다. 그리고 여성 자신도 전업주부와 마찬가지로 집안일도 잘하고 회사에서도 능력을 발휘하여 인정받고 자녀에게는 완벽한 엄마이기를 바라는 슈퍼우먼의 신드롬에 빠져 현대판 현모양처가 되고자 한다.

맞벌이 가정에서 남편들이 가사노동 참여에 관한 연구를 보면 남편들이 현대적인 성역할 태도를 가지거나 부부간의 소득 차가 적거나 남편의 근무시간이 적거나 아내의 취업을 지지하는 경우에 남편의 가사노동 참여도가 높은 것으로 나타났다.

〈표 10-3〉 맞벌이 부부와 전업주부의 가사노동 평균시간

	일	가정관리	가족 보살피기	교제 및 여가활용	개인유지 (수면 등 필수 생활)	이동시간 및 기타
맞벌이 남편	6시간 34분	20분	12분	4시간 17분	10시간 23분	2시간 14분
맞벌이 아내	5시간 14분	2시간 47분	41분	3시간 21분	10시간 8분	1시간 48분
전업 주부	4시간 19분	2시간 6분	5분	5시간 31분	10시간 20분	1시간 41분

〈box 10-2〉 맞벌이가족의 역할 수행에 영향을 미치는 요인(Gilbert, 1993)

· 개인적 요인

① 인성
배우자의 지배 욕구, 감정적으로 친밀해지려는 욕구, 자기 분야에서 최고가 되려는 욕구가 얼마나 중요한가?

② 태도와 가치
배우자의 자녀양육에 대한 견해 또는 남성과 같은 직업적 성공에 대한 여성의 견해는 어떠한가?

③ 관심과 능력
배우자가 직업적인 일과 가족관계에 얼마나 관여하는가? 직업과 직업에 대한 계획에 부부 모두 만족하는가?

④ 직업에 대한 단계
부부 중 한 사람은 직업적인 방향으로 나아가고 있는데 다른 한 사람은 퇴직을 생각하고 있는가?

· 관계적 요인

① 평등과 권력
의사결정은 어떻게 이루어지나? 그것은 공평한가? 가사, 자녀양육, 경제문제에 대한 동의는 어떻게 이루어지나?

② 배우자의 지지
대부분의 분야에서 서로 지지한다고 생각하는가?

③ 가치관과 기대의 공유
남성과 여성의 역할에 대한 견해가 같은가? 같은 인생의 목표를 가지고 있는가?

· 환경적 · 사회적 요인

① 직업상황
직업적 시간은 융통성이 있나? 성차별의 증거가 있나? 작업장에서 성희롱을 금지하는 정책이 있나?

② 고용주의 견해
어떤 종류의 가족 정책이 있나? 고용인에 대한 전반적인 태도는 어떠한가?

③ 아동양육과 편리성과 질
자녀양육을 쉽게 할 수 있으며 그것은 부모가 원하는 기준과 맞는가?

④ 지지체계
가족구성원은 가까이 사는가? 가까운 친구나 동료도 맞벌이가족인가? 지역사회가 맞벌이가족 부모의 요구에 부응하는가?

(3) 가족 관계

맞벌이 가족에서의 여성의 취업 확대가 가정 경제의 질적인 향상으로 이어지는 것은 아니다. 가정경제의 양적인 면에서는 일정부분 기여했지만 여러 가지 문제점과 갈등을 유발시킬 수 있다. 여성 자신에게는 가정과 직장의 문제가 양립하면서 부가적인 이중 노동을 감수해야 하며 양자 간의 조화와 균형을 이루기 위해 노동 분담의 필요성이 대두되었다. 따라서 부부 관계에서도 종래의 성별 분업이 깨어지면서 기존에 유지되어 왔던 가부장적 권위가 무너지게 되고 평등한 부부관계로의 요구가 증가되어 나타나게 되었다.

맞벌이 부부가 직면한 가장 중요한 문제들 중 하나가 자녀 양육 및 가사활동이고, 불만족이 증가할 경우 가족관계 안에서 가족의 정서적 복지와 결혼 안정성이 낮아지는 문제가 발생한다. 자녀양육의 문제를 해결하기 위하여 자녀를 맡길 친정부모나 시부모와 동거하지 않고 단지 아이를 맡기는 '비동거 가족'이 생겨나 부모와 자녀 모두에게 심리적 불안감을 야기 시킨다.

5) 어머니 취업이 자녀에게 미치는 영향

어린 시기의 자녀를 둔 어머니의 취업은 자녀양육에 할애할 수 있는 절대적인 시간 부족과 직장에서 받은 스트레스 등으로 어머니가 자녀의 기본적인 욕구를 충족시켜 주기 어렵고, 오히려 자녀의 정서적인 불안을 야기할 것이라고 간주되었다. 그러나 연구결과들은 어머니의 취업이 자녀의 발달에 부정적인 영향을 미치는 것만이 아니라 긍정적인 영향도 미친다고 밝히고 있다.

맞벌이 가족이 자녀의 발달에 미치는 긍정적·부정적인 영향은 다음과 같다〈표 10-4 참조〉.

〈표 10-4〉 자녀 발달에 미치는 영향

번호	긍정적 영향	부정적 영향
1	자립적이고 독립적인 아이로 자란다	또래보다 어른스러움을 강요당한다
2	성역할에 대한 고정관념이 없다	정서적 안정감을 갖기 어렵다
3	사회성 발달이 빠르다	언어 · 지능 발달이 늦어질 수 있다
4	엄마를 자랑스럽게 여긴다	물질만 아는 아이로 키워지기 쉽다
5	대화의 소재와 내용이 다양하다	고집쟁이로 키워지기 쉽다

함께 지내는 시간이 많고 적음보다는 취업분야의 특성이나 자기역할에 대한 엄마의 태도, 부모의 사회 · 경제적 지위 등 여러 요인이 작용해서 만들어지는 부모와 자녀간의 질적인 관계가 더 중요하다.

Knaub(1986)은 맞벌이 가정에서 성장한 청소년의 가족에 대한 인식을 조사한 결과, 이들 청소년은 대체로 가족 유대, 즉 감사, 관심, 존경, 지지, 배려, 책임, 긍정적 대화, 갈등해결 등이 비교적 높았으며, 어머니의 영향이 가장 컸다고 지적하였다. 또한 자신이 성장한 가정에 만족하였으며, 장점으로서 긍정적인 역할모델 및 재정적 안정을 언급하였고, 부모를 자랑스럽게 여겼다.

그러나 부모의 역할갈등과 역할 불만족이 있으면 부모역할수행(parenting)과 아동의 행동에 부정적인 영향이 있을 수 있다.

Greenberger(1990)는 아동의 발달에 대한 부모의 관심과 부모의 안녕 및 일에 대한 태도와의 관계를 조사하였는데, 아동에 대한 관심과 우려가 클수록 어머니는 보다 많은 역할 갈등과 우울을 나타내었다. 아동양육의 질과 문제 행동에 대한 인식은 어머니의 안녕과 직업에 대한 태도에 영향을 주었으며, 대안적인 아동양육 형태가 아동의 요구를 만족시키지 못한다고 생각될 때 어머니의 안녕은 보다 빈약하였다. 또한 아동의 문제행동이 있을수록 역할 긴장이 크고 우울하며 일을 제대로 하지 못하는 경향이었다. 아동의 행동이 문제가 있다고 한 아버지의 경우 역할 긴장과 우울 및 신체적 병을 나타내었다. 어머니의 취업이 아동에게 나쁘다고 생각하는 아버지일수록 그들의 역할 긴장은 더욱 컸다.

맞벌이 부모는 간접적인 훈육방법과 정서적 지지, 그리고 합리적인 설명과 격리방법을 자주 사용한다. 아울러 그들은 아동을 자기 신뢰적이며 독립적이도록 훈련하고, 사려성과 자기통제 및 호기심 등의 발달을 중시한다. 직업을 가진 어머니는 위압적인 훈육을 별로 사용하지 않으며 아동에 대해 적대감이 적고 동정심이 있으며 또한 지나치게 과잉보호하는 경향이 있다. 맞벌이 부모는 아동의 객관적인 행동보다 부모-자녀 관계의 질에 더 관심을 두며, 아동의 성취와 심리적인 적응을 보다 중시한다.

6) 맞벌이 가족의 적응

전통적으로 남성에게는 일과 가정 두 영역에서의 역할을 기대하는 반면, 여성은 가정 내 역할만을 수행하도록 기대되었으므로 맞벌이 가족의 적응은 관심의 대상이 될 수 있다. 대체로 부인의 취업이 가족 적응에 긍정적 영향을 미치고 정신적·심리적 건강이 좋은 것으로 보고되고 있다. 즉 주부의 취업과 심리적 적응에 관한 두 가지 상이한 관점을 제시하고자 한다.

(1) 역할 긴장 가설(role strain hypothesis)

이 가설은 다양한 역할 수행은 개인의 심리적 건강에 부정적 역할을 미친다는 관점이며, Goode(1960)에 의해 제기되어 Slater(1963), Coser(1974) 등에 의하여 확산되었다. 이 가설은 개인은 제한된 양의 에너지를 소유하고 있으며, 사회 조직은 모든 개인으로 하여금 의무·충성을 과도하게 요구한다는 점이 전제된다. 개인은 그들의 역할과 의무를 수행할 충분한 에너지를 가지지 못하므로 다양한 역할을 수행할수록 긴장감이 높아지며 심리적 스트레스를 유발하게 된다는 것이다. 이 가설을 취업 부인에게 적용해 본다면 취업 부인은 제한된 자원을 지니므로 가족의 요구와 직업에서의 요구에 따르는 과중한 의무감이 부담이나 스트레스로 작용한다는 것이다.

(2) 역할 강화 가설(role enhancement hypothesis)

역할 긴장 가설에 대한 반론으로 1970년대에 제기된 가설로 역할 확대 가설(role expansion hypothesis)과 유사하며 다양한 역할에 수반하는 의무보다는 우선권을 강조하는 입장이다.

역할 강화가설을 제안하는 Sieber와 Toits 등은 다양한 역할 수행을 통해 개인이 경험하는 자경심 · 인정 · 위엄 · 재정적 보상 등이 역할 부담을 능가한다고 주장한다. 이 관점은 개인이 지닌 역할의 양과 심리적 복지감과의 관계가 긍정적임을 제시하고 있으며, 결국 많은 역할에 관여하는 것이 보다 좋은 심리적 건강과 관련이 있다고 본다.

남성은 부인의 취업에 대해 각기 다양한 반응을 보이는데, 부인의 취업은 부부간에 사소한 갈등을 야기 시키나 전반적인 결혼만족도 수준에는 아무 영향도 주지 않고, 부인의 권력(martial power)이 증가하며 의사 결정, 재정 문제 등에 더욱 영향력을 갖게 되어 남편주도형으로부터 상호협조 및 대등한 관계에 기여한다. 취업 부인을 둔 남편의 경우 가사노동을 함께 나눈다면 그 남편 역시 부담감을 느낄 것이고, 그렇지 않다면 부인의 역할 과중에 대해 미안함을 느끼게 된다. 취업부인의 증가는 부부간에 가사를 어떻게 분담하고 사회는 취업부인을 위해 어떻게 도울 수 있을지에 대한 합의가 없어 가족 문제가 유발될 소지가 있다. 학자들은 부인의 취업이 결혼만족도나 남편의 권위에 손상을 준다거나 또는 그렇지 않다거나 하는 각자의 주장을 하고 있으나 이것은 생활수준 · 교육수준 · 직업에 대한 태도 · 종류 · 가족 주기 · 가족 수 등 여러 가지 요인에 의해 영향을 받는 것으로 한 마디로 말할 수 있는 것은 아닌 듯하다. 그러나 사회생활을 통한 공동의 관심과 취미로 가정생활을 더욱 의미 있게 할 수 있고 상호관계의 질을 향상시킬 수 있다.

7) 맞벌이가족을 위한 대책

맞벌이가족을 위한 대책은 취업여성뿐 아니라 가족 모두의 복지를 증진시키는 대책이어야 한다. 점차 보편화되어가고 있는 맞벌이가족은 더 이상 전통적인 성역할 규범 속에서 해결할 수 없는 과제를 안고 있다. 그렇다면 미래의 맞벌이가족은 어떤 방향으로 가야 할 것인가를 생각해 보면서 가족 모두가 행복해질 수 있는 의식 전환의 계기로 삼아야 할 것이다.

물론 여성 정책이 개선된 것은 사실이나 남녀고용평등법의 현실화가 되지 않고 있어 여전히 임금 및 승진, 취업기회 등에서 여성은 불이익을 받고 있다. 또한 여성이 언제든지 취업할 수 있도록 어린이집의 양적·질적 확장, 학교급식 실시, 적절한 육아휴직제, 융통성 있는 시간제 취업, 자녀양육 후 재취업과 복직 보장 제도 등의 맞벌이 가족을 위한 복지정책이 요청된다.

대부분의 미혼남성은 함께 맞벌이 할 여성을 원하고 있는데, 함께 일한다는 의미 속에는 가사노동도 분담한다는 개념이 포함되어야 한다. 즉 자녀양육 및 교육에서도 공동 양육의식이 필요하며, 가사노동의 합리화를 위해 식생활 개선, 가사일(예를 들면 청소, 식사준비, 설거지, 관공서 출입, 은행 일, 시장 보기, 아이들 돌보기 등)의 공동참여가 요청된다. 이것은 기존의 성역할 태도를 버리고 상황에 적절하게 능동적으로 대처하는 융통적인 성역할 의식이 있어야 함을 의미한다.

맞벌이가족은 과학적이고 합리적인 가사 관리법을 터득해야 한다. 즉 가사노동에도 가정 기기의 이용과 식단 관리, 주거 환경의 개선 등을 이용해 가족원 모두가 가정 운영에 참여할 수 있는 체계를 만들어야 한다.

여성이 가정생활과 직장생활의 사이에서 경험하는 역할긴장을 최소화하기 위해 주부의 역할에 대한 고정관념을 탈피하여 양자 간 조화를 이루기 위한 행동지침을 수립해야 한다. 남편이 가사노동이나 자녀양육 등 가정 일에 좀 더 많이 참여함으로써 부부간의 역할분담을 하고, 직업인으로서 아내를 인정함으로써 아내가 가정과 직장 사이에서 경험하는 역할 갈등을 줄일 수 있다. 취업여성의 삶의 질 수준이 결혼 만족도와 남편의 가사 참여도에 의해 차이를 보이므로 취업여성의 복지를 위해 반드시 필요한 일이다(고정자, 1998).

취업여성의 복지를 증진시키는 것은 여성 개인만을 위한 것이 아니다. 그것은 남편을 포함한 전 가족 간의 관계를 화목하게 하여 건전한 가정을 마련하는 밑거름이 되며 사회복지에 기여하는 것이므로 방해 요인을 없애는 것이 급선무이다. 아울러 취업여성의 역할 긴장을 줄이기 위한 방안으로 여성이 경험하는 어려움을 부부가 함께 나누기 위해서는 부부간에 자유로운 의사소통과 감정표현을 할 수 있는 기술을 습득하여야 한다. 특히, 잡다한 집안일에 남편의 참여를 증대시키기 위해서는 부부간의 효과적인 의사소통과 감정표현이 필수적이다. 이를 위해서는 맞벌이 가족들을 대상으로 하는 직업과 가족 균형을 이루기 위한 내용의 가족생활교육이 효과적이다. 이러한 교육은 맞벌이 부부 가족에만 국한하지 말고 모든 부부와 예비부부도 대상에 포함시켜야 할 것이다.

남성이 자녀교육이나 집안일에 주변인으로서가 아니라 참여하는 사람으로 매김해야 한다. 지금까지 많은 남성들이 가정에서 단순히 돈 벌어다 주는 사람으로 인식되는 등 한 가족 구성원으로서 역할을 충분히 할 수 없었던 것은 직장 근무 조건상 그럴 수밖에 없었던 측면이 많았다. 따라서 남성의 가정적 역할을 방해하는 요인인 직장의 근무조건이 변화되고 남녀 평등적인 문화가 정착되어 남성들이 자녀교육과 집안일 전반에 적극 참여할 수 있도록 해야 한다.

2. 한부모 가족

1) 한부모 가족의 실태

한부모 가족이란 어느 한쪽 부모와만 같이 사는 경우로 편부모가족이라고도 한다. 한부모 가족의 발생원인은 이혼, 별거, 유기, 미혼모, 구속, 입원, 병역의무, 취업, 입양 등이다.

전통적인 과거의 한부모 가족은 주로 배우자의 사망에 의해서 발생하였으나, 현대의 한부모 가족은 이혼, 별거, 유기 등에 의한 발생비율이 점차 증가하고 있다. 2000년 한부모가 된 주요인은 사별이 44.6%이고, 다음은 배우자가 있으나 별거, 유기 등으로 한부모가 된 경우가 22.5%이고 세 번째 주된 이유는 이혼으로 나타났다. 이러한 이혼의 증가는 사회구조의 변화, 가족구조의 변화, 여성의 사회·경제적 지위의 변화 등에 의해 초래되었다.

〈표 10-5〉 한부모 가구

	총(한부모와 자녀)가구	가구주의 혼인상태				한부모 가구비율
		유배우	사별	이혼	미혼	
1990	889	227(25.5)	498(56.0)	79(8.9)	85(9.6)	5.8
1995	960	216(22.5)	526(54.8)	124(12.9)	94(9.8)	9.8
2000	1124	253(22.5)	502(44.6)	246(21.8)	123(10.9)	10.9

출처 : 통계청, 인구주택총조사

한부모가구비율 : 일반가구 중 '한부모+자녀' 가구가 차지하는 비율

2) 한부모 가족의 부모역할

이혼으로 인해 가족은 여러 가지 어려움에 직면하게 되며 이러한 어려움은 가족 전체에 영향을 주고, 자녀에게도 가장 고통스러운 경험

이 된다. 부모의 이혼을 받아들이고 건전한 발달을 하기까지는 상당한 시간이 걸린다. 이를 위해서 편모나 편부는 자녀와의 관계를 재정립해야 하며 더 많은 노력을 기울여야 한다.

(1) 편모가족의 부모 역할

이혼으로 증가하는 편모가족은 매년 증가하는 추세이며 양부모가족에 비해 경제적으로 열악하며 빈곤의 여성화 현상의 대표적 집단 중의 하나이다. 편모들은 낮은 소득수준과 전 배우자로부터 양육비를 지원받지 못하기 때문에 경제적으로 말미암아 불안, 우울증, 무력감, 좌절감 등의 스트레스를 받으며, 이외에도 사회적 지위의 상실, 거주상의 변화 등 겪어야 하는 어려움은 생활을 불안정하게 한다.

편모들에게 가장 큰 어려운 점은 과중한 부모 역할 수행과 부양자로서 경제적인 역할 수행까지도 요구하기 때문에 혼자 담당해야 하는 시간의 부족과 심리적 갈등이 크다(정현숙 외, 2002). 특히 편모가족에 대한 시각은 아버지와 남편의 부재라는 구조적인 차이로 결손가족, 비정상가족으로 인식하고 있어 자녀양육에 많은 어려움을 초래한다. 더욱이 사춘기 자녀들은 아버지가 없는 사실을 예민하게 받아들이고 그에 따라 편모들의 양육태도는 보다 권위적이고 통제적으로 변하기도 한다(Amato, 1987).

편모가 겪는 어려움은 부모역할 수행에 부정적인 영향을 미치고 자녀의 발달을 저해하기도 한다. 특히 딸보다 아들을 키우는 편모는 자녀양육에 있어 더 큰 어려움을 야기시켜 아버지 부재가 자녀의 건강과 행동적 측면에서 더 많은 문제를 일으킨다(Bank, 1993).

반면 편모 가족에 대한 사회적 편견과는 달리 편모 가족의 자녀에 대한 연구들은 더 긍정적인 결과를 제시하고 있다. 편모 가족의 자녀들은 자신의 또래보다 더 독립적이며 자립의지를 갖고 성장하게 되며(Allisin & Furstenburg, 1989), 자녀들이 가족의 의사결정에 적극적으로 참여하고, 독립심이 증가된다(Hetherington et al, 1991). 그리고 여성이 직업을 갖는 것에 대해 긍정적인 태도를 갖게 되고, 가정에서 보다 융통성있는 성역할을 한다. 특히 딸들은 어머니를 경제적·사회적 독립을 성취한 긍정적인 역할모델로 본다(Bank et al, 1993).

(2) 편부가족의 부모 역할

이혼과 주부들의 가출이 증가하면서 편모(single mom) 못지않게 편부(single daddy)도 우리 사회의 심각한 문제로 떠오르고 있다. 편모가 주로 경제적 문제로 어려움을 겪고 있다면 편부는 경제적 문제뿐만 아니라 가사, 자녀양육, 교육 등 적응하기 힘든 새로운 역할 때문에 편모보다 오히려 더 큰 어려움을 겪고 있는 경우가 대부분이다. 대다수 편부가 겪는 가장 큰 어려움은 자녀 양육과 가사 문제이다. 자녀양육에 있어 아버지는 자녀들에게 자상하고 섬세한 사랑을 보이지 못해 아이들이 정서불안을 겪는 경우도 빈번하게 발생하고 있다. 특히 취학 자녀가 있는 경우에는 더욱 심각하여 주로 엄마들이 하는 급식당번, 학부모회의, 소풍, 운동회 등 각종 교내 행사는 편부들을 더 어렵게 한다.

편부 가족에 대한 사회적 편견은 편부 가정을 어렵게 하는 또 다른 원인이 된다. 편부 가족이라는 이유만으로 부당한 대우를 당한다든지(한국여성민우회, 1999), 비도덕적인 존재로 인식하는 현상은 편부들에게 심리적인 압박감을 제공하고 이러한 부정적인 인식이 자녀에게도 영향을 미친다(황은숙, 2002). 예를 들면 청소년 비행의 경우 용의자가 편모·편부 가족의 자녀라는 사실을 강조하는 등의 신문기사는 한부모 가족을 막연하게 부정적으로 보려고 하는 편견의 대표적인 예라고 할 수 있다(서영숙, 2001). 이러한 사회의 편견은 한부모 가족 자녀들로 하여금 자신의 가족에 대한 부끄러움을 느끼게 하고 열등감을 갖게 하여 또래관계 형성에 영향을 미치게 된다.

현대사회에서 한부모 가족의 증가는 피할 수 없는 사회적 현상이다. 따라서 한부모 가족에 대한 막연한 편견보다는 한부모 가족을 또 다른 가족의 한 형태로 인정하면서 한부모 가족을 지원하는 다양한 방법에 대한 모색을 해야 할 것이다.

3) 이혼가족의 자녀 양육

부모의 이혼이 자녀에게 어떤 영향을 미치는지에 관한 많은 연구들이 있다. 연구결과들은 다르지만 궁극적으로 이혼이 부모 자신과 자녀 모두에게 심한 충격을 준다는 점에서는 공통적이라 할 수 있다. 부모의 이혼은 자녀들에게 가족체계를 위협하므로 이혼가정의 자녀들은 심각한 정서적 반응을 보이고 사회적·정서적·인지적인 면에서 여러 가지 부적응 문제를 일으킨다.

이혼 부모의 자녀들이 자존감, 학업성취도, 정서반응, 아동들의 사회성, 청소년 문제행동 등에 영향을 받는다고 한다. 한국 사회는 아직도 이혼에 대한 사회의 부정적인 태도가 강하며, 부모가 서로 적대적으로 헤어진 경우가 많고, 자녀들이 친부모를 마음대로 만나지 못하게 되는 경우가 많아 자녀들의 자아존중감에 부정적인 영향을 미친다. 또한 아동들이 부모의 이혼 후 친부모와의 관계가 원만하지 못하거나 계속되는 갈등에 휩싸여 스트레스와 긴장관계에 빠지고 정서적으로 불안정한 경우, 학업성적이 떨어지는 사례가 많다(채규만, 1997).

부모의 이혼에 대한 아동들의 정서적인 반응도 다양한데 대체적으로 아동들은 좌절감 및 분노감, 두려움과 공포감, 수치심과 죄책감을 가지며 정체성의 갈등을 겪게 되면서 소속감에 혼란을 느낀다.

Zill(1988)은 이혼한 부모의 자녀가 반항적이 되며 일상적 대화의 어려움, 학업성적의 저하와 분노, 공격성, 후회, 죄의식 등과 같은 감정 유발을 일으킨다고 하였고, Demo와 Acock(1988)은 이혼한 부모의 자녀들은 부정적 자아개념, 인지능력 저하, 그리고 반사회적 행동의 문제까지도 일으킨다고 보고한다.

아버지와 함께 사는 편부 가정의 아동은 모성 실조로 인한 어려움을 갖게 될 것이며, 어머니와 함께 사는 편모 가정의 아동은 부성실조로 인한 어려움을 갖게 될 것이다. 그러므로 자녀들은 이혼 후에도 헤어져 살고 있는 어머니 또는 아버지와의 지속적이고 긍정적인 관계를 유지할 수 있도록 부모들은 도움을 주어야 하고 떨어져 있는 부모를 대신할 수 있는 주변의 친척이나 이웃들의 도움을 받는 것도 하나의 방법이 될 수 있다.

따라서 한부모들은 부부의 이혼으로 인해 상처받았을 자녀에 대한 죄책감으로부터 벗어나 이혼이 가족 모두를 위해 최선의 선택이었음을 직시하고 당당하고 자긍심이 높은 자녀로 자랄 수 있도록 도와야 한다. 그러기 위해서는 한부모와 자녀를 위한 현실 적응프로그램이 요구되며, 한부모 가정이 자연스러운 가족의 하나로 인정되고, 한부모와 그 자녀가 자신과 부모의 이혼사실을 밝혀도 부끄럽거나 수치스럽지 않은 환경을 만드는 것이 바로 우리 사회와 우리 개개인이 해야 할 과제이다.

〈표 10-6〉 부모 이혼과 자녀의 반응

연령	반응특징
학령전기 (2.5~6세)	부모의 이혼에 매우 놀라고 혼란스러워하며 자신의 잘못으로 생각한다. 성인들과의 많은 신체적 접촉이 요구된다. 이 시기의 아동은 자신이 유기되거나 다른 곳으로 보내질 것을 두려워한다. 5, 6세 아동은 자신의 감정을 표현할 수도 있으나 이혼과 관련된 변화의 일부만을 이해할 수 있다.
잠복기 초기 (7~8세)	슬픔, 두려움, 불안정, 상실감을 나타낸다. 자신들이 거부당했거나 유기되었다고 느끼나 자신을 비난하지는 않는다. 이들은 아버지에게 자신의 분노를 표현하는 데 어려움을 느낀다. 어머니가 아버지를 다른 곳으로 보낸다고 믿기 때문에 어머니에 대해 분노를 느끼나 이런 행동이 어머니를 화나게 하므로 이를 두려워한다. 이들은 부모의 재결합에 대한 강한 열망을 가지고 있으며 가족은 '안전을 위해서는 필수적이며 계속 성장하는 것'이라고 믿는다.
잠복기 후기 (9~10세)	이혼에 대해 좀 더 현실적으로 이해하며, 자신들의 감정이나 강력한 분노를 잘 표현할 수 있다. 이혼에 대해 더 이상 책임감을 느끼지 않으나 부모들의 행동에 대해 창피함을 느끼며, 부모로부터 자신들이 거부되었다는 사실에 분노를 느낀다.

연령	반응특징
청소년기 (15~18세)	가장 개방적으로 이혼에 대해 분노를 표현한다. 이들은 강한 분노, 슬픔, 부끄러움, 당혹감을 나타낸다. 이혼으로 이해 청소년들은 부모를 한 명의 인간으로 인식하게 되며, 부모 각자와의 관계에 대해 새롭게 평가한다. 또한 훌륭한 결혼생활에 대한 자신들의 가치나 개념들을 재평가한다. 대부분의 청소년들은 부모의 이혼 일 년 후 부모들의 갈등을 극복한다.

출처 : Wallerstein & Kelly, 1976

3. 동거부부

공식적인 결혼식이나 혼인신고를 하지 않고 사는 부부를 동거부부라고 한다. 아직까지 동거부부를 사회적으로 인정하지 않고, 법적으로 보호를 받을 수 있는 근거 또한 미비하다. 동거의 이유를 묻는 질문에 공동 기거 및 공동 취사, 성욕 충족 및 경제적 협력의 기능을 수행하기 때문이라고 응답하는 경우가 대부분으로 결혼하기 전에 두 사람 간의 적응을 시도해보는 것으로 실험결혼의 성격을 갖는다. 동거 시에 두 남녀가 동등한 입장에서 시작하며, 대체로 역할 분배 및 역할 공유 현상을 보이는 것이 특징이다. 동거가 증가하는 원인을 살펴보면 일반적으로 결혼에 대한 태도의 변화에 기인한다고 볼 수 있다. 과거에는 결혼은 꼭 해야 하는 필수 불가결한 것으로 여기고 결혼을 하지 않으면 마치 신체적·사회적인 결함이 있는 것으로 여기던 사회적 문화에서 벗어나 이제는 결혼은 하나의 선택사항일 뿐이라는 의식의 변화에 있다. 현재 우리나라 사람들의 결혼에 대한 태도는 〈표 10-7〉에서 보는 바와 같이 결혼은 반드시 해야 한다고 응답한 사람이 1998년에는 33.6%인 데 반해 2002년에는 25.6%로 나타나 결혼은 반드시 해야 한다는 생각이 점점 감소하는 것으로 나타났다.

〈표 10-7〉 결혼에 대한 태도

		결혼 찬성		해도 좋고 안 해도 좋다	결혼 반대		모르겠다
		반드시 해야 한다	하는 것이 좋다		하지 않는 것이 좋다	하지 말아야 한다	
1998	계	73.5	33.6	23.8	1.3	0.2	1.4
	남자	79.4	36.9	18.4	0.8	0.1	1.4
	여자	67.9	30.5	28.9	1.7	0.2	1.5
2002	계	69.1	25.6	27.2	1.9	0.2	1.8
	남자	77.3	29.5	19.9	1.1	0.2	1.7
	여자	61.3	21.9	34.1	2.9	0.3	1.8

출처 : 통계청, 2002년 사회통계조사보고서

4. 무자녀 가족

결혼을 하면 자연스럽게 자녀를 출산하는 것이 일반적이었다. 그러나 최근에는 자발적으로 결혼 전에 자녀를 갖지 않겠다고 약속하거나 또는 그 생활에 익숙해져 영원히 자녀를 갖지 않는 무자녀 가족이 증가하고 있는 추세이다. 이들의 특성은 대체로 남녀 모두 직업을 갖고 있는 경우가 많고 개인적·사회적·경제적으로 자녀 때문에 생기는 장애나 불이익을 갖지 않고 자신과 두 사람만의 관계에만 충실하겠다는 사람들이 대부분이다. 대체로 교육수준이 높고, 소득이 높으며, 전문직을 가진 부부에게서 나타나는 것 또한 특징이다.

5. 동성애 부부

오랜 시간동안 동성애 관계를 하나의 가족 범주로 보아야 하는가에 대한 논쟁은 있어 왔다. 과거에는 동성애 관계에 대하여 가족으로 인정하지 않는 부정적 인식이 지배적이었으나 최근에는 이들을 가족의 범주에 포함하려는 인식이 나타나고 있다. 우리나라의 경우 동성애에 대한 수용이라기보다는 동성애에 대한 이해가 젊은 세대에서 빠르게 나타나고 있다.

프랑스의 경우 동성애 부부의 합법화를 의미하는 시민연대협약(PACS)법안이 1997년 의회에서 통과되었다. 이 법안은 결혼하지 않고 사는 모든 형태의 동거부부에게 법적 지위를 부여, 이들이 불이익을 당하지 않도록 하자는 취지를 담고 있는데, 실제로는 동성애 부부를 합법화하는 데 기여할 것으로 보고 있다. 즉 이 법안의 통과로 자녀를 가진 부모가 동성 간의 부부상태로 들어갈 경우에도 친권을 계속 유지하도록 허용하고 있다(김정옥 외, 2002).

최근 들어 우리나라에서도 동성애를 다룬 영화들이 상영되며 일반인들의 동성애에 대한 이해의 시각도 인권보호라는 차원에서 이해되고 있다.

〈연구문제〉

1. 맞벌이 가정에서 남편과 아내는 가사노동을 어느 정도 분담해야 할까?
2. 여성이 가정과 직장생활을 잘 하려면 어떻게 해야 할까?
3. 한부모 가족에서 가장 문제가 되는 것은 무엇일까?

제 11 장 | 이혼과 재혼

1. 이혼

이혼이란 법률상으로 유효하게 성립된 부부관계를 부부가 생존 중에 인위적으로 해소시키는 것이다. 산업화·근대화로 인한 사회 변화가 가족 구조와 의미의 변화를 초래하게 되었으며, 그 결과 이혼이 증가하고 있다는 것은 우리나라뿐 아니라 세계적으로 나타나는 현상이다. 특히 우리나라의 경우 이혼율은 1960년도 이후 꾸준히 상승세를 유지해왔으며, 최근에 와서는 대폭 증가하고 있어 심각한 사회문제로 대두되고 있다.

1) 이혼의 역사적 배경

우리나라 사람은 이혼에 대해 어떤 태도를 취하고 있는가? 전통적으로 우리나라의 이혼은 거의 전적으로 남자에 의해 주도되어 왔다. 고려시대에는 이유 없이 아내를 버려도 부모의 승낙이 있는 경우에는 어떤 제재도 받지 않았다. 중요한 것은 부모에 대한 불효를 제재하는 것이며 아내를 버렸다는 것은 사회적으로 문제가 되지 않았다.

조선시대에는 이혼제도가 형성되었는데, 일정한 사유가 있을 때에 한하여 이혼을 인정하는 동시에, 아무리 법정사유가 있을지라도 이혼을 허용하지 않는 사유가 있을 때에는 법이 이혼을 허용하지 않았고 까닭없이 아내를 버린 자는 처벌하였다. 이혼사유가 되는 칠거(七去)로는 시부모를 잘 섬기지 못했을 때, 아들을 낳지 못했을 때, 부정한 행위를 하였을 때, 질투했을 때, 나병 등의 악질의 질병이 있을 때, 말이 많을 때, 절도를 했을 때 등의 일곱 가지다. 이 중에서 무자와 질투는 조선 후기에 들어서면서 제외되었다. 이혼을 할 수 없는 삼불거(三不去)는 남편의 부모를 위하여 3년상을 지낸 경우, 결혼 당시 빈천하다가 후에 부귀하게 된 경우, 아내가 이혼당한 후 복귀할 집이 없는 경우이다(김정옥 외, 1997).

8.15 광복 이후 개인화, 산업화 그리고 도시화 과정에서 가족의 형태와 인간관계가 급속하게 변하면서 이혼에 대한 태도에서도 변화를 보이게 되었다. 가족에서 가부장적 질서가 약해지고 평등과 협력을 전제로 하는 새로운 인간관계가 형성되었다. 무엇보다 교육기회가 균등해지고 여성이 경제적 자립이 가능해지면서 이혼은 더 이상 남자의 전유물이 아니게 되었다.

최근 들어, 이혼은 개인적 차원에서 부부간의 갈등을 해결하는 마지막 수단이 되었다(Hunt & Hunt, 1977). 이제 이혼은 결혼에 대한 포기가 아니라 불행한 결혼을 참지 않고 행복한 결혼생활로 대체하려는 의지를 의미하고 있다(Lamanna & Riedmann, 1991).

2) 이혼의 사회적 배경

남녀의 영속적인 결합을 전제로 하는 혼인의 본질로 인해 이혼은 그동안 사회의 병리적 현상으로 간주되었다. 그러나 최근에는 인내와 노력으로 결혼생활의 불행을 막을 수 없다고 판단된 혼인의 경우 이혼을 대안으로 선택하기도 하며, 이혼에 대한 일반적인 부정적 평가가 많이 완화되고 있다. 그러나 이혼은 이혼 당사자인 부부에게뿐 아니라 가족 전체의 문제로 파급되므로 이혼 결정에 있어 보다 신중을 기하여야 할 것이다.

사회변화와 이혼 간의 관계를 살펴보면 첫째, 부부간의 경제적 의존도가 약화되었으며 둘째, 사회적·법적 그리고 도덕적으로 이혼을 억제하는 사회적 장치들이 약화되고 가족가치관이 변화되었다. 셋째, 결혼에 대한 비현실적인 높은 기대에 있다. 이상적인 결혼관과 낭만적인 이혼의 신화가 생겨났다. 실제로 실질적인 관계를 기대하는 부부들은 보다 애정적이고 표현적인 관계를 기대하는 부부들보다 결혼생활에 더 만족하는 것으로 나타났다(Troll & Atchley, 1979).

오늘날 급격하게 이혼율을 상승시키는 요인을 살펴보면 다음과 같다.

(1) 결혼관의 변화

과거와 달리 오늘날 결혼은 그 사회적 의미보다는 개인적 의미가 강조되고 있다. 즉 가문을 영속시키기 위해서가 아니라 개인의 만족과 행복이 결혼생활을 유지하는 가장 큰 이유로 간주되게 되었다. 따라서 가족부양이라는 결혼생활의 의무보다는 결혼을 통한 행복추구라는 권리가 더 크게 인식되게 되었다. 또한 애정적 유대에 근거한 결혼관이 점차 강조되면서, 결혼에 대한 비현실적인 기대는 현실에서의 결혼생활이 만족스럽지 않을 때 부부관계를 유지하려는 의지나 이유를 상실하게 한다.

(2) 이혼관의 변화

전통적으로 일부종사해야 한다는 유교적 윤리관에 따라, 이혼 당사자를 차가운 시선으로 보아 왔으나 급격한 근대화, 도시화과정을 거치면서 이혼에 대한 사회적 통념에 변화를 가져왔다. 즉 이혼을 비극의 시초라고 생각하던 부정적 시각에서 벗어나 새로운 인생을 출발할 수 있는 전환의 계기로 의미를 부여하여 이혼에 대한 가치관이 변하고 있다.

(3) 여성의 지위향상

여성의 교육수준과 사회·경제적 지위가 향상되면서 여성이 자아의식에 눈을 뜨게 되고 근대적인 가치관을 갖게 됨으로써 남편에 대한 종속, 굴종에서 벗어나 대등한 인격적 주체로서의 지위를 요구하게 되었다. 그 결과 부부관계에 불만이 심화될 경우 이혼을 생각하는 경향이 높아지고 있다.

(4) 여성의 경제적 자립

산업화·도시화에 부수되는 인구의 이동, 핵가족화, 소득의 증대, 여성의 취업기회 확대 등의 제반요인이 이혼율을 상승시키는 요인으로 작용한다. 학자들의 연구에서 취업한 부인들이 그렇지 않은 부인들보다 이혼하거나 별거하는 비율이 높았으며 수입이 많은 부인이 수입이 적은 부인보다 이혼율이 높았다. 또한 남편 이외의 남성을 자연스럽게 접할 수 있는 기회가 많아 남편과 비교하게 되고 부부간의 갈등이 심각할 경우 이혼을 고려하게 되는 것 같다.

(5) 성의식의 변화

결혼에서 성문제의 비중은 과거보다 매우 높아졌다. 여러 연구에 의하면 결혼생활의 적응은 성적 적응과 상관이 높고 성적 일치성이 클수록 부부간의 일치도도 증가한다고 한다. 부부간의 성적 조화는 단순한 육체적 결합이 아니고 복합적으로 얽혀진 문제로서 성적 적응이 원만하지 못할 경우 부부간에 긴장과 갈등을 일으켜 이혼의 직·간접 요인이 된다. 성 개방으로 여성들이 성에 자유로워지면서 성적인 문제로 이혼을 제기하는 경우가 증가하고 있다.

(6) 결혼유지에 대한 사회적 구속력 약화

현대 가족의 가장 큰 특징은 이동성의 증가이다. 가족의 지리적 이동은 핵가족을 증가시켜 개인이 자유로운 삶을 추구하기 위해 이혼을 선택할 가능성을 증대시켰다. 또한 무결점 이혼이나 협의 이혼은 법을 통해 이혼을 억제하려는 사회의 의도가 변화되었음을 의미한다.

3) 이혼의 개인적 배경

(1) 사회·경제적 요인

사람들은 왜 결혼을 하는가에 대해 남자는 정서적 안정을, 여자는 경제적 안정을 원한다고 대답한다. 이것은 경제적 안정이 결혼의 한 요소임을 반증하는 것이다. 경제적 수준과 이혼의 발생 간에는 반비례관계가 있다.

그러나 부부의 경제력은 물질적인 풍요를 의미하는 것이 아니다. 예를 들면, 수입수준과는 별개로 남편의 수입의 감소는 이혼 가능성이 높다. 특히, 수입이 감소된 다음 해의 이혼 가능성은 매우 높다(Cherlin, 1979). 또한 부인의 수입이 높을수록 이혼 가능성이 높다. 이 현상은 다양한 설명이 가능할 것이다. 예를 들어, 맞벌이 부부의 경우, 남편의 수입이 높고 부인의 수입이 상대적으로 적은 경우에는 별 문제가 되지 않지만, 부인의 수입이 많고 남편의 수입이 상대적으로 적은 경우에는 문제가 된다.

(2) 연령

결혼적령기는 시대와 사회에 따라 달라진다. 문화인류학적 관점에서 인구조절이나 노동력과 관련되며, 유아사망률이 높고 수명이 짧았던 시절에는 조혼이 유행하였고, 산업화 이후 여성의 노동력이 중요해지면서 결혼 적령기는 점차 늦어지는 경향을 보인다.

일반적으로 조혼은 부부의 소득과 직업적·교육적 성취가 낮고 자녀가 많은 경향을 보임으로써 불완전한 결혼으로 이어질 가능성이 높다(Otto, 1979). 반면에 만혼의 경우에는 라이프스타일과 교육수준의 차이로 갈등을 겪는다.

(3) 혼전 임신

이혼한 쌍 중에서 1/3이 혼전 임신이었다고 한다. 어떤 일에 대한 결정에서 외부적인 압력을 받지 않았다고 지각할수록 자신의 내적인 동기에 의해 결정되었을 것으로 생각하는 경향이 있다. 따라서 결혼 전에 임신했을 경우에는 아기 때문에 어쩔 수 없이 결혼했다고 생각한다(Wallerstein, 1980).

(4) 부모의 결혼 형태

부모의 행동은 자녀에게 영향을 미친다. 그러나 부모의 결혼형태와 관련된 연구 결과들은 일관적이지 않다. 즉 부모의 이혼경력이 차후 그들 자녀의 이혼 가능성을 높인다는 연구결과도 있고 그렇지 않다는 연구결과도 있다. 문제는 부모의 이혼여부가 아니라, 이혼 후의 생활이다. 부모간의 적대감, 양부모와의 관계, 이혼 혹은 재혼 시 아동의 연령 등이 훨씬 더 중요하다.

4) 이혼 결정

이혼은 누구의 선택인가? 이혼은 일방적이거나 혹은 양자 합의에 의해 이루어진다. 이혼의 형태를 구분하는 이유는 무엇인가? 이혼을 결정한 사람이 누구인지가 문제가 되는 것은 적응의 문제와 관련되기 때문이다.

그렇다면 이혼을 결정한 사람이 보다 적응적인 사람인가? 일반적으로 자신의 삶을 통제하는 사람이 보다 정신적으로 건강하다. 그러나 이혼을 요구했던 사람이 이혼 후 이혼을 당한 사람처럼 행동하는 것을 본다. 이것은 겉으로 보이는 결정자가 실제적인 결정자가 아닐 수도 있다는 것을 의미한다. 그렇다면 왜 이런 일이 일어나는지 살펴보자.

(1) 이혼의 결정자

실제로 이혼을 결정하는 사람은 누구인가? Wallerstein과 Kelly(1980)에 따르면, 이혼은 대개 한쪽이 원하고 결정하며 70% 가량이 여자 쪽에서 원한다. 여자들은 이혼결정이 상호적이었다고 주장하고 남자들은 부인이 이혼을 원했다고 대답한다. 그러나 이혼에 반대하는 정도를 근거로 누가 결정자인지를 추측할 경우, 실제적 결정자는 남자인 듯하다.

왜 이혼을 당한 사람들은 자신들이 이혼을 결정했다고 주장하는가? 아마도 손상된 자존감을 회복하기 위해 자신이 이혼을 주도했다고 주장하는 것 같다. 따라서 고소인과 실제 이혼을 주도한 사람과의 관계성은 약해 보인다.

우리나라의 경우에도 이혼이나 별거 제의를 먼저 한쪽은 여성이 66.7%, 남성이 30.6%로 여성의 비율이 훨씬 높은 것으로 조사됐다. 여성이 이혼이나 별거를 제의하는 비율은 학력이 높고 결혼기간이 짧을수록, 부부간 연령차이가 클수록 더 높아지는 것으로 나타났다(조선일보, 2005).

(2) 결정과정

이혼은 어떻게 결정되는가? 이혼을 당하는 사람에게 이혼은 갑작스런 불행이지만 이혼을 결정하는 사람에게 이혼은 수개월 혹은 수년간의 숙고 후에 결정된 일이다.

이혼은 중대한 불만과 공허함, 혼란한 감정 등이 결정적인 사건을 계기로 발생한다. 이사, 졸업, 새로운 직업과 같은 일상적인 사건이거나 자살시도, 습관성 음주와 같은 일 등이다. 어쨌든 일단 이혼이 결정되면 동요, 우유부단, 미래에 대한 불안 등을 동반한 복잡한 과정이 진행된다. 따라서 이혼을 결정하기 전보다는 결정한 후에 스트레스를 덜 받는 것으로 보인다.

이혼을 결정하려는 사람들의 문제 중 하나는 자신의 현재 상태를 비교할 만한 비교대상이 부족하다는 것이다. 현재 자신이 겪고 있는 문제가 얼마나 심각한지, 어떤 대안들이 존재하는지 등에 대한 규준이 없다. 다시 말하면, 이혼은 혼자 판단하고 결정해야 하는 위험하고 어려운 과제인 것이다.

(3) 의사결정의 중요성

이혼결정에 참여하지 못한 사람들은 이혼 상황을 안 후에 큰 혼란과 스트레스를 경험하게 된다. 비록 이들도 역시 결혼생활에 대해 불만이 있었을지라도, 이혼을 하게 된다는 사실에 직면하면 상당한 충격과 혼란을 경험한다. 이들은 준비되지 않은 상태에서 이혼을 경험하게 된다.

이에 비해 이혼 결정자들은 실제적 준비를 하고 있는 사람들이다. 이것은 물질적 준비라기보다는 심리적으로 독립할 준비를 하고 있다는 점에서 적응과 정신건강에서 유리하다. 또한 이혼을 준비한 배우자는 슬픔, 죄의식, 후회를 느끼지만 통제감이 있고 수치심과 거부되었다는 감정은 없다. 통제감은 자존감과 스트레스와 밀접한 관련이 있는 것으로 알려져 있다. 이혼을 결정한 사람들은 이혼을 결정하기 전에 스트레스를 받으며, 결정된 후에는 오히려 안정을 찾는 경향을 보인다.

이에 반해 이혼을 당한 사람들은 굴욕감과 무력감을 느끼며, 분노, 우울, 퇴행적 경향을 보인다. 이들은 이혼이 결정된 후에 더 큰 스트레스를 받게 되고 이것은 이혼 후의 적응에 중요한 영향을 미친다. 이로 인해 이혼을 누가 결정했는가는 중요한 의미를 갖는다.

5) 실패한 결혼에 대한 지각

결혼생활의 불평꺼리에서 남녀차이가 난다는 것은 이혼을 이해하는 중요한 단서가 된다. 동일한 사건에 대해 서로 다른 시각을 가질 수 있다. 관점의 차이는 사건의 원인에 대한 추론과 그에 따른 책임 소재와 관련되며, 같은 상황에서도 서로 다른 정보를 선택하는 사고과정과도 관련된다.

(1) 불평에서의 남녀 차이

결혼에 대한 불만은 처음부터 시작된 것일 수도 있고 시간에 따라 진행된 것일 수도 있다. 그리고 결혼에 대한 불평은 시대에 따라 변화한다. 과거에는 부양불이행, 외도, 음주, 권위적인 것들이 불평의 대상이었다면, 지금은 상호적인 감정교환, 가치의 불일치, 삶의 질 등이 원인이 되고 있다. 그러나 남녀 모두 대화와 이해의 부족을 가장 큰 원인으로 들고 있다. 예를 들면, 남편은 아내의 무관심 그리고 흥미, 가치, 목표에서의 불일치와 유사성이 없음에 대해 불평하고, 아내는 자신의 능력에 대한 배우자의 무시와 지나친 간섭과 비평에 대해 불평한다.

또 다른 불평은 남녀 간의 성역할 갈등으로 인한 것들이다. 사람들은 삶의 방식에 대한 각본과 도식을 가지고 있다. 따라서 연애 시기에는 성역할에 대해 이상적인 태도를 보이지만, 결혼하면 결혼과 관련된 성역할을 기대하게 된다. 이 때문에 성역할 갈등을 겪게 된다.

남편은 결혼생활에서 성역할의 갈등과 자신의 성역할에 대한 아내의 불인정으로 갈등을 경험하고, 아내는 내적인 성역할 갈등을 경험한다. 다시 말하면, 남편은 아내가 심리적, 성적, 경제적 평등을 원하는 것에 대해서 혼란스러워한다.

흥미로운 것은 사회계층, 결혼기간, 소득 간의 관계이다. 사회계층이 높고 결혼기간이 길어지면 정서적 지지와 대인관계의 결핍에 대해, 그리고 사회계층이 낮고 결혼기간이 짧으면 배우자의 실패와 과제수행 능력이 없음에 대해 불평한다.

불평과 관련된 문제 중의 하나는 결혼생활에 대한 불평의 수준이 남편과 아내가 다르다는 것이다. 남편의 불평은 일반적이고 추상적인 수준이고 아내의 불평은 구체적인 수준이다. 이로 인해 이혼이 발생한 이유에 대한 질문에 남편은 왜 이혼하게 되었는지 알 수 없으며 무슨 일이 일어났는지 확신할 수 없다는 반응을 보인 반면, 아내는 혼외정사, 음주, 배우자의 미숙함 등과 같은 분명한 이유를 제시한다.

(2) 실패한 결혼에 대한 지각

문제가 되는 결혼관계에 대한 관점에는 남녀차이가 있다. 남자는 결혼생활을 유지하기 위해 배우자와 동등한 노력을 기울였다고 생각하는 반면에, 여자는 대부분 자신만이 결혼생활을 위한 노력을 했다고 생각한다는 것이다. 또한, 결혼갈등의 빈도와 강도에 대해서도 남편은 간헐적이고 덜 강한 것으로, 아내는 지속적이고 보다 강한 것으로 지각하고 있었다. 그러나 결혼의 갈등기간에 대해서는 유사하게 지각하고 있었다. 다시 말하면, 남편과 아내 모두 갈등이 있다는 것을 알고 있지만, 남편은 심각하지 않은 것으로 아내는 심각한 것으로 생각한다는 것이다. 특히, 폭력적인 남편의 경우에는 갈등의 빈도와 강도를 최소화함으로써 자신의 폭력성을 감추는 경향을 보인다.

6) 이혼과 관련된 인구학적 자료

최근 통계에 따르면 결혼 대비 이혼 건수 비율이 47.%로 우리나라가 머지않아 세계 최고의 이혼국가가 될 것이라는 어두운 전망이 나왔다(보건복지부, 2003). 이는 미국(51%)과 스웨덴(48%)에 이어 세계 3위에 해당한다. 혼인은 1996년을 정점으로 계속 감소하다가 2004년 다시 증가세로 돌아섰으며, 이혼은 2003년을 정점으로 감소세로 전환하고 있다.

〈표 11-1〉 연도별 조혼인율과 조이혼율

(단위 : 인구 천 명당 건수)

연도	혼인건수	조혼일율	이혼건수	조이혼율
1970	295,137	9.2	11,615	0.4
1980	403,031	10.6	23,662	0.6
1990	399,312	9.3	45,694	1.1
2000	334,030	7.0	119,982	2.5
2003	304,932	6.3	167,096	3.5
2004	310,944	6.4	139,365	2.9

주 : 1) 조혼인율=해당연도 혼인건수÷해당연도 주민등록연앙인구(7월 1일 기준)×1000

2) 조이혼율=해당연도 이혼건수÷해당연도 주민등록연앙인구(7월 1일 기준)×1000

자료 : 통계청, 인구동태통계연보(혼인, 이혼 편) 각 년도

(1) 연령별 이혼율

2004년 이혼율이 가장 높은 계층은 남자는 35~39세로 13.4건이며 여자의 경우는 35~39세로 13.9건이다. 특히 흥미로운 것은 남녀 모두 50대 이후의 이혼율이 큰 폭으로 증가하고 있다는 것이다. 〈표 11-2〉, 〈표 11-3〉은 남자와 여자의 연령별 이혼율을 보여주고 있다.

〈표 11-2〉 연령별 남자이혼율

(단위 : 해당 연령 인구 천 명당 건수)

	1994	1996	1998	2000	2002	2004
일반이혼율	3.8	4.5	6.4	6.4	7.7	7.2
15~19세	0.0	0.0	0.0	0.0	0.0	0.0
20~24세	0.6	0.7	1.0	0.9	1.0	0.8
25~29세	3.6	4.0	4.9	5.0	5.8	4.5
30~34세	7.1	7.9	10.2	10.0	11.7	10.4
35~39세	8.1	9.3	12.7	12.2	14.7	13.4
40~44세	7.1	8.6	12.6	12.2	14.1	13.2
45~49세	5.3	6.4	10.0	10.1	11.7	11.4
50~54세	3.0	3.9	6.9	7.0	8.2	8.4
55세 이상	0.6	0.8	2.4	2.5	2.9	3.3

〈표 11-3〉 연령별 여자 이혼율

(단위 : 해당 연령 인구 천 명당 건수)

	1994	1996	1998	2000	2002	2004
일반이혼율	3.7	4.4	6.3	6.3	7.5	7.1
15~19세	0.1	0.2	0.2	0.2	0.3	0.2
20~24세	2.3	2.8	3.4	3.4	3.6	2.9
25~29세	6.8	7.6	9.5	9.7	11.2	9.5
30~34세	8.4	9.5	12.7	12.3	14.7	13.8
35~39세	7.3	9.0	12.9	12.6	15.2	13.9
40~44세	4.9	6.4	10.2	10.5	12.5	12.2
45~49세	2.8	3.6	6.2	6.6	8.2	8.6
50~54세	1.3	1.8	3.6	3.7	4.6	5.3
55세 이상	0.2	0.2	0.7	0.8	1.0	1.2

2004년 이혼부부의 동거기간별 구성비를 보면 4년 이하 함께 살았던 비율은 25.2%로 10년 전(1994) 33.7%에 비해 크게 줄었으나, 20년 이상 함께 살았던 부부의 비율은 18.3%로 5쌍 중 한 쌍이 황혼이혼을 하는 것으로 나타났다. 이는 10년 전인 1994년 7.2%에 비해 2.5배 이상 증가한 것이다〈표 11-4 참조〉.

〈표 11-4〉 동거기간 별 이혼

(단위 : 천 건, %)

	1994	1996	1998	2000	2002	2004
계	65.0(100.0)	79.9(100.0)	116.7(100.0)	120.0(100.0)	145.3(100.0)	139.4(100.0)
0~4년	21.9(33.7)	25.7(32.1)	34.3(29.4)	35.2(29.3)	39.1(26.9)	35.1(25.2)
5~9년	16.5(25.4)	19.7(24.6)	27.2(23.3)	26.7(22.3)	33.8(23.2)	31.9(22.9)
10~14년	13.9(21.3)	15.7(19.6)	22.5(19.2)	22.4(18.7)	28.2(19.4)	26.4(18.9)
15~19년	7.5(11.6)	11.0(13.8)	18.1(15.5)	18.4(15.3)	21.4(14.7)	20.5(14.7)
20년 이상	4.7(7.2)	7.1(8.9)	14.5(12.4)	17.2(14.3)	22.8(15.7)	25.5(18.3)

(2) 평균 이혼연령

2004년 평균 이혼연령은 남자 41.8세, 여자는 38.3세로 2003년보다 남자 0.5세 여자 0.4세 각각 많아졌으며 10년 전(1994년)에 비해 남자는 3.7세 여자는 4.1세 각각 많아졌다. 이처럼 이혼연령이 증가하는 것은 20년 이상 함께 살던 부부의 이혼 증가와 혼인연령의 상승 등에 기인한 것으로 볼 수 있다〈표 11-5 참조〉.

〈표 11-5〉 평균 이혼 연령

	1994	1996	1998	2000	2002	2004
남자(세)	38.1	38.6	39.8	40.1	40.6	41.8
여자(세)	34.2	34.8	36.1	36.6	37.1	38.3

(3) 이혼 사유별 구성

2004년도의 총 이혼 건수는 139만 4000건으로 2003년 167만 1000건 대비 약 2만 8000건(16.6%) 감소하였다. 이혼의 주된 사유는 성격차이가 49.4%, 경제문제 14.7%, 가족 간 불화 10.0% 등으로 나타나고 있다. 특히, 성격차이로 인한 이혼비율은 전년보다 4.1% 증가하였으나, 경제문제와 가족 간 불화는 각각 1.7%, 3.0% 감소하였다. 여기서 흥미로운 것은 경제문제로 인한 이혼이 증가하고 있다는 것이다(표 11-6 참조).

Price와 Mckenry(1988)는 경제가 침체 불황일 때에는 이혼율이 낮고 호황일 때는 이혼율이 높다는 지적을 하였다. 그렇다면 이혼의 사유와 경제적 상황 사이에는 어떤 관련성이 있는가를 생각해 볼 필요가 있다.

〈표 11-6〉 이혼 사유

(단위 : 천 건, %)

	계	배우자 부정	정신적·육체적 학대	가족 간 불화	경제문제	성격차이	건강상 이유	기타
2000	120.0(100)	9.7(8.1)	5.2(4.3)	26.3(21.9)	12.8(10.7)	48.2(40.1)	1.0(0.9)	16.8(14.0)
2002	145.3(100)	12.6(8.6)	6.9(4.8)	20.9(14.4)	19.7(13.6)	65.0(44.7)	0.9(0.6)	19.3(13.3)
2004	139.4(100)	9.7(7.0)	5.9(4.2)	14.0(10.0)	20.5(14.7)	68.8(49.4)	0.9(0.6)	19.6(14.1)

자료 : 통계청, 인구동태통계연보, 각 년도.

(4) 이혼 당시 미성년 자녀의 수

이혼 당시 미성년 자녀는 중요한 의미를 갖는다. 이혼을 고려하는 부부의 경우, 자녀의 연령은 이혼결정의 중요 요인으로 작용한다. 특히, 감수성이 예민한 시기에 있는 자녀를 가졌을 경우에는 더욱 어려움을 겪는다. 이것은 30대 이혼율이 높다는 것과 50대 이혼이 증가한다는 점에서도 추측할 수 있다. 이들의 자녀는 대개 연령이 아주 어리거나 혹은 이미 성년이 되었다. 이혼이 자녀에게 미칠 수 있는 영향이 가장 적다고 느껴지는 시기에 이혼을 하는 것임을 추측해 볼 수 있다.

자료를 통해 분류할 수 있는 건수를 대상으로 조사해보면, 2004년에 이혼 당시에 미성년 자녀(20세 미만)를 두고 있는 경우는 65.5%인 것으로 나타났다〈표 11-7〉. 20세 미만 자녀를 2명 두고 이혼한 경우는 32.7%로 가장 많고, 1명인 경우는 28.1%, 3명 이상인 경우도 4.7%로 나타났다.

그러나 이혼이 자녀에게 어떤 영향을 미치는가에 대해서는 신중한 고려가 필요하다. 결혼의 형태와 이혼 후의 태도에 따라 이혼의 부정적 영향은 달라질 수 있다. 이혼이 증가하면서 이혼에 대한 부정적 태도가 줄어드는 것도 이혼 후 자녀에게 미치는 부정적 영향을 감소시킬 수 있는 것으로 보인다.

〈표 11-7〉 이혼당시 미성년 자녀 유무

(단위 : 천 건, %)

		1994	1996	1998	2000	2002	2004
계		65.0(100.0)	79.9(100.0)	116.7(100.0)	120.0(100.0)	145.3(100.0)	139.4(100.0)
자녀 있음		45.9(70.6)	57.4(71.9)	83.8(71.8)	84.5(70.4)	101.3(69.7)	91.3(65.5)
	1명	21.1(32.5)	26.0(32.5)	37.0(31.7)	38.1(31.8)	43.6(30.0)	39.1(28.1)
	2명	21.1(32.5)	27.3(34.2)	41.4(35.5)	41.1(34.2)	50.8(35.0)	45.6(32.7)
	3명 이상	3.7(5.6)	4.1(5.2)	5.4(4.6)	5.3(4.4)	6.9(4.7)	6.6(4.7)
자녀 없음		19.1(29.4)	22.5(28.1)	32.9(28.2)	35.5(29.6)	44.0(30.3)	48.1(34.5)

2. 이혼 적응과정

불만족스런 결혼과 이혼 중에서 어느 것이 스트레스를 더 유발하는가? 현재로는 이혼이 보다 큰 스트레스를 일으키는 것으로 보고되고 있다. 특히, 연령이 높을수록 이혼 후의 생활적응에 더욱 큰 어려움을 겪는다.

1) 이혼에 대한 정서적 반응

이혼 이후에는 여러 가지 문제를 겪게 된다. 일반적으로 사회적, 성적인 삶에서의 변화, 외로움, 지원체계 그리고 변화된 경제 상태 등은 눈에 보이는 문제다. 이러한 것들은 타인에게 노출되기 쉽고, 예상되는 문제들이기 때문에 외부로부터 도움을 받을 수 있다. 예를 들면, 주변 사람들이 이혼한 사람들의 외로움을 달래주기 위해 집으로 초대하거나 여행을 함께 떠나기도 한다.

위에서 언급한 문제들과 달리 이혼한 사람들이 경험하는 정서들은 개인적 문제이기 때문에 해결하기가 훨씬 더 어려울 수 있다. 그렇다면 어떤 정서들을 경험할까? 대표적인 정서로는 분노, 적대감, 우울, 퇴행, 헤어진 배우자에 대한 애착, 안도감, 새로운 삶에 대한 기대감과 죄의식 간의 양가감정 등이 있다.

(1) 분노

가장 많이 경험하는 정서는 분노다. 특히, 이혼소송을 하는 동안 분노는 극도의 상태에 도달하고 적대감과 공격성을 동반하기도 한다. 따라서 일단 이혼과정에 들어서면 서로의 관계는 더욱 적대적이 되기도 한다. 이혼과정에서 돈과 자녀는 중요한 협상의 대상이 된다. 이 둘은 밀접한 관련을 갖는다. 자녀의 양육권이 누구에게 있는가에 따라 경제적 책임에도 차이가 있기 때문이다. 극단적인 경우에는 돈과 자녀 둘

중에서 하나를 택해야 하는 경우도 있다. 예를 들면, 자녀의 양육권이 아버지에게 주어지는 경우, 어머니는 자녀의 양육권을 갖기 위해 위자료를 포기하는 경우도 있다. 이런 경우에는 이혼 후에 심각한 경제적 위기를 겪게 되기도 한다.

보다 심각한 문제는 헤어진 배우자에 대한 적대감이 자녀에게 표현되는 것이다. 많은 사람들이 이혼이 자녀에게 미치는 나쁜 영향 때문에 이혼결정을 망설이나 최근 연구들에서는 부모가 상대에 대한 강한 적대감을 표현할 경우 이혼이 자녀에게 나쁜 영향을 미친다고 밝히고 있다.

분노의 강도는 자녀가 있는 경우에 더 강하고, 여자가 남자보다 강하게 표현한다. 이런 현상은 일반적으로 남성에 비해 여성이 자신의 감정을 더 강하고 빈번하게 표현하기 때문인 듯하다.

(2) 우울

이혼한 사람들은 자살, 우울, 무력감 등을 보이기도 한다. 이들은 불면증을 호소하고 체중이 변하며, 에너지가 고갈되는 느낌을 갖고, 낮은 자존감을 보인다. 이들 중에는 이미 결혼생활 중에 우울증을 보이고 자살시도를 하기도 한다. 특히, 배우자와의 의사소통에 문제가 있는 경우에는 우울하게 될 가능성이 25배나 높은 것으로 나타났다(Coyne & Downey, 1991).

(3) 후회

한 조사에 따르면 이혼한 사람의 22.9%가 이혼을 후회하고 있으며 절반 정도만이 이혼한 것에 대해 만족하는 것으로 나타났다. 또한 이혼에 대한 후회는 남자가 여자에 비해 월등히 높은 것으로 나타났다. 이는 이혼 후 겪게 되는 일상생활 영역 및 심리적 영역에서의 적응에 남성이 여성보다 더 어려워한다고 볼 수 있다. 또한 혼인기간이 3년 미만의 이혼자들의 후회율이 가장 높고(34.8%) 3~10년의 이혼자가 가장 낮다가(18.6%) 다시 혼인기간이 길어질수록 후회하는 비율이 높아진다. 이혼 후 경과기간에 따른 이혼에 대한 후회율은 이혼 후 1~3년 사이에 가장 후회율이 높다고 보고되고 있다(가정상담, 2004).

(4) 헤어진 배우자에 대한 애착

이혼한 사람들은 헤어진 이후에 지속적인 관계를 맺기도 하고, 어떤 경우에는 다시 재결합을 시도하기도 한다. 여기서 흥미로운 것은 헤어질 때 내적 갈등을 갖고 있지 않은 사람들은 헤어진 배우자에 대해 애착을 보이지 않는 데 반해 오히려 갈등을 겪은 사람들이 이혼 후 갈등이 어느 정도 해결되면서 배우자에 대해 애착을 보인다.

이것은 단순히 상대를 다시 좋아하거나 존경하게 되었다는 것과는 다른 배경을 갖는 듯이 보인다. 갈등상황에서 벗어나면서 다른 관점에서 배우자를 보는 기회를 갖기도 하지만, 보다 근본적으로는 새로운 생활에 대한 적응에서 오는 어려움 때문으로 보인다. 다시 새로운 관계를 시작하면서 오는 어색함이나 혹은 새로운 에너지를 투입하려는 노력을 기울이기보다는 이미 알고 있는 관계에서 편안함을 찾으려는 회귀성으로 볼 수 있다. 배우자에 대한 애착은 이혼 후 초기에 주로 보인다는 점이 이런 해석을 가능케 한다.

(5) 양가감정

새로운 시작에 대한 기대감과 불행한 결혼이 자녀와 상대에게 주었을 부정적인 영향에 대한 죄의식을 동시에 경험한다. 이러한 양가감정을 해결하는 방식에서도 남녀 간에 차이가 있는 듯하다. 여성은 자신과 자녀의 삶을 증진하려는 노력을 하지만, 그 방법으로 재혼을 계획하고 있지 않다. 그러나 남성은 자녀보다는 자신의 삶을 증진시키고자 하는 경향을 보인다.

2) 이혼 후 적응

이혼한 사람들을 인터뷰한 결과, 이혼에 대해 부정적이거나 부당하다고 느낀 남자들은 이혼 당시와 비슷한 심리적 장애를 보였다. 재혼하거나 혼자 사는 경우, 56% 정도가 이혼이 그들의 삶을 증진시켰다고 대답했다. 여자들은 남자에 비해 적응에 보다 어려움을 겪는 것으로 나타났는데 1/4 정도는 경제적 부담, 양육, 사회적 고립, 외로움, 결혼에 대한 기억 등으로 인해 혼합된 감정을 느끼며, 21%는 이혼을 비참한 사건으로 여기며 자신이 실수했다고 여기기도 하였다(Wallerstein et al, 1980).

Hetherington 등(1978)은 이혼한 지 2년 된 자녀가 있는 사람들을 대상으로 연구한 결과 자존감과 만족감에서 이혼 당시에 비해 증진되었음을 발견하였다. 이들은 이혼이 불만족스런 결혼에 대한 해결책이며 더 나은 건강과 심리적 적응의 기회로 생각하고 있었다.

이혼 후 가족체계는 이혼 직후의 해체기(disorganization), 회복기(recovery), 재조직화(reorganization)를 거쳐 마침내 새로운 형태의 평형상태(equilibrium)로 변화된다.

이혼 후 어떤 변화를 겪으며, 이런 변화에 대한 적응에 영향을 주는 것은 무엇인가? 이혼 후에 겪게 되는 문제에 어떻게 대처하는가가 중요한 문제이다.

(1) 실제적인 문제들

이혼한 사람들의 실제적인 문제는 가계(household)를 유지하는 것과 경제적, 직업적 어려움이 있다. 이혼한 남자들은 식사, 세탁, 쇼핑 등 일상적인 생활에서 어려움을 겪는 것으로 보인다. 그러나 결혼생활 동안에 전통적인 성역할에 충실했고 부인이 전업 주부였던 경우에는 어려움을 호소한 반면에, 가사와 양육에 적극적으로 참여했던 남자들은 훨씬 잘 적응하였다.

이혼한 여자들도 마찬가지로 일상적이고 규칙적인 생활패턴이 변하면 혼란을 느낀다. 직장에 나가면서 자녀들과 함께 식사하는 시간이 줄어들고, 잠자리를 봐 주거나 등교시키는 일 등에서 문제를 겪는다. 그러나 이런 문제는 개인적인 도움을 주는 친척이나 친구 혹은 시간제 파출부를 고용함으로써 해결된다.

또 다른 문제로는 경제적 스트레스를 들 수 있다. 가계의 수입이 두 가계로 분리됨으로써 가계 유지비용이 증가하게 되고 양육비를 담당해야 하는 남자는 심리적인 압박감이 더해진다.

(2) 자아개념의 변화와 정서적 적응

이혼한 사람들은 이혼 직후에 불안감, 우울, 분노, 거부감, 무능감 등을 느끼게 한다. 특히, 딸을 키우는 엄마보다는 아들을 키우는 엄마가 더 많은 불안과 분노를 느끼고 자신의 삶을 통제하지 못한다는 느낌을 받는다. 이런 부정적인 감정은 아들과의 상호작용이 원활하지 못하기 때문이다.

자녀와 헤어져야 하는 이혼한 부모는 자녀로부터의 분리로 인한 박탈감을 느낀다. 이것은 부모로서의 역할을 박탈당함으로써 자아개념에도 부정적인 영향을 미칠 수 있다. 특히, 전업 주부였던 경우에는 더욱 심하다. 부모로서의 정체감 상실 외에 자아개념과 관련된 또 다른 이유는 신체적 매력의 상실감, 무능력감, 삶의 기초가 없어짐 등으로 나타난다. 자아개념이나 정체감의 변화는 나이가 많을수록 그리고 결혼기간이 길수록 더욱 크다. 그러나 이런 자아개념의 혼란은 이혼 후에 새로운 역할을 수행하게 되고 일상적인 삶이 정돈되면서 점차 개선되는 것으로 보인다.

이혼한 부모는 상실감과 우울감을 지속적으로 경험하기는 하지만, 자녀와 만나는 기회가 적어짐에 따라 자녀와의 분리에서 오는 스트레스에 점차 대처하게 된다. 그리고 결혼기간 동안 부부간의 갈등이 심했던 경우에는 오히려 이혼 후 자녀와의 관계가 개선되는 양상을 보인다. 특히, 아버지는 자녀와 지내면서 새로운 즐거움을 느낀다는 것이다.

이혼한 사람이 경험하는 또 다른 문제는 무능력감이다. 부모로서 그리고 배우자로서 실패했다고 느끼며 이것은 미래의 결혼과 사회적 관계, 새로운 이성과의 관계에 대해 자신감을 상실한다. 사회적 활동이 감소되기도 하나 이혼 직후에는 오히려 활동이 급격하게 증가하는 것으로 나타났다. 스트레스에 대한 적응증후군으로 새로운 삶에 대처하기 위한 전략으로서 다양한 사회활동, 자기개발 프로그램, 새로운 사람들과의 만남이 증가하는 반면, 오래된 친구와의 접촉은 줄어든다. 이러한 불균형 상태는 새로운 사회적 네트워크가 형성되면서 안정되게 된다. 대개 이혼한 지 2년 정도 지나면 만족스럽고 친밀한 대인관계를 형성할 수 있다.

(3) 대인관계, 사회적 생활 그리고 친밀한 관계

이혼한 거의 모든 사람들은 우리나라 문화가 전적으로 부부와 가족을 중심으로 형성되어 있고 독신자를 위한 삶에 대한 배려가 없음을 경험한다. 이들이 결혼상태에서 형성되었던 사회적 관계의 붕괴를 대체하거나 보상할 수 있는 관계를 형성한다는 것은 매우 어렵다. 특히, 결혼상태에서는 인간관계가 남편 위주로 형성되었기 때문에 이혼한 여자는 훨씬 더 많은 고립감을 경험한다.

자녀를 둔 이혼한 엄마들은 때로 '벽에 갇힌 듯하다'라고 호소한다. 특히, 일이 없는 부인들은 거의 모든 사회적 접촉이 남편을 통해서였기 때문에 이혼과 동시에 사회와의 연결선이 끊어진다. 이에 비해 취업한 부인은 동료와의 접촉과 다른 사회적 관계도 유지할 수 있으므로 이혼 후의 적응에 보다 유리하다.

초기에는 결혼한 친구들을 만나게 되지만 이러한 접촉은 급격하게 줄어든다. 공통된 관심이 적어지면서 이런 관계는 서로에게 만족을 주지 못한다. 따라서 공통된 주제와 관심을 가진 사람들과의 접촉이 늘어나고 이것은 이후 재혼으로 이어지기도 한다.

이혼 후의 친밀한 관계형성은 또 다른 중요한 관심사이다. 여기에는 성적인 친밀감뿐 아니라 정서적 지지와 이해 등과 같은 친밀한 관계를 의미한다. 많은 이혼한 사람들은 성적 문제보다는 정서적 친밀감을 통해 안정감을 얻는 것으로 나타났다. 따라서 일반적으로 성적 혹은 사회적인 독립과 자유로움 등을 독신의 장점으로 상상하지만, 실제적으로 화려한 독신의 이미지와는 차이가 있다. 이혼 후 일시적으로 새로운 이성과의 성관계를 즐겼던 사람들도 보다 안정적이고 지속적인 관계를 추구하는 것으로 나타났다. 그리고 이혼한 사람의 성적 개방성에 대한 잘못된 사회적 통념으로 인하여 어려움을 겪기도 한다.

그렇다면 성적 친밀감과 대인적 친밀감은 어떤 관계가 있는가? 친밀감이 높은 사람들이 성적 관계를 맺는 빈도가 높고 친밀감이 낮은 사람들은 빈도가 낮은 것으로 나타났다.

(4) 헤어진 배우자와의 관계

헤어진 배우자와의 갈등 요소는 재정적 지원, 자녀방문과 양육 그리고 타인과의 친밀한 관계이다. 이혼 초기에 위기에 직면하면 가장 먼저 헤어진 배우자에게 연락을 한다. 비록 분노와 미움이 완전히 사라지는 것은 아니지만, 시간이 지남에 따라 갈등과 애착이 줄어들게 되고 두 사람간의 관계를 개선시킨다. 심지어는 이혼이 잘못된 결정이었다고 고백하기도 한다.

따라서 헤어진 배우자가 재혼을 하게 되면 다시 분노와 우울, 무력감, 불안을 경험하게 되기도 한다. 남자보다는 여자가 헤어진 남편의 새배우자를 받아들이지 않는 것으로 나타났다. 남편과 자녀에게 새로운 부인에 대해 비판을 함으로써 다시 관계가 악화될 수도 있다.

3) 이혼이 자녀에게 미치는 영향

이혼에 대한 관점의 변화는 영화, 드라마, 소설 등 가상적 세계에서 그 변화를 엿볼 수 있다. 과거에는 이혼한 부부가 자녀를 위해 다시 재결합을 하는 것으로 끝을 내려고 하였으나 이제 더 이상 그런 노력은 보이지 않는다. 이제 더 이상 함께 사는 것만이 가족이 아니라 자신의 삶을 살아가면서도 가족이 될 수 있다고 주장한다.

이혼은 어떤 부부들에게는 새로운 삶의 기회를 제공해 줄 수도 있고, 어떤 어머니의 경우에는 자녀와의 유대감을 강화시켜 주기도 한다(Gorlick, 1995). 무엇보다 부모가 이혼하는 것은 자녀들의 정신건강, 발달, 일탈행동 등의 측면에서 적지 않은 문제점을 나타내고 있다. 이혼한 가정의 자녀는 정상적인 가정의 아이보다 활동성, 사려성, 사회성이 떨어진다(최선애, 1984).

이혼한 가정의 자녀들은 신체와 사회성 발달에 문제가 나타나기도 하고, 학업성적이 떨어지고, 분노, 공격성, 후회, 억압, 죄의식, 대인관계 문제, 인지능력 저하를 초래하기도 한다. 또한 이혼한 가정의 자녀들은 성인이 되어 결혼했을 때 정상적인 결혼생활을 유지하지 못할 가능성이 높은 것으로 나타났다(Needle et al, 1990). 정상적인 자녀들의 이혼율은 41%인데 비해, 한 번 이혼한 부모를 둔 자녀들의 이혼율은 58%, 2회 이상 이혼한 부모를 둔 자녀들의 이혼율은 67%였다(염태정, 1997). 이것은 부모의 생활방식을 모델링 하거나, 혹은 자신도 모르는 사이에 자신의 생활방식으로 정착하게 된다는 점에서 새로운 문제를 안고 있다.

그러나 최근의 한 연구에 의하면 서로 미워하고 싸우는 부모를 보며 갈등을 겪는 아동은 오히려 이혼 후에 안정을 찾는다고 한다. 이혼 후 헤어진 배우자에 대한 적대감을 빈번하게 노출하는 것이 자녀가 생활에 적응하는 데 가장 부정적인 영향을 미친다.

3. 재혼

이혼이 증가하면서 이혼은 더 이상 특별한 사건이 아니라 보편적인 사건 중의 하나로 이혼에 대한 부정적인 편견이 줄어들고 있음을 반영하고 있다. 따라서 이혼한 사람들이 다시 다른 사람들과 만날 기회도 많아지고, 결혼상태에 있는 사람들조차도 자신의 결혼에 대해 재평가하는 기회를 갖게 된다.

이혼한 사람들은 처음에 아주 적극적으로 사회적 교제를 시도하지만 2년 후에는 점차 감소하는 경향을 보인다. 독신에 대한 환상이 점차 사라지면서 혼자인 것에 외로움을 해결하기 위해 새로운 사회적 네트워크를 형성하기 시작한다. 70~80%의 이혼자들이 2~5년 안에 다시 결혼을 하게 된다(Feldman, 1989).

우리나라도 유사한 형태를 보이는 것으로 나타났는데 통계청의 자료에 따르면, 2004년 남성의 재혼 건수는 5만 5000건, 여성은 6만 3600건이었다. 이는 1972년에 비해 각각 4.3배, 9배로 늘어난 것이다. 여성의 재혼건수가 상대적으로 급증하는 현상은 이혼이나 사별한 여성들의 재혼에 대한 인식이 적극적으로 변화된 것을 반영하는 것이라고 볼 수 있다(조선일보, 2005). 2004년 평균재혼연령은 여성 39.2세, 남성 43.8세로 남녀 모두 이혼과 재혼 연령이 높아지고 있다〈표 11-8 참조〉. 이혼 당시 평균 연령이 남자는 39세이며 여자는 35세임을 감안할 때, 이혼 초기에 재혼할 가능성이 가장 높다고 추측할 수 있다.

〈표 11-8〉 평균 재혼연령

	1994	1996	1998	2000	2002	2004
남자	39.7	40.2	41.6	42.1	42.2	43.8
여자	35.0	35.5	36.9	37.5	37.9	39.2

결혼 정보회사에서 재혼 희망 남녀를 대상으로 조사한 결과, 남성들은 헤어진 뒤 바로 재혼을 결심했고(21.1%), 여성들은 5년이 지난 뒤(22.1%)라는 의견이 가장 많았고, 그 다음으로 남성은 1년 후(17.8%), 여성은 3년 후와 헤어진 직후가 각각 19%로 공동 2위로 나타났다(조선일보, 2004).

그렇다면 왜 이처럼 이혼 후 재혼이 높은 비율로 나타나는가? 우선 자녀가 있는 경우, 자녀의 교육과 양육에는 부모가 모두 있는 것이 중요하다고 생각하기 때문이다. 또한 대부분의 생활이 부부중심으로 진행되기 때문에 독신자들은 사회적 활동으로부터 소외되었다고 느낀다. 마지막으로 이혼자들의 성적인 욕구와 관련된다.

재혼한 많은 사람들이 초혼보다 재혼이 더 행복하다고 보고하였다. 이는 결혼에 대한 환상이 없이 적절한 현실감을 갖고 결혼생활을 시작하고, 또한 서로가 초혼보다는 개인적으로 성숙한 상태로 만나기 때문에 자신의 감정을 통제할 수 있으며 타인의 입장을 이해함으로써 생활에 더 잘 적응하기 때문일 것이다.

그러나 재혼의 경우 초혼보다 실패할 가능성이 높다. 아이러니한 것은 자녀가 재혼의 이유이면서 동시에 재혼의 위험요인이 되기도 한다. 상대 자녀에 대한 적응과 자녀들 간의 갈등이 실패요인이 될 수 있다. 특히, 계모와 계부에 대한 부정적인 태도는 재혼한 부모들의 주요 고민거리 중 하나이다.

1) 계모와 계부

미국의 경우 이혼한 부모 중에서 약 75%가 재혼하는 것으로 알려졌다. 일반적으로 양육권이 90% 정도 어머니 쪽에 주어지기 때문에, 많은 아이들이 계부와 살 것으로 예측된다. 이에 비해 우리나라에서는 양육권이 아버지 쪽에 주어지는 경우가 많으므로 계모와 살아가는 경우가 많다. 이혼가정의 자녀들은 이혼 후에 편부모 밑에서 생활하는 데 적응한 후에 다시금 새로운 계부나 계모와 함께 사는 데 적응해야 한다.

TV 드라마나 동화, 소설 등의 가상적 세계에서 계모나 계부는 사악하고 잔인한 인물로서 아이들의 삶을 비참하게 만든다. 동화에서는 압도적으로 사악한 새엄마가 많이 등장한다. 백설공주 · 신데렐라 · 백조왕자 · 콩쥐의 새엄마 등이 대표적이다. 계부보다는 계모가 많이 등장하는 것은 가부장적인 사회에서 가족이 시작되는 곳은 아버지 쪽이기 때문이다.

동화나 소설이 어느 정도 접근이 제한적인 데 비해, 완전히 노출되어 모든 사람이 쉽게 접근하는 TV에서 보이는 계부와 계모의 모습은 더욱 소름끼친다. 물질적인 박탈이나 신체적 박해에 그치지 않고 성적 추행이나 성적 학대를 하기도 한다. 계부에 의해 성적 학대를 받는 어린 소녀의 사례는 애써 찾아보려고 노력 하지 않아도 쉽게 볼 수 있다. 다행히 우리나라 드라마에서는 쉽게 볼 수 있는 소재는 아니지만, 뉴스와 같은 정보전달 프로그램에서 보이는 모습은 가상세계가 아니라 실제 삶이라는 측면에서 더욱 충격적이다. 이처럼 계부나 계모에 대한 사회적 이미지는 아직도 부정적이다.

2) 재혼이 자녀에게 미치는 영향

이혼하고 다시 결혼하는 것이 증가하면서, 아이들은 부모의 새로운 결혼에 적응해야 하는 문제에 직면한다. 과거에는 혼자가 되어 사는 부모의 모습이 자연스러운 모습이었기 때문에, 재혼하는 부모의 모습은 낯설기만 했다. 따라서 계부모에 대해서 좋은 상(image)보다는 특별하고 낯선 모습이었고 이것은 때때로 다르고 이상하다는 이미지를 형성하였지만 최근에는 더 이상 이상해 보이지 않는다.

재혼한 사람들은 대부분 첫 번째 결혼보다 더 나은 이상적인 결혼을 기대한다. 그러나 재혼이 첫 결혼보다 더 복잡한 문제를 갖고 있어 현실적으로는 적응하기 더 어렵다. 서로 다른 환경을 가졌던 새로운 부모와 형제 간의 관계를 정립해야 하고, 자신의 부모에 대한 애착과 그에 따른 배신감을 느끼는 양가감정을 경험한다.

이렇게 새롭게 구성된 가족이 늘어나면서, 이들이 겪는 적응문제에 관심을 갖게 된다. 미국의 경우, 이전 결혼에서 얻은 자녀를 맡고 있는 여성과 결혼하는 남자(계부)로 구성된 가족(stepfather family)이 계부모가족의 70%에 달한다고 한다. 반대의 경우는 20%이고, 그 나머지의 소수는 양쪽 부모 모두가 자신의 자녀를 데리고 재혼한 경우이다. 또한 젊은 여자는 나이든 여자보다 더 많이 재혼하고, 자녀가 있는 여성보다는 아이가 없는 여성이 더 많이 재혼한다. 이혼한 남성은 돈이 많을수록 재혼할 가능성이 높지만, 여성의 경우에는 반대이다. 재혼 후의 만족정도는 초혼에서의 만족과 마찬가지로 시간이 지나면서 감소한다(Guisinger et al, 1989). 실제로 초혼과 재혼에서의 결혼만족도를 예측하는 요소들에는 차이가 거의 없다.

초혼인 부부들과 마찬가지로, 재혼한 부부들도 새로운 가족에 대해 비현실적인 기대를 갖고 있다. 그래서 재구성된 가족구성원에서의 가장 중요한 적응은 현실적인 기대를 발전시키는 것이다. 그런데 금전과 가족구조의 복잡성이 자주 결혼갈등을 유발한다.

재혼에서 문제가 되는 변인은 '경계애매성(boundary ambiguity)'이다. 경계애매성이란 누가 가족이고 아닌지가 불명확하고 누가 가족체계 내에서 어떤 과제에 책임이 있는지가 불확실하다는 것이다. 이런 경계의 불명확성은 가족체계에 스트레스를 증가시키고 아동의 문제행동을 유발한다. 9세 이상의 자녀가 있을 때 계부가 생기는 것은 그 이전 연령일 때보다 더 많은 문제를 유발하는 것으로 알려졌다(Hetherington, 1993).

계부모가족에서 아동의 적응력을 증진하기 위해 부모가 해야 할 일은 무엇인가? 권위적 환경은 독재적 환경, 허용적 환경, 그리고 혼란스럽고 무시하는 환경보다 아동에게 문제를 덜 유발하고 더 많은 것을 성취하게 된다. 한 부모만 권위적이거나 두 부모 모두 권위적이지 않은 이혼한 가정의 경우, 권위적인 학교환경은 아동의 적응을 증진한다. 반면, 혼란스럽고 무시하는 학교환경은 아동들에게 가장 부정적인 영향을 미친다.

재혼 이후, 거의 모든 연령의 자녀들에게서 문제행동이 다시 나타났다. 나이가 어릴수록 계부나 계모에게 애착을 형성하고 부모의 역할을 받아들였다. 특히 청소년 자녀는 계부모에게 적응하는 데 취약함을 보였다. 이들은 자신의 정체감을 찾고 자신의 가족 이외에서 성적이고 밀접한 관계를 추구하는 시기이므로, 비생물학적인 부모는 자신의 과제와 연합된 스트레스를 증가시키는 것으로 나타났다.

부모의 재혼으로 청소년기 소녀들은 정서적 혼란을 다시 경험하고 소년들의 문제행동이 더욱 강화되는 경향을 보였다. 시간이 지나면서 계부가 있는 청소년기의 소년들은 소녀들보다 더 좋아졌다. 양육을 맡은 어머니와 갈등적이고 강압적인 관계에 있었던 소년들은 따뜻하고 지지적인 계부가 생김으로써 훨씬 더 잘 적응하는 반면 양육을 맡은 엄마와 밀접한 관계를 맺고 독립적인 소녀들은 계부가 파괴적이고 강압적이라고 생각한다.

생물학적 부모들과 자녀와의 관계는 계부모와의 관계가 어떤지에 상관없이 계부모보다 더 긍정적이다. 재구성된 가족이 복잡하면 복잡할수록 아동의 적응은 더욱더 어려워진다. 예를 들면, 양쪽 부모 모두 자신의 자녀를 데리고 온 경우에 가장 높은 수준의 문제행동을 갖는다. 이혼과 마찬가지로, 새로운 가족을 구성하는 것은 아동과 청소년의 삶에서 스트레스이나 편부모가정의 문제를 해결하고 부가적인 자원을 제공해 보다 능력 있는 개인이 되게 한다.

이혼율과 재혼율의 증가는 새롭게 구성되는 가족에 대한 관심을 요구한다. 복잡한 가족구성원들 간의 상호작용, 구성원 각각의 개인적 요소들, 그에 따른 적응의 문제에 대한 다양한 연구가 이루어져야 할 것이다.

〈연구문제〉

1. 가장 절실한 이혼사유는 어떤 것들일까?
2. 이혼 후 재혼하고 싶은 이유는 어떤 것들일까?

제12장 | 가족의 문제

1. 가족 스트레스

1) 개념

가족은 정태적으로 존재하는 것이 아니라 가족주기에 따라 지속적으로 변모하며, 또한 끊임없이 외부 사회의 영향을 받는다. 사람들은 가족 속에서 태어나기도 하고 죽기도 하여 가족 구성원이 바뀐다. 시간이 흐르면서 생활방식이 변모하고, 가족 성원들 사이의 상호작용 방식도 바뀐다. 그리고 가족이 위치하고 있는 외부 환경과 사회도 변한다. 뿐만 아니라 가족의 구성원들은 제각기 불완전한 면모를 가지고 있으며, 가족제도 자체도 불완전한 면을 가지고 있다. 이렇게 가족을 구성하는 개인과 가족 자체의 근본적인 불완전성과 끊임없는 변화, 또 외부요인의 작용으로 가족에게는 늘 새로 해결해야 할 크고 작은 과제들이 발생한다. 가족 내·외부의 사건들이나 상황으로 인해 가족이 적응해야 하는 문제가 가족에게 상당한 부담을 주어 일어나는 긴장상태를 가족 스트레스라고 한다(여성한국사회연구회, 1995).

가족은 그 주기를 거치는 동안 수많은 과제들을 해결하고 크고 작은 어려움을 겪게 되지만 이 문제와 과제들의 많은 부분이 가족 성원들의 적응행동을 통해 극복되어진다. 그러나 닥쳐진 문제가 해당가족의 문제해결 역량을 넘어서는 경우에는 가족은 심각한 곤경이나 혼란 속에 처하게 되고, 그 결과 가족의 내부 체계에 근본적인 변화가 불가피하거나 가족의 존립 자체가 어려워지기도 한다. 이와 같이 가족이 통상적인 문제해결 역할을 넘어서는 문제에 직면하여 가족의 내부 구조나 관계의 심각한 재조정이 요구되는 상태를 가족위기라고 한다(여성한국사회연구회, 1995).

2) 스트레스 요인

가족 스트레스 요인은 매우 다양하다. 우선 가족 성원의 죽음을 들 수 있다. 가족 성원의 죽음은 남아있는 가족원에게 슬픔과 고독감뿐 아니라 분노와 죄책감 등의 정신적인 부담을 안겨다 줄 수 있으며, 신체적·정신적 발병 가능성을 높인다. 죽음이 아니더라도 일시적인 별거나 출타로 인한 가족 성원의 부재도 상당한 수준의 스트레스를 야기할 수 있다. 전업주부로 있던 어머니가 취업하게 되는 경우가 한 예로, 어머니의 취업은 가족 구성원의 역할 재조정과 가족관계의 변화가 유발되어 가족 스트레스의 원인이 될 수 있다.

가족 성원의 부재뿐만 아니라 합류도 스트레스의 원인이 될 수 있다. 출산이나 입양은 물론이고, 오래 분리되어 있던 가족원의 합류는 가족의 재조정을 필요로 한다. 예를 들어, 분가했던 자녀의 가족과 노부모가 합류하거나 직장관계로 떨어져 살던 부부가 합류하여 살게 되면 가족 내에 스트레스가 발생하기 쉽다.

만성질병이나 신체장애, 정신장애, 알코올중독, 범죄나 도박 등의 발생도 가족 내에 스트레스를 가져온다. 이러한 사건들은 문제를 일으킨 장본인에 대한 분노, 원망, 보호의식, 죄책감 등이 뒤섞인 양면감정을 비롯하여, 불안과 긴장, 사기저하와 우울 등의 정신적 고통을 수반하며, 가족성원들 간의 상호 비난과 갈등, 사회적 위축을 야기하기도 한다. 뿐만 아니라 이러한 사건들은 물질적·정신적 자원과 인력을 과다하게 요구하여 가족원의 스트레스를 배가시킨다.

실직·저임금·빈곤 등의 경제적 어려움도 스트레스 요인이다. 경제적 어려움에 처해 있을 때 이에 대응하는 방법으로 흔히 지출을 줄이거나 소유를 처분하게 되는데, 이는 사기저하와 사회적 위축 등을 가져와 스트레스를 유발시킨다. 빈곤 등의 경제적 어려움은 스트레스를 야기하는 요인이 될 뿐만 아니라 만성질병처럼 다른 스트레스 사건이 더하여지면 이에 대처할 수 있는 가족 역량을 소진시킨다.

우리가 위기를 말하면 부정적인 요소들만 생각하기 쉬운데 긍정적인 사건들도 그것이 가족을 흔들어놓는다면 위기가 될 수 있다. 장성한 자녀의 결혼은 긍정적이고 행복한 사건이다. 결혼한 자녀가 마지막 자녀라면 부부만 남게 된다. 이 변화가 부부에게 자연스럽게 온다면 위기는 없으나 부모가 흔들리고 적응하는 데 문제가 따르면 위기가 된다. 혼인, 취업, 부모됨, 자녀 분가 등처럼 사람들이 생애주기에 따라 통상적으로 경험하게 되는 긍정적 사건들도 스트레스 요인이 될 수 있다.

3) 가족 위기에 영향을 미치는 요소

스트레스 요인들이 항상 위기를 초래하는 것은 아니다. 스트레스요인은 개별 가족의 위기관리 능력에 따라 가족위기로 연결될 수도 있고, 그렇지 않을 수도 있다. 오랫동안 견고하게 유지되어 온 가족에게도 위기가 올 수 있다. 그러나 강한 가족은 약한 가족과 위기를 다루는 능력에서 차이가 난다. 강한 가족은 문제에 부딪치게 되면 문제를 풀기 위해 하나로 뭉쳐 시시비비를 가리는 데에 힘을 쏟지 않고 문제에 초점을 맞춘다. 강한 가족은 융통성 있게 대처하여 불가피한 변화의 폭풍우를 잠재운다. 비 온 후에 땅이 굳듯이 강한 가족에게 위기는 재앙이기보다는 전환점이다. 반대로 약한 가족은 빈약한 관계에서 오는 매일의 스트레스에 의해 소진되고 탈진해 있다가 새로운 문제가 더해지면 스트레스는 곧 위기가 되어 버릴 가능성이 높다(Cox, 1999).

Hill(1949)은 스트레스가 위기가 되느냐 그렇지 않느냐는 스트레스 요인 또는 사건의 성격, 가족의 자원이나 스트레스를 견뎌낼 수 있는 역량에 영향을 받는다.

(1) 가족 스트레스 요인의 유형

① 규범적 스트레스 요인과 비규범적 스트레스 요인

규범적 스트레스 요인은 가족주기에 따라 대부분의 가족이 일정한 시기에 이르러 겪게 되는 사건들을 말하며, 비규범적 스트레스는 가족주기와 관계없이 급작스럽고 예기치 않게 발생하는 사건들을 말한다. 혼인, 부모됨, 자녀의 취학이나 입시, 조부모가 됨, 부모의 사망, 정년퇴직, 배우자의 사망 등을 규범적 스트레스에 해당되고, 가족 성원의 때 이른 사망, 사고와 질병, 유산, 파산, 이혼, 실직 등은 비규범적 스트레스의 예이다.

규범적 스트레스는 가족 내에 상당한 긴장을 야기할 수 있지만, 대부분의 가족들이 일반적으로 경험하는 일들이고, 그 발생 시기와 경험 내용이 대체로 예측 가능하여 어느 정도 준비가 이루어질 수 있는 일들이기 때문에 비규범적 스트레스 요인에 비해 극복되기가 쉬우며, 가족위기를 초래할 가능성도 상대적으로 낮다.

② 외부적 요인과 내부적 요인

스트레스 사건이 재해나 불경기, 전쟁 등과 같이 가족 밖에서 일어난 경우를 외부적 요인이라고 하고, 가족 성원의 속성이나 성원들 간의 관계 등의 가족 내적인 요인에 의한 스트레스를 내부적 요인이라고 한다. 대체로 외부적 스트레스원은 가족 응집력을 강화시키는 경향이 있고 내부적 스트레스원은 가족원이 서로 비난하기 때문에 가족을 분열시키거나 붕괴시키는 경향이 있다.

③ 일시적 요인과 만성적 요인

일시적인 요인은 단기적 또는 일회적 요인에 의한 스트레스를 말하는 반면, 만성적 요인은 스트레스가 오래 지속되게 하는 요인을 말한다. 만성 질병, 질병이나 사고로 인한 영구적 장애 등이 만성적 요인이라면, 간단한 수술로 인한 활동장애는 일시적 요인이다. 만성적 요인은 일시적 요인보다 극복이 어렵고 가족위기를 초래할 가능성도 더 높다.

④ 의도적 요인과 비의도적 요인

의도적 요인은 가족 또는 가족 성원에 의해 발생되는 사건으로 계획된 출산, 원해서 이루어진 이혼 등이 이에 속하고, 비의도적 요인은 그 사건의 발생이 가족의 통제 밖에서 이루어진 경우로 실직이나 도난이 그 예이다. 일반적으로 의도적 요인에 의한 사건은 가족원의 의도에 따라 발생한 것이기 때문에 미리 예측할 수가 있고 그렇기 때문에 비의도적 요인보다는 대응하거나 통제하기가 상대적으로 쉽다.

⑤ 스트레스 요인의 누적

가족 스트레스는 하나의 사건에 의해 야기되기보다는 여러 개의 요인들이 누적되어 발생하는 경우가 많다. 여러 개의 요인이 누적되어 발생된 스트레스는 그 중첩 효과에 의해 가족 스트레스의 수준이 높아지고 가족위기를 초래할 가능성을 증가시킨다.

(2) 상황의 정의

가족 스트레스를 야기한 사건을 가족 성원들이 어떻게 정의하며 인지하는지에 따라 스트레스가 위기를 불러오는 정도가 달라진다. 어떤 사실의 실재 여부와는 상관없이 어떠한 상황이 실재한다고 규정하면 그 상황은 실재하는 효과를 갖는다. 그렇기 때문에 가족이 어떤 문제를 위기로 규정하면, 그 문제가 실제로 위기를 가져올 정도의 것인가는 상관없이 위기의 성격을 갖게 된다. 극단적으로 스트레스를 야기할 만한 사건이라도 이를 스트레스 요인으로 규정하지 않으면 가족에게는 아무런 압력이 되지 않을 수 있다.

그러나 스트레스 상황을 심각하게 또는 위기로 인식하지 않는 것이 스트레스 극복에 유리하다는 견해에 대해서는 반대의 주장도 있다. 상황의 심각성을 부인하는 것은 정신적인 충격을 줄이고, 상황에 압도되지 않고 사태를 수습해 나갈 수 있는 의지와 시간을 정비할 수 있어서 스트레스 극복에 기능적인 측면이 있지만, 이 같은 효과는 일시적이라는 것이다. 스트레스의 궁극적인 극복은 상황을 인정하는 것으로부터 출발하며, 그래서 장기적으로는 상황의 심각성을 부인하는 것은 문제해결에 해로울 수 있다는 설명이다.

(3) 가족의 스트레스 대응 역량

동일한 스트레스에 직면했다고 할지라도 개별 가족은 문제를 해결할 수 있는 역량면에서 차이가 난다. 가족의 스트레스 대응능력에 영향을 주는 요소에는 크게 세 가지 있다(여성한국사회연구회, 1995).

① 가족의 지원

가족이 보유한 자원들, 예를 들면 교육수준, 지적 능력, 건강, 의사소통 능력, 기타 사회적인 기술이나 경제력 등은 스트레스의 극복에 영향을 준다.

② 가족의 구조적 견실성

가족의 결속력과 적응력의 정도는 스트레스 상황의 극복에 중요하게 영향을 미친다. 가족의 결속력은 성원 간 기대의 공유, 공동 목표, 친밀성과 유대감, 만족감 등으로 표출되고, 적응력은 가족역할체계의 유연성, 세력과 권위의 공유, 이에 따른 가족 성원들의 자율성 등으로 나타난다.

③ 사회적 지원

사회적 지원은 친척, 친구, 이웃, 사회적 봉사기관, 자조그룹 등의 사회적 관계망으로부터 정서적·경제적·도구적 지원을 받는 것을 말한다. 협조적인 사회적 유대가 많은 가족일수록 스트레스나 위기 극복의 가능성이 높아진다.

2. 이기적 가족중심주의

한국 사회를 설명할 수 있는 특성 중의 하나가 가족중심주의이다. 1960년대 이래의 급격한 산업화의 영향으로 그 정도가 약해지기는 했지만, 한국은 여전히 가족이 생활에 핵심을 차지하는 가족중심적 사회이다. 우리나라의 부모들은 자신보다는 자식의 앞날을 더 중하게 생각한다. 이렇게 자신의 역할이나 정체감을 가족과 관련시켜 파악하는 경향은 한국 사회에 아직도 남아있다.

역사적으로 볼 때 가족중심주의는 조선시대 중기 이후 유교의 영향을 받아 형성되었다. 이 가족중심주의적 가치관은 전통 한국인에게 세계관의 기초였다. 조상-나-후손의 연결고리를 통하여 개인의 한시적 생명이 영원으로 확대되고, 가족은 개인의 삶이 개인적 의미를 넘어 우주적 차원에서 의미를 갖게 하며, 개인들의 삶과 노동을 가치 있는 것으로 느끼게 해 주는 기제였다.

그러나 가족중심주의는 산업화 과정 속에서 바뀌었다. 대체로 산업화가 진행되면 핵가족으로서의 경계가 뚜렷해지고 가정은 산업화로 인해 주변부로 밀려난 인간적 욕구를 채워 주는 정서적 장소가 되었다 (Stone, 1977). 한국 가족에서도 핵가족의 경계가 뚜렷해지고 가족원의 정서적 만족이 중요한 기능으로 떠올랐다. 이 같은 변화는 가족이 과거의 공적 성격을 상실하고 사적 단위가 되어 감을 의미한다. 이제 가족은 개인에게 우주적 의미를 갖게 해 주는 단위가 아니라 현재의 가족

성원의 행복을 위한 개인적 단위가 된 것이다.

그러나 산업화가 한국 가족에 가져온 변화가 서구의 변화와 항상 같았던 것만은 아니었다. 서구 사회의 경우, 산업화에 따른 가족의 변화는 개인주의의 확산과 함께 진행되었다(Zaretsky, 1983). 산업화로 인해 가족은 주변의 공동체나 친족으로부터 분화되어 나왔는데, 이러한 가족의 분화는 개인의 분화로 곧 연결되었다. 가족이 독립적이 되면서, 개인도 독립적이 되어 개인이 삶의 중심을 차지하는 새로운 형태의 인생행로가 등장한 것이다.

그러나 한국의 가족변화는 그렇지 못했다. 친족이나 공동체로부터의 가족의 분화는 어느 정도 진행이 되었으나 그 같은 분화가 개인의 분화로 이어지지 못했다. 이는 한국의 산업화가 서구의 근대화와 달리 위로부터 그리고 급속하게 진행되었다는 사실로부터 기인한다. 1960년대 이래의 한국의 산업화는 '선성장 후분배'의 구호 아래서 추진되었고, 그 결과 많은 불확실성과 비합리성을 수반하였다. 이러한 구조적인 불확실성 속에서 확실하게 개인의 생존과 번영을 보장해 줄 수 있는 것이 가족이었다(장경섭, 1994). 그리하여 산업화에도 불구하고 집단으로서의 가족의 중요성은 유지되었고, 가족을 개인보다 중요하게 생각하는 전통적 가족중심주의가 계속 살아남았다. 그러나 살아남은 가족중심주의는 그것이 원래 가지고 있었던 공동체적·초개인적 성격을 상실하고 대단히 이기주의적인 형태로 변용되어 가족생활을 왜곡시켰다.

현대 한국사회에서 이기적 가족중심주의는 도처에서 발견된다. 토지투기, 과잉혼수, 성적 조작과 부정입학을 위한 뇌물수수 등이 대표적 예이다. 이 모두 다른 사람의 가족에 대해서는 관심을 보이지 않은 채 오로지 자기 가족만의 생존과 번영에만 초점을 맞추는 이기적 행태임에도 불구하고 가족 사랑이라는 이름으로 미화되어 도덕적 자책감 없이 자행되어 왔다.

이기적 가족중심주의는 한국가정의 자녀교육에도 영향을 미쳤다. 한국 사회에서 고학력과 학벌이 성공의 발판이 됨으로써 자녀들의 성적은 한국 가정의 제일 관심사였다. 자연히 가족의 자원과 노력이 자녀의 성적 향상과 대학 입시에 부어졌다. 가족의 제일 관심사는 자녀의 성적이 되었고 자녀의 인성교육은 뒷전으로 밀려났다. 자녀의 성공이 곧 가족의 성공이며, 그러한 자녀의 성공이 성적에 달려있는 상황에서 가정 안에서 인간교육은 쉽게 실종되어 왔다.

입시와는 거리가 있는 어린 자녀를 둔 가정에서는 자녀를 기죽지 않게 키우는 것에 신경을 쓴다. 아이들의 기를 살린다는 것은 주눅 들지 않고 자신감 있고 활달한 성품을 키운다는 긍정적 의미도 있으나 그보다는 경쟁에 치열한 사회에서 자신의 자녀가 살아남도록 남을 이기고 군림하는 기질을 키운다는 의미가 강하다. 그래서 어린 자녀가 식당이나 예식장 등 공공장소에서 마구 뛰어다녀 남에게 방해가 되어도 부모는 그것을 방치한다. 남에게 폐를 끼치는 것의 여부보다는 내 자식이 기죽지 않고 자라는 것이 더 중요하기 때문이다. 관심은 오로지 내 자식에게만 있다. 내 자식이 잘되는 것에만 집중하다 보니 내 자식의 규범 준수나 남의 자식의 복지에는 미쳐 관심이 가지 않는다.

한국가족의 가족관계도 이기적 가족중심주의 영향을 받아왔다. 산업화의 과정 속에서 생산이 가정 밖으로 이전됨에 따라 한국의 중산층 가정에서는 남편은 가정 바깥에서 산업역군으로 뛰었고, 아내는 가정에서 가정을 관리했다. 남편이 일터에서 가족을 위해 힘들게 일하는 동안 아내도 가정에서 가족을 위해 힘들게 일했다. 아내들은 돈을 아껴 적금을 붓고 아파트 평수를 늘리기 위해 재테크를 하는 등 가정과 비공식 영역에서 부지런히 경제활동을 했고 자식의 출세를 위해 치맛바람을 일으켰다(조혜정, 1998). 남편이 일터에서 많은 시간을 바칠수록 아내의 가정 내 권한은 강해졌고, 종래에는 한국의 중산층 가정이 남자가 지배하는 사회와 여자가 지배하는 가정으로 양분되었다.

고도의 경제성장 과정에서 많은 남자들은 가족의 부양자로서 상당한 대우를 받았지만 동시에 돈 버는 기계로 전락하여 가장 심하게 가정

안에서 도구화되고 소외된 존재로 가정 안에서 아버지의 자리는 없어져 갔다. 아버지들은 아이들과 관계를 잘 맺지 못했을 뿐만 아니라 아내와의 관계도 잘 맺지 못했다.

가정 안에서 어머니들은 좋은 성적과 대학입시를 위해 자녀를 도구화시키는 데 앞장섰고 자녀는 가족이라는 사적 이익 결사체의 신분재생산을 위해 공부하는 기계가 되어야 했다. 그 과정에서 문화적인 차원의 부모역할은 급격하게 줄어든 대신 물질 제공자로서의 역할만이 남게 되었으며, 부모의 권위 역시 그들이 제공하는 물질적 권력에 직접 비례하는 상황이 초래되었다. 남편이 오로지 가정 밖의 일에만 몰두하는 것이나 아내가 가정 안팎의 비공식 영역에서 열심히 뛰는 것 모두가 가족을 위해서 하는 일들이지만, 그 결과 왜곡된 가족관계로 나타나고 있다.

한국 사회에서는 산업화에 따른 가족의 변화가 개인의 분화와 더불어 진행된 것이라기보다는 가족을 담보로 하여 진행된 것이어서 전통사회에서 보였던 집단으로서의 가족의 중요성이 계속 유지되었다. 집단으로서의 가족의 중요성이 개인의 생존을 위한 보루로 사용됨으로써 현대 한국 사회에서의 가족 중심주의는 이기적 속성을 강하게 나타내고 있다. 그 결과 한국 가족은 윤리와 도덕을 제시하지 못하고 있을 뿐만 아니라 가족규범의 무규범 상태마저 보이고 있다.

3. 가족 내 성적 불평등

한국 가족은 전통적으로 부계 중심의 가족이었고, 남성 중심으로 서열이 구조화됨으로써 본질적으로 불평등할 수밖에 없었으나 산업화되면서 이러한 부계적 성향은 많이 변했다. 부부관계의 경우, 젊은 세대의 부부일수록 권위적이기보다는 동반자적 부부관계를 이루는 경향이 있고 과거의 가부장제적 부부관계에 있었던 노인 부부관계에서도 가부장적 관계가 상당히 허물어지고 평등해지는 쪽으로 변하고 있다(여성한국사회연구회, 1995).

그러나 이러한 변화에도 불구하고 한국의 가족 내 불평등은 여전히 곳곳에 남아있다. 심하게 기울어지던 불평등은 약화되었으나, 아직도 남편이 지배하는 가부장적 양상을 보이고 있다. 친족관계에서의 양계적 관계가 증가하고 있기는 하지만, 우선권과 대표성은 여전히 부계친족 쪽에 있다(한국가족관계학회, 1996). 부부간의 권력의 차이도 감소하고 있기는 하지만 남편 주도형에서 벗어나지 못하고 있다. 평등부부에 대한 조사에 의하면, 평등부부의 가장 중요한 기준으로 의사결정면에의 평등을 꼽았지만 응답자의 83.1%가 가정 내의 주요문제에 관한 의사결정권자는 대체로 남편으로 응답하여 불평등한 부부가 대다수임을 보여주고 있다. 부인의 취업에는 찬성하면서 가사노동의 공동 수행이 낮은 것도 가족관계의 불평등성을 예시해 준다. 기혼여성의 취업이 늘어나면서 가사노동과 자녀양육에도 변화가 나타나 남편의 참여가 예전보다는 늘고 있으나 낮은 선에 머물러있다.

이제 여성들은 이러한 가족 내 불평등을 더 이상 감수하려고 하지 않는다. 여성이 제기하는 이혼이 늘고 있는 현상이나 황혼 이혼의 증가는 그러한 경향을 잘 나타내 주고 있다. 불평등한 가정생활은 그 자체로서 여성에게 부담이 될 뿐만 아니라 여성의 자아실현을 가로막는 장애물로 인식된다. 가족 내 불평등이 종식되지 않으면 여성에게 가족은 부담이 되고, 그러한 부담은 개인의 성장과 실현을 중시하는 오늘날의 사회에서 여성이 가족을 떠나는 한 원인이 될 수 있다.

4. 가정폭력

1) 가정폭력의 개념

가정폭력 방지 및 피해자 보호에 관한 법률에 의하면 가정폭력은 가족 구성원 사이의 신체적·정신적·또는 재산상의 피해를 수반하는 행위를 말한다. 여기에서 가족 구성원이란 배우자 또는 배우자 관계에 있었던 자, 자기 또는 배우자와 직계 존비속관계에 있거나 있었던 자, 계부모와 자의 관계 또는 적자와 서자의 관계에 있거나 있었던 자, 동거하는 친족관계에 있는 자로 규정하여, 가정폭력이란 남편의 아내에 대한 폭력, 부모의 자녀에 대한 폭력, 자녀의 부모에 대한 폭력, 형제간의 폭력, 아내의 남편에 대한 폭력 등 가족 간의 모든 폭력을 가리키고 있음을 알 수 있다.

폭력과 유사한 개념으로 학대가 있는데, 폭력은 신체적으로 다른 사람을 공격하는 행위를 강조하는 데 비해, 학대는 신체적 공격을 포함하여 해를 입힐 수 있는 모든 부당한 행위를 포함한다. 그러나 학대와 폭력 모두가 한편이 다른 한편에 대한 의도적 공격을 의미하기 때문에 이 두 개념은 서로 구별되지 않고 상호 교환적으로 사용되기도 한다.

이 장에서는 다양한 가정폭력의 유형 중 가장 대표적 폭력 형태인 남편의 아내에 대한 폭력, 즉 아내 구타에 초점을 맞추고자 한다.

2) 아내 구타의 실태

한국 사회에서의 아내 구타의 현실은 연구에 따라 통계가 다르게 나타나고 있다. 결혼 후 남편에게서 한 번이라도 구타당한 경험이 있는 여성의 비율은 45.8%, 아내에게 폭력을 행사한 적이 있다고 응답한 사람은 50.5%로 나타났다(형사정책연구원, 1992). 한국 사회에서의 아내 구타는 반복적·주기적인 경우가 적지 않다. 한국 여성의 전화가 운영하는 쉼터를 이용한 여성 중에서 주 1~2회 이상 구타당하는 비율이 42%에 달하고 있으며 15.4%의 여성은 매일 맞고 있었다. 폭력을 행사하는 남편의 사회인구학적 특성은 없는 것으로 나타났다. 즉 학력의 높고 낮음이나 직업의 종류, 도시나 농어촌의 주거지를 막론하고 남성의 부인에 대한 폭력행위는 고르게 분포되어 있다.

3) 아내 구타의 원인

아내 구타의 발생에 대한 이론은 다양하나 지금까지 밝혀진 이론들을 종합하여 볼 때 사회학습이론, 체계이론, 가부장제 이론이 있다.

(1) 사회학습이론

Gelles(1993)는 폭력가정과 비폭력가정을 연구한 결과 아내 구타는 성장시 학습된 결과이며 가정은 폭력에 대한 규범·가치·책략·기술 등을 학습하는 훈련의 장이라고 본다. 아내 구타가 일어나는 가족을 살펴보면 주로 부모간의 폭력이 있었는지 혹은 자신이 아동학대의 피해자인 경우가 많다는 사실에서 알 수 있듯이 아내 구타의 피해자 및 가해자의 행위는 대부분 자란 가정환경에서 학습된 것이다.

사회학습이론은 개인의 행동 유형은 타인에 의해 자주 강화됨으로써 형성된다는 가정에 근거한다. 즉 자신들이 상호작용을 하는 사람들에 의해 강화 받음으로써 일탈적이거나 비일탈적 행동을 학습하게 된다고 본다.

(2) 체계이론

체계이론을 아내 구타에 처음으로 적용시킨 Strauss(1980)에 의하면 폭력은 사회적 또는 심리적 병리현상의 결과가 아니라 체계의 산물이며, 폭력은 하나의 원인만이 아니라 여러 변수와 원인들이 관계되는 다차원적이며 다변인적 현상이다. 가족은 목표를 추구하는 하나의 세계이며, 그 체계 내에는 폭력의 선행 변인, 폭력을 촉진하는 변인, 결과 변인이 있으며, 가정폭력은 이러한 변인들이 상호 작용하여 나타난 결과이다. 선행변인으로 가족 구성원의 성격, 사회구조, 가족조직 및 상호작용을, 결과변인으로는 폭력이 가족 구성원 및 사회 전체에게 미치는 결과가 있다. 촉진 변인으로는 가족의 좌절적 상태와 긴장적 상태 및 그러한 가족문제 등이 포함된다.

(3) 가부장제 이론

가부장제 이론에서 아내 구타는 남편이 아내를 통제하거나 지배하고자 하는 시도의 결과이다. 아내에 대한 남편의 권위를 세우기 위한 방편으로, 또는 남편의 권위가 존재한다는 것을 보여주기 위한 하나의 수단으로 폭력이 사용된다고 본다(Dobash & Dobash, 1979). 폭력은 남편에게 순종하지 않는 아내에게 자신의 위치가 어디인가를 확실히 가르쳐 주기 위한 방법이며, 남성의 여성에 대한 지배의 확인이다.

가부장제 이론은 아내 구타의 원인을 개인에게서나 가족에서 찾지 않고 사회구조에서 찾는다. 경제적·사회적 규범이 가부장적 사회질서와 가족구조를 직·간접적으로 지지해 준다고 보고 가부장제가 법과 관습을 통하여 남녀 간의 권력의 차이를 지지하면서 아내들에 대한 폭력을 유발시키고 있다고 본다.

〈연구문제〉

1. 가장 기억에 남는 가족 스트레스는 어떤 것이 있는가?
2. 가정폭력은 어디까지 허용할 수 있는가?

참고문헌

고정자(1998). 맞벌이 부부의 직업관련변수가 결혼만족도와 삶의 질에 미치는 영향. 대한가정 학회지, 36(4), 163-178.

고정자(1999). 오늘날의 결혼과 가족. 형설출판사.

공세권 외(1993). 가족의 변화와 가족정책. 한국인구보건연구원.

권석만(2004). 젊은이를 위한 인간관계의 심리학. 서울 : 학지사.

김광일(1988). 아내 구타의 허상과 실상. 김광일 편저, 가정폭력-그 실상과 대책. 서울 : 탐구당.

김미란(1985). 아버지의 역할수행에 대한 관련요인 연구. 성신여대 석사논문.

김승권 외(2000). 한국가족의 변화와 대응방안. 한국보건사회연구원.

김애순 · 윤진(1997). 청년기 갈등과 자기이해. 서울 : 중앙적성출판사.

김양희, 이형실(1997). 결혼과 가족. 서울 : 중앙대학교 출판부.

김영희(1988). 한국형 성역할 검사 개발연구. 아세아 여성연구, 27, 197-207.

김원홍 외(1999). 오늘의 여성학. 서울 : 건국대학교 출판부.

김재은(1974). 한국가족의 심리. 서울 : 이화여자대학교 출판부.

김정옥 외(1997). 결혼과 가족. 서울 : 학지사.

김정옥(1993). 이혼과 가족문제. 한국가족학 연구회 편. 서울 : 도서출판 하우.

김태현(1996). 노년학. 교문사.

김혜원(1997). 취업주부와 전업주부의 심리적 안녕 : 사회구조적 변인, 성역할 태도, 역할의 질을 중심으로. 한국심리학회지 : 사회 및 성격, 11(2), 111-127.

달라이라마 지음, 공경희 옮김(2000). 마음을 비우면 세상이 보인다. 서울 : 문이당.

리처드 칼슨 지음, 공경희 옮김(1998). 가족의 사소한 일은 초연하라. 서울 : 국일미디어.

박문학(1989). 아버지의 성역할 정체감과 자녀양육 참여도와의 관계. 동국대 석사논문.

박민자(1992). 한국 대학생들의 데이트 과정에 나타난 남녀의 차이. 가족과 문화, 제12집 1호, 53-66.

박충선(1991). 맞벌이가족의 출현배경 및 형성과정. 현대사회와 가족문제. 서울특별시 한국가족학연구회 세미나.

변화순 외(1995). 부성계발에 관한 연구 : 청소년 자녀를 둔 가족을 중심으로. 한국여성개발원.

변화순 외(2000). 최근 가족해체 실태 및 복지대책. 한국여성개발원.

성화경(1997). 건전 혼례모델을 위한 제안. 한국가정생활개선진흥외 제2회 심포지엄, 79-83.

솔 고든, 채선역 역(1994). 사랑의 환상 결혼의 딜레마. 서울 : 예은.

송정아 외(1998). 가족생활교육론. 교문사.

송찬호(1990). 불임증 처치의 최근 추세. 대한의학협회지, 제33권. 1호.

스턴버그, 로버트 외 지음, 고선주 외 편역(1993). 사랑의 심리학. 서울 : 하우.

스티븐 코비 지음, 김경섭 옮김(1998). 성공하는 가족의 일곱 가지 습관. 서울 : 김영사.

싸필리어스-롸스차일드 지음, 임정희 옮김(1995). 사랑, 성, 그리고 성역할. 부산 : 춘해간호전문대학 출판부.

아이린 프리츠 저. 최외선 역(1985). 여성과 성역할. . 대구 : 영남대학교 출판부.

앤더슨, 마가렛 L. 저, 이동원 · 김미숙 공역(1987). 성의 사회학. 서울 : 이대출판사.

앨런 피즈 · 바바라 피즈 지음, 이종인 옮김(2000). 말을 듣지 않는 남자, 지도를 읽지 못하는 여자. 서울 : 가야넷.

양장애(1999). 아버지 역할수행에 관한 탐색적 연구 Ⅰ : 아버지의 역할참여와 아동의 성역할 지향. 한국아동학회지, 20(1).

에릭 프롬 지음, 황문수 역(1975). 사랑의 기술. 서울 : 문예출판사.

여성을 위한 모임(1994). 일곱 가지 남성 콤플렉스. 서울 : 현암사.

여성한국사회연구회 편(1995). 가족과 한국사회. 서울 : 경문사.

연규월(1984). 부부간 성적갈등의 잠재성에 관한 연구. 이화여자대학교 박사학위 논문.

염태정(1997).

오애재 · 이미숙(1995). TV어린이 프로그램에 나타난 성차별주의. 또 하나의 문화, Ⅰ, 93-101.

옥선화 외(2000). 결혼과 가족. 하우.

옥선화 · 정민자(1993). 결혼과 가족. 서울 : 하우.

위리엄 페즐러 : 엘레노어 필드 저. 박상창 옮김(1991). 착한 여자 콤플렉스. 서울 : 문학사상사.

유영주 외(1996). 가족관계학. 서울 : 경희대학교 출판부.

유영주 외(2002). 현대결혼과 가족. 서울 : 하우.

유영주(1988). 신가족관계학. 서울 : 교문사.

유영주(2001). 가족학의 발전전략. 한국가족관계학회 추계학술발표대회 자료집.

윤가현(1998). 청소년 세대의 성문제와 성윤리. 현대사회와 성윤리. 서울 : 아산사회복지사업재단.

윤가현(2001). 문화 속의 성. 서울 : 학민사.

윤경자(1997). 성역할 태도가 부부의 결혼적응에 미치는 영향. 한국가정관리학회지, 15(4), 221-233.

윤진 외(1989). 성역할 고정관념과 남성의 스트레스와의 관계. 한국심리학회지 : 사회, 4(2), 70-83.

이경자(1990). 매스커뮤니케이션의 성차별. 연세대 여학생처 엮음. 남녀평등과 인간화. 서울 : 연대 출판부.

이미숙(2000). 부인의 취업상태에 따른 부부의 성역할 태도와 부인의 가정성이 부부의 결혼만족도에 미치는 영향. 한국가정관리학회지, 18(4).

이영자(2000). 소비자본주의 사회의 여성과 남성. 서울 : 나남출판사.

이옥임 · 이옥주(1983). 가족관계학. 서울 : 수학사.

이윤지(1994). 부부간 우애성에 대한 기대와 이사소통에 관한 연구. 이화여자대학교 석사학위 논문.

이은아 · 정혜정(2000). 가정환경 변인에 따른 청소년의 심리적 부적응. 한국가족복지학회지, 5(2), 69-86.

이정우 외(2003). 현대 결혼과 가족문화. 서울 : 숙명여대출판부.

이진숙(2002). 청소년 자녀가 지각한 부모의 부부관계 및 부모에 대한 애착이 학교적응에 미치는 영향. 전북대 석사논문.

이춘아(1980). 아동문학에 나타난 남녀 역할에 관한 연구. 고려대 석사논문.

이행옥(1988). 부모의 성역할 정체감과 아버지의 자녀양육참여도. 이화여대 석사논문.

이현송(1997). 배우자 선택과정의 변화와 결정요인. 가족학 논집, 제9집, 3-28.

이혜성(1989). 한국인의 여성에 대한 태도 연구. 이화여대 한국여성연구소 편. 여성학 영역별 연구. 서울 : 이대 출판부.

이희숙(1984). 부모의 성역할 유형과 자녀양육에서의 역할 및 수행도와의 관계. 이화여대 석사논문.

임정빈 · 정혜정(1997). 성역할과 여성. 서울 : 학지사.

장경섭(1992). 핵가족의 이데올로기와 복지국가-가족부양의 정치경제학, 경제와 사회 제15호.

장경섭(1994). 한국 가족의 이념과 실제. 철학과 현실, 22호 가을, 51-75.

장현섭(1995). 가족과 미래. 여성한국사연구회 편, 가족과 한국사회 제1판. 경문사.

전창선 · 어윤형(1994). 음양이 뭐지? 서울 : 세기.

정해숙(1995). 유아교육기관에서의 성역할 교수 · 학습과정 분석. 여성연구, 47, 39-64.

정현숙 외(1998). 결혼학 개론. 서울 : 상명대학교 출판부.

정현숙 · 유계숙(2001). 가족관계. 서울 : 학지사

조미환(1996). 기혼남녀의 가사노동 참여. 한양대 박사논문.

조해정(1998). 성찰적 근대성과 페미니즘. 서울 : 또 하나의 문화.

조형(1988). 남성지배문화의 극복과 인간다운 삶. 지배문화 남성문화-또하나의 문화, 4. 서울 : 청하.

존 그레이 지음, 김경숙 옮김(1995). 화성에서 온 남자, 금성에서 온 여자. 서울 : 친구미디어.

존 그레이 지음, 김경숙 옮김(1995). 화성남자 금성여자의 결혼 지키기. 서울 : 친구미디어.

존 그레이 지음, 김경숙 옮김(1995). 화성남자 금성여자의 침실 지키기. 서울 : 친구미디어.

주은희(1996). 만화를 통한 아동의 삶 읽기. 연세대 여성연구소. 연세여성연구, 2, 176-200.

채규만 외(1997). 부부가 함께 말하기와 듣기. 한국가족상담교육연구소.

최규련(1993) 맞벌이 부부의 결혼만족도와 우울증에 관한 연구. 대한가정학회지 31(1), 61-84.

최규련(1994). 부부의 성역할 태도와 결혼만족도에 관한 연구(1). 대한가정학회지, 제22권 2호, 91-102.

최신덕(1979). 결혼과 가족. 서울 : 이화여자대학교 출판부.

최재성 · 강성혜(1995). 학교교육 현장에 나타난 성차별주의. 또 하나의 문화, Ⅰ, 77-92

카프라, F 지음, 이성법 · 구윤서 옮김(1985). 새로운 과학과 문명의 전환. 서울 : 범양사출판부.

칼릴 지브란 지음, 강은교 역(1975). 예언자. 서울 : 문예출판사.

코쿠부 야스타카 지음, 최광선 편역(1993). 재미있는 결혼심리. 서울 : 기린원.

통계청(2001). 2000년 혼인 · 이혼통계

통계청(2001). 한국의 사회지표

통계청, 인구동태통계연보(혼인, 이혼 편) 각 년도

한경혜(1995). 어떠한 부부가 평등한 부부인가? 정무제2장관실. 평등한 부부에 대한 의견조사.

한경혜(1995). 한국이혼 부부의 적응과 관련변인에 관한 실증적 연구. 한국가족학연구회 편. 이혼과 가족문제, 79-104. 서울 : 하우.

한국가족관계학회(1996). 한국 가족의 현재와 미래. 서울 : 하우.

한국가족연구회(1995). 맞벌이가정의 가족문제. 서울 : 도서출판 하우.

한국언론연구원(1995). 신문과 방송, 11월호.

한국여성개발원(1992). 평등한 부부. 서울 : 저자.

한국여성개발원(1997). 여성의 취업실태조사.

함인희(2001). 사회변화와 가족, 여성한국사연구회 편. 가족과 한국사회 개정판. 경문사.

Ainsworth, M.(1978). *Patterns of attachment : A psychological study of the strange situation*. Hillsdale, NJ : Erlbaum.

Altman, L. K.(1993), New caution, and some reassurance on vasectomy, *The New Times*, p. A 13.

Barber, K. M., & Allen, K, R.(1992). *Women and families : Feminist reconstructions*. New York : Guilford.

Bee, H. (1992). *The developing child*(6th ed). New York : HarperCollins.

Bem, D. J.(1972). Self-perception theory. In L. Berkowitz(Ed), Advances in experimental social psychology(Vol. 6). New York : Academic Press.

Bem, S. L.(1974). The measurement of psychological androgyny. *Journal of Consulting and Clinical Psychology*, 42, 155-162.

Bem, S. L.(1975). Sex role adaptability : One consequence of psychological androgyny. *Journal of Personality and Social Psychology*, 31, 634-643.

Berger, L. (2002). After long hiatus, new contraceptives emerge. *The New York Times*. p. WKS3.

Bigner, J. J. (1985). *Parent-child relations : An introduction to parenting*(2nd ed). New York : MacMillan.

Bowen, G. L.,& Orthner, D. K.(1983). Sex-role congruency and marital quality. *Journal of Marriage and the Family*, 45. 223-230.

Bowman, H. A., & Spanier, G. B. (1978). *Modern Marriage*. N. Y. McGraw Hill Book Company.

Brasel. J. (1974). Cellular changes in intrauterine malnutrition. In M. Winick (Ed). *Nutrition and fetal development*. New York : Wilesy.

Byer & Shainberg (1994). *Dimenstions of Human Sexuality* (4th ed.) Madison, Wisconsin : Brown & Benchmark.

Caplan, P., & Hall-McCorquodale, I.(1985). Mother-blaming in major clinical jourals. *American journal of Orthopsychiatry*, 55, 345-353.

Carter, E. A & McGoldrick, M. (Eds.)(1980). The Family Life Cycle : A Framework for Family Therapy.

Clarke-Stewart, A. & Friedman, S. (1987). *Child development : Infancy through adolescence*. New York : Wiley.

Coleman, J. S. (1988). Social capital in the creation of human capital. *American Journal of Sociology*. 94 : s95-s120.

Constantinople, A.(1973). Masculinity-femininity : An exception to the famous dictum? *Psychological Bulletin*, 80, 380-407.

Cox, B., Sneyd, M. J., Delahunt, B., & Skegg, D. D. G. (2002). Vasectomy and risk of prostate cancer. *Journal of the american Medical Association*, 287, 3110-3115.

Cox, F. D.(1999), *Human intimacy : Marriage, the family, and its meaning*(8th ed.). Belmont, CA : Wadsworth Pubishing Co.

Cox, F. D.(1999). *Human Intimacy : Marriage, the family and its meaning*. Belmont, CA : Wadsworth Pub. co. kr

Delaney, J., Lupton, M., & Toth, E. (1977). *The Curse : A Cultural History of Menstruation*. New York : Dutton.

Dobash, R. P., & Dobash, R. E. (1979). *Violence against wives*. New York : Free Press.

Dorherty W. J.(1997). *The Intertional Family*. N. Y. : Addison-Wesley Publishing Company. Inc.

Duck, S. W.(1982). A topography of relationship disengagement and dissolution. In S. W. Duck (Ed), Personal relationships 4 : Dissolving Personal relationships. London & New York : Academic Press.

Fehring, R., & Schmidt, A. (2001). Trends in contraceptive use among Catholics in the United States : 1988-1995, *Linacre Quarterly May*, 170-185.

Ford, C., & Beach, F. (1951). *Patterns of Sexual Behavior*. New York : St. Martin's Press.

Galvin, K. M., & Brommel, B, J., 이재연 · 최영희 옮김(1990). 의사소통과 가족관계. 서울 : 형설출판사.

Gelles, R. (1993). Family violence, in Robert L. Hampton, T. P. Gullota, Gerald R. Adams, Earl H. Potter Ⅲ, & Roger P. Weissberg(Eds.), *Family violence : prevention and treatment*, Newberry Park : Sage Publications Inc.

Gnagy, S., Ming, E. E., Devesa, S. S., Hartge, P., & Whittmore, A. S. (2000). Declining ovarian cancer rates in u.s. Women in relation to parity and oral contracetive use. *Epidemiology*, 11(2). 102-105.

Goldberg, C., & Elder, J. (1998). January 16, Public still backs abortion, but wants limits, poll says. *New York Times*, pp. A1, A16.

Greer, G, L. (1986). Today's parents : How well are they doing? *Better Homes and Gardens*, October, 36-46.

Hatcher, R. A. (2001). *Contraceptive technologies*. London : British medical Association.

Havighurst, R. J.(1972), Developmental tasks and education.

Hendrick, C., & S. Hendrick(1986). *A theory and method of love*. Journal of Personality and Social Psychology, 50(2), 392-402.

Hennenborn, W. J., & Cogan, R. (1975). The effect of husband participation in reported pain and the probability of medication during labor and birth. *Journal of Psychosomatic Research*, 19, 215, 215-222.

Hill, R. (1949). *Families inder stress*. Conneticut : Greenwood Press.

Hymes, J. L. (1985). *Note for parents*. Camel, CA : Hacienda. "I Do"-and they do too.(1991, Feb. 15). Austin American-Statesman, p. BI.

Inerichen, B.(1979). The social geography of marriage. In M. Cook, & G. Wilson (Eds), *Love and attraction*. New York : Pergamon Press.

Kandel, D. B.(1978). Similarity in real-life adolescent friendship pairs. Journal of Personality and Social Psychology, 36, 306-312.

Kersey, K. C. (1983). *The are of sensitive parenting : The 10 Master keys to raising confident, competent and responsible children*.

Kinsey. A., Pomeroy, W., & Martin, C. (1948). *Sexual Behavior in the Human male* Philadelphia : Saunders.

Kreinen, T. (2002). Governments need to provide sexual health services to their citizens. *SIECUS Report*, 30, 5-6.

LaGapia, J. J.(1982). *Rules and rituals in disengaging from relationships*. London & New York : Academic Press.

Lamanna, M. A., & Riedman, A.(1988). *Marriage and families : Making choices and facing choices and facing change*. Belmont, CA : Wadsworth Publishing Co.

Larzelere, R. E., Amberson, T. G., & Martin, J. A. (1992). Age diggerences in perceived discipline problems from age 9 to 48 months. *Family Relations*, 41, 192-199.

Lehfeldt, H. (1971). Psychology of Contraceptive Failure. *Medical Aspects of Human Sexuality*, 5(5), 68-77.

Marx, J. L. (1973). Drugs during pregnancy : Do they effect the unborn child? Science, 180, 174.

Masters W., & Johnson, V. (1966). *Human sexual Response*. Boston : Little, Brown.

Masters W., & Johnson, V. (1970). *Human sexual Inadequacy*. Boston : Little, Brown.

McCall, G. J.(1982). Becoming unrelated : The management of Bond dis-solution. In S. W. Duck (Ed), *Personal relationships 4 : Dissolving personal relationships*. London and New York : Academic Press.

McLaren, A. (1990). *A History of Contraception : From Antiquity to the Present*. Oxford, England : Basil Blackwell.

Moore, N. B.(1988), Basic competencies for successful parenting

Moore. K. L., & Persauo, T. V. N (1993). Before we are born(4th ed). Phila-delphia : W.B. Saunders Company.

Murphy, P. (2003). New methods of hormonal contraception, *Nurse Practitioner*, 28, 11-21.

Murstein, B. I. (1972). Physical attractiveness and marital choice. *Journal of Personality and Social Psychology*, 22, 8-12.

Rathus, S. A., Nevid, J. S., & Fichner-Rathus, L. (2005). *Human Sexuality in the World of Diversity Pearson.*

Reinisch, J. M. (1990). *The Kinsey Institute new report in sex : What you must know to be sexually literate*. New York : St. Martin's Press.

Reiss, I.(1988). *Journey into sexuality*. Englewood Cliffs, NJ : Prentice Hall.

Rubin, Z. (1973). *Liking and loving : An invitation to social psychology*. New York : Holt, Rinehart and Winston.

Santrock, J. W. (1994). Child Development (6th ed). Wm. C. Brown Communcations, Inc.

Schachter, S. (1964). The interaction of cognitive and physiological determinants of emotional state. In L. Berkowitz (Ed), *Advances in experimental social psychology* (Vol. I). New York : Academic Press.

Schoendorf, K. C. & Kiely, J. L. (1992). Relationships of sudden infant death syndrom to maternal smoking during and after pregnancy. *Pediatrics*, 90, 905-908.

Sigall, H., & Landy, D. (1973). Radiating beauty : The effects of having a physically attractive partner on person perception. *Journal of Personality and Social Psychology*, 28, 218-224.

Stein, P. J. (1976). *Single*. Englewood Cliffs, N. J. Prentice-Hall.

Sternberg, R. J.(1988). *The triangle of love : Intimacy, Passion, commitment*. New York : Basic Books.

Stone, L. (1977). *Sex and marriage in England*, 1500-1800. New York : Harper Colophon.

Strong, B., & DeVault, C.(1994). *Human sexuality*. Mountain View, CA : Mayfield.

Valins, S. (1966). Cognitive effects of false heart-rate feedback. Journal of Personality and Social Psychology, 4, 400-408.

VanGrop, G., Stempfle, J., & Olson, D. (1969). Dating, attitudes, expectations and physical attractiveness. University of Michigan. Cited in H. Harari, & R. M. Kaplan, Psychology : Personal and social adjustment. New York : Harper & Row, 1977.

Ventura, S. J. (1989). Trends and variations in first births to older woman, United States, 1970-1986 (*Vital and Health Statistics Series 21*, No. 47). National Center for Health Statistics.

Walster, E. H., Aronson, V., & Abrahams, D. (1966). On increasing the persuasiveness of low prestige communicator. Journal of Expert-mental Social Psychology, 2, 325-342.

Warner, D. L., & Hatcher, R. A. (1998). Male condoms. In R. A. Hatcher et al. (1988), *Contraceptive technology*, 17th rev. ed. (pp 325-356). New York : Ardent Media.

Weber, A. (1983). The breakdown of relationships. Paper presented to conference on Social Interaction and Relationships, Nags Head, North Carolina, May.

찾아보기

【 하 】

저자약력 성경원

E-mail : ggaemy@hanmail.net

- 서울교육대학교 졸업
- 숙명여대 교육대학원 졸업(석사)
- 한양대 행정대학원 졸업(석사)
- 경원대학교 대학원 졸업(박사)
- 한국성교육연구소 대표
- 중앙대행정대학원, 경원대사회정책대학원, 한양대행정자치대학원, 강남대 출강
- 한국경제신문 '행복한 성' 칼럼니스트

결혼과 가정

2009년 2월 25일 1판 1쇄 인쇄
2009년 2월 28일 1판 1쇄 발행

저 자 : 성 경 원
발행인 : 김 동 규
발행처 : 교육과학사

저자와의 협의하에 인지생략

경기도 파주시 교하읍 문발리
파주출판문화정보산업단지 514-5
전화 (031) 955-6956~8 / FAX (031) 955-6037
Home-page : www.kyoyookbook.co.kr
E-mail : kyoyook@chol.com
등록 : 1970년 5월 18일 제2-73호

낙장·파본은 교환해 드립니다.
Printed in Korea.

정가 16,000 원
ISBN 978-89-254-0273-4